全国普通高等中医药院校药学类专业第三轮规划教材

分析化学 （第3版）

（供药学、中药学、制药工程及相关专业用）

主　编　张　梅　高晓燕

副主编　贺吉香　吴　萍　朱　栋　薛　璇

编　者　（以姓氏笔画为序）

朱　栋（南京中医药大学）　　　　李　琦（福建中医药大学）

吴　萍（湖南中医药大学）　　　　宋成武（湖北中医药大学）

张　昀（河南大学药学院）　　　　张　娟（河南中医药大学）

张　梅（成都中医药大学）　　　　陈美玲（天津中医药大学）

罗　赣（北京中医药大学）　　　　孟庆华（陕西中医药大学）

贺吉香（山东中医药大学）　　　　袁　欣（成都中医药大学）

高首勤（山西中医药大学）　　　　高晓燕（北京中医药大学）

廖夫生（江西中医药大学）　　　　薛　璇（安徽中医药大学）

戴红霞（甘肃中医药大学）

编写秘书　袁　欣

中国健康传媒集团

中国医药科技出版社

内 容 提 要

本教材系"全国普通高等中医药院校药学类专业第三轮规划教材"之一，全书分为十章，包括绪论、定量分析的一般步骤、分析误差和数据处理、重量分析法、滴定分析概论、酸碱滴定法、沉淀滴定法、配位滴定法、氧化还原滴定法、电位分析法及永停滴定法。本教材为书网融合教材，即纸质教材有机融合电子教材、教学配套资源（PPT、微课、视频、图片等）、题库系统、数字化教学服务（在线教学、在线作业、在线考试），使教学资源更加多样化、立体化，有助学习者理解掌握相关知识，及时考察学习效果。

本教材主要供普通高等院校药学、中药学、制药工程及相关专业师生教学使用，也可供相关科研单位或药品、食品质量检验部门科研技术人员参阅。

图书在版编目（CIP）数据

分析化学/张梅，高晓燕主编 . — 3 版 . —北京：中国医药科技出版社，2023.10

全国普通高等中医药院校药学类专业第三轮规划教材

ISBN 978 - 7 - 5214 - 4002 - 7

Ⅰ . ①分⋯   Ⅱ . ①张⋯ ②高⋯   Ⅲ . ①分析化学 - 中医学院 - 教材   Ⅳ . ①O65

中国国家版本馆 CIP 数据核字（2023）第 141349 号

美术编辑　陈君杞

版式设计　友全图文

出版　**中国健康传媒集团**│中国医药科技出版社

地址　北京市海淀区文慧园北路甲 22 号

邮编　100082

电话　发行：010 - 62227427　邮购：010 - 62236938

网址　www.cmstp.com

规格　889 × 1194mm $^1/_{16}$

印张　12 $^1/_2$

字数　369 千字

初版　2014 年 8 月第 1 版

版次　2023 年 10 月第 3 版

印次　2023 年 10 月第 1 次印刷

印刷　三河市万龙印装有限公司

经销　全国各地新华书店

书号　ISBN 978 - 7 - 5214 - 4002 - 7

定价　45.00 元

获取新书信息、投稿、为图书纠错，请扫码联系我们。

出版说明

"全国普通高等中医药院校药学类专业第二轮规划教材"于2018年8月由中国医药科技出版社出版并面向全国发行，自出版以来得到了各院校的广泛好评。为了更好地贯彻落实《中共中央 国务院关于促进中医药传承创新发展的意见》和全国中医药大会、新时代全国高等学校本科教育工作会议精神，落实国务院办公厅印发的《关于加快中医药特色发展的若干政策措施》《国务院办公厅关于加快医学教育创新发展的指导意见》《教育部 国家卫生健康委 国家中医药管理局关于深化医教协同进一步推动中医药教育改革与高质量发展的实施意见》等文件精神，培养传承中医药文化，具备行业优势的复合型、创新型高等中医药院校药学类专业人才，在教育部、国家药品监督管理局的领导下，中国医药科技出版社组织修订编写"全国普通高等中医药院校药学类专业第三轮规划教材"。

本轮教材吸取了目前高等中医药教育发展成果，体现了药学类学科的新进展、新方法、新标准；结合党的二十大会议精神、融入课程思政元素，旨在适应学科发展和药品监管等新要求，进一步提升教材质量，更好地满足教学需求。通过走访主要院校，对2018年出版的第二轮教材广泛征求意见，针对性地制订了第二轮规划教材的修订方案。

第三轮规划教材具有以下主要特点。

1.立德树人，融入课程思政

把立德树人的根本任务贯穿、落实到教材建设全过程的各方面、各环节。教材内容编写突出医药专业学生内涵培养，从救死扶伤的道术、心中有爱的仁术、知识扎实的学术、本领过硬的技术、方法科学的艺术等角度出发与中医药知识、技能传授有机融合。在体现中医药理论、技能的过程中，时刻牢记医德高尚、医术精湛的人民健康守护者的新时代培养目标。

2.精准定位，对接社会需求

立足于高层次药学人才的培养目标定位教材。教材的深度和广度紧扣教学大纲的要求和岗位对人才的需求，结合医学教育发展"大国计、大民生、大学科、大专业"的新定位，在保留中医药特色的基础上，进一步优化学科知识结构体系，注意各学科有机衔接、避免不必要的交叉重复问题。力求教材内容在保证学生满足岗位胜任力的基础上，能够续接研究生教育，使之更加适应中医药人才培养目标和社会需求。

3.内容优化，适应行业发展

教材内容适应行业发展要求，体现医药行业对药学人才在实践能力、沟通交流能力、服务意识和敬业精神等方面的要求；与相关部门制定的职业技能鉴定规范和国家执业药师资格考试有效衔接；体现研究生入学考试的有关新精神、新动向和新要求；注重吸纳行业发展的新知识、新技术、新方法，体现学科发展前沿，并适当拓展知识面，为学生后续发展奠定必要的基础。

4.创新模式，提升学生能力

在不影响教材主体内容的基础上保留第二轮教材中的"学习目标""知识链接""目标检测"模块，去掉"知识拓展"模块。进一步优化各模块内容，培养学生理论联系实践的实际操作能力、创新思维能力和综合分析能力；增强教材的可读性和实用性，培养学生学习的自觉性和主动性。

5.丰富资源，优化增值服务内容

搭建与教材配套的中国医药科技出版社在线学习平台"医药大学堂"（数字教材、教学课件、图片、视频、动画及练习题等），实现教学信息发布、师生答疑交流、学生在线测试、教学资源拓展等功能，促进学生自主学习。

本套教材的修订编写得到了教育部、国家药品监督管理局相关领导、专家的大力支持和指导，得到了全国各中医药院校、部分医院科研机构和部分医药企业领导、专家和教师的积极支持和参与，谨此表示衷心的感谢！希望以教材建设为核心，为高等医药院校搭建长期的教学交流平台，对医药人才培养和教育教学改革产生积极的推动作用。同时，精品教材的建设工作漫长而艰巨，希望各院校师生在使用过程中，及时提出宝贵意见和建议，以便不断修订完善，更好地为药学教育事业发展和保障人民用药安全有效服务！

数字化教材编委会

主　　编　张　梅　高晓燕
副 主 编　贺吉香　吴　萍　朱　栋　薛　璇
编　　者　(以姓氏笔画为序)

朱　栋（南京中医药大学）　　　　　李　琦（福建中医药大学）
吴　萍（湖南中医药大学）　　　　　宋成武（湖北中医药大学）
张　昀（河南大学药学院）　　　　　张　娟（河南中医药大学）
张　梅（成都中医药大学）　　　　　陈美玲（天津中医药大学）
罗　赣（北京中医药大学）　　　　　孟庆华（陕西中医药大学）
贺吉香（山东中医药大学）　　　　　袁　欣（成都中医药大学）
高首勤（山西中医药大学）　　　　　高晓燕（北京中医药大学）
廖夫生（江西中医药大学）　　　　　薛　璇（安徽中医药大学）
戴红霞（甘肃中医药大学）

编写秘书　袁　欣

前言 PREFACE

　　本教材是在第 2 版基础上，为适应我国"十四五"高等中医药教育事业发展的新形势、新目标和新要求，更好地满足中医药院校药学类专业教育教学需求和复合型药学人才培养需求，对第 2 版教材编写体系及内容进行修订完善而成。教材编写时融入课程思政，以期将"立德树人"的根本任务贯穿并落实到教学全过程。本版教材相较第 2 版教材，将内容框架结构进行适当调整，对部分不合理的内容进行纠正修改，对文字及公式中的错误进行勘误。

　　本教材为书网融合教材，即纸质教材有机融合电子教材、教学配套资源（PPT、微课、视频、图片等）、题库系统、数字化教学服务（在线教学、在线作业、在线考试），使教学资源更加多样化、立体化，有助学习者理解掌握相关知识，并及时考察学习效果。

　　本教材由张梅、高晓燕担任主编，具体编写分工如下：第一章由张梅、袁欣编写；第二章由张昀编写；第三章由薛璇、戴红霞编写；第四章由贺吉香、高首勤编写；第五章由李琦编写；第六章由高晓燕、罗赣编写；第七章由张娟编写；第八章由吴萍、孟庆华编写；第九章由朱栋、陈美玲编写；第十章由廖夫生、宋成武编写；附录由张梅、袁欣编写。本教材经主编、副主编初审及修改，由主编及编写秘书统稿定稿。

　　本教材在编写过程中得到了各参编院校领导、同行的大力支持，同时参考了一些优秀教材和资料，在此一并表示衷心的感谢！

　　尽管我们竭尽心智，限于水平与经验，疏漏之处在所难免，敬请各位同行和读者提出宝贵意见，以便再版时完善和提高。

编　者

2023 年 7 月

CONTENTS 目录

第一章 绪 论

◎ 学习目标

知识目标
1. **掌握** 分析化学的定义、任务及分类方法。
2. **熟悉** 定性分析一般方法。
3. **了解** 分析化学发展进程、发展趋势及相关参考文献。

能力目标 通过本章的学习，能够对分析化学学科有初步的认识和了解，为后续各章节的学习奠定基础。

第一节 分析化学的任务与作用

PPT

分析化学（analytical chemistry）是研究获取物质的组成、含量、结构和形态等化学信息的分析方法及相关理论的一门科学。欧洲化学联合会分析化学部定义分析化学为："发展和应用各种方法、仪器和策略获取有关物质在空间和时间方面的组成和性质的信息的一门科学"。分析化学以化学基本理论和实验技术为基础，广泛吸收融合物理学、生物学、数学、计算机学、统计学、信息学等学科知识，为科学与技术发展提供其所必需的物质信息数据源。

分析化学的主要任务是通过各种方法与手段，获取图像、数据等相关信息用于鉴定物质体系的化学组成、测定其中有关成分的含量和确定体系中物质的结构与形态。主要内容包括定性分析、定量分析、结构分析和形态分析。

作为化学学科的重要分支，分析化学不仅对化学学科本身的发展起着重要作用，而且在国民经济、科学技术、医药卫生、学校教育等各方面均起着举足轻重的作用。

在化学学科发展中，元素的发现、各种化学基本定律（质量守恒定律、定比定律等）的确立；相对原子质量的测定；元素周期律的建立及元素特征光谱线的发现等各种化学现象的揭示，都与分析化学的卓越贡献密不可分。"人类有科技就有化学，化学从分析化学开始"。

在国民经济建设中，从资源勘探，天然气、油田、矿藏的储量确定；煤矿、钢铁基地的选址；工业生产中原材料选择，中间体、成品和有关物质的检验；农业生产中土壤成分检定、农作物营养诊断、农产品与加工食品质量检验；建筑业中各类建筑与装饰材料的品质、机械强度和建筑物质量评判；以及在商业流通领域中所有商品的质量监控等，都需要分析化学提供相关数据和信息，分析化学在国民经济建设中起着不可替代的作用。

在科学技术研究中，分析化学已跨越化学领域，在生命科学、材料科学、环境科学及能源科学等方面发挥着重要的作用。例如，对细胞内容物 DNA、蛋白质及糖类等进行定量分析，可以实现对癌症等疾病的早发现、早诊断和早治疗；对人类生存环境的各组成部分，特别是对某些危害大的污染物的性质、来源、含量及其分布状态，进行细致的监测和分析，是认识、评价和保护环境的重要基础。因此，可以说，凡是涉及化学现象的任何一种科学研究领域，分析化学都是其不可或缺的研究工具与手段。实际上分析化学已成为"从事科学研究的科学",是现代科学技术的"眼睛"。

在医药卫生事业中,临床疾病诊断,病理检验;药品质量控制、新药研究;天然药物有效成分分离、鉴定;药物构效、量效关系研究;药物体内过程研究;药物制剂稳定性研究;突发公共卫生事件的处理等都离不开分析化学。分析化学不仅用于发现问题,还参与实际问题的解决。

在中药学、药学等相关专业的教学中,分析化学是一门重要的专业基础课,其理论知识和实验技能不仅在后续专业课(中药化学、中药分析学、天然药物化学、药物分析学等)中普遍应用,而且为学生专业能力的培养奠定重要的基础。

◎ 第二节　分析化学的方法分类 🅴 微课1

根据分析任务、分析对象、测定原理、试样用量与待测组分含量的不同以及工作性质等,可将分析化学的方法进行多种分类。

一、定性分析、定量分析、结构分析和形态分析

根据分析任务进行分类,可分为定性分析(qualitative analysis)、定量分析(quantitative analysis)、结构分析(structural analysis)和形态分析(speices analysis)。定性分析的任务是鉴定物质由哪些元素、离子、基团或化合物组成。定量分析的任务是测定物质中有关成分的含量。结构分析的任务是研究物质的分子结构(包括构型与构象)、晶体结构。形态分析的任务是研究物质的价态、晶态、结合态等存在状态及其含量。

二、无机分析和有机分析

根据分析对象的不同进行分类,可分为无机分析(inorganic analysis)和有机分析(organic analysis)。针对不同的分析对象,相应的分析要求和使用的方法也有较大差异。无机分析的对象是无机物,由于组成无机物的元素种类较多,通常要求鉴定物质的组成(元素、离子、原子团或化合物)和测定各成分的含量。有机分析的对象是有机物,构成有机物的主要有碳、氢、氧、氮、硫和卤素等有限的几种元素,但自然界有机物的种类有数百万之多且结构复杂,故分析的重点是官能团分析和结构分析。

三、化学分析和仪器分析

根据分析方法测定原理的不同进行分类,可分为化学分析(chemical analysis)和仪器分析(instrumental analysis)。

以物质的化学反应及其计量关系为基础的分析方法称为化学分析法。化学分析法是分析化学的基础,其历史悠久,常称为经典分析法,主要有重量分析(gravimetric analysis,或称量分析)法和滴定分析(titrimetric analysis,或容量分析)法等。重量分析法和滴定分析法主要用于常量组分(待测组分在试样中的含量大于1%)测定。重量分析法准确度高,至今仍是一些组分测定的标准方法,但其操作繁琐,分析速度较慢。滴定分析法特点是仪器设备简单,操作简便,省时快速,结果准确(相对误差±0.2%),是重要的例行分析方法。

仪器分析法是以物质的物理性质和物理化学性质为基础的分析方法,故又称为物理分析法(physical analysis)和物理化学分析法(physicochemical analysis)。这类方法常通过测量物质的物理或物理化学参数来进行,需要特殊的仪器,所以常称为仪器分析。

四、常量分析、半微量分析、微量分析和超微量分析

根据分析过程中需要试样量的多少分类，可分为常量分析、半微量分析、微量分析和超微量分析。各种方法的试样用量情况如表 1 - 1 所示。

表 1 - 1 各种分析方法的试样用量

方法	试样质量	试液体积
常量分析	>0.1g	>10ml
半微量分析	0.01 ~ 0.1g	1 ~ 10ml
微量分析	0.1 ~ 10mg	0.01 ~ 1ml
超微量分析	<0.1mg	<0.01ml

化学分析中一般采用常量分析或半微量分析，微量分析和超微量分析常在仪器分析中使用。

此外，根据试样中待测组分相对含量多少，又可粗略分为常量组分（>1%）分析，微量组分（0.01% ~ 1%）分析，痕量组分（<0.01%）分析和超痕量组分（约 0.0001%）分析。须注意待测组分的含量和取样量属于不同的概念，痕量组分的分析不一定是微量分析，不能混淆。

五、例行分析和仲裁分析

根据工作性质的不同分类，可分为例行分析（routine analysis）和仲裁分析（arbitral analysis）。例行分析是指日常工作中所进行的常规分析，如制药厂按照药品质量标准对每批生产药品的检验。仲裁分析是指不同企业部门对某一产品的分析结果有争议时，要求权威的分析测试部门进行裁判的分析。

⨀ 第三节 定性分析简介 🅴 微课2

定性分析的任务是鉴定物质的组成，可采用化学分析法和仪器分析法进行分析。有机定性分析的重点是官能团分析和结构分析，常采用仪器分析法，应用紫外光谱、红外光谱、质谱及核磁共振波谱等方法鉴定有机化合物中元素组成，测定分子式和分子量，确定化合物中含有的官能团及相对位置，最终确定化合物的基本结构。无机定性分析的内容主要是确定化合物中元素或离子的组成，多用化学分析法，依据物质间的化学反应进行鉴定。在固体间进行的分析称为干法分析，如焰色反应、熔珠试验等，这类方法只能提供初步判断依据，一般作为辅助试验方法。在溶液中进行的分析称为湿法分析，是无机定性分析的主要方法。它是基于离子间的反应，直接鉴定的是离子。反应多在离心管、点滴板上进行，属于半微量分析。本节主要讨论湿法分析相关问题。

一、分析反应及反应条件

（一）分析反应

用于分离或鉴定的化学反应称为分析反应。作为分析反应必须具备明显的外观特征（如溶液颜色的变化，沉淀的生成或溶解，产生气体等）；反应必须迅速、灵敏，否则无实用价值；为确保分离的彻底和有明显的鉴定反应现象产生，要求分析反应尽可能进行完全。

（二）分析反应的条件

和其他化学反应一样，分析反应只有在一定的外界条件下才能进行，否则反应不能发生或得不到预

期的结果。

1. 反应物的浓度 根据化学平衡原理，只有当反应物浓度足够大时才能进行反应并产生明显的易于观察的现象。例如，在 Ag^+ 与 Cl^- 反应生成 $AgCl$ 沉淀的反应中，要求 $[Ag^+][Cl^-] > K_{sp(AgCl)}$，否则沉淀反应不会发生，而且还需要沉淀析出的量足够多，以便于观察现象。

2. 溶液的酸度 酸度是影响分析反应的重要因素。例如可采用 K_2CrO_4 试剂与 Pb^{2+} 作用生成黄色的 $PbCrO_4$ 沉淀进行 Pb^{2+} 鉴别。此反应只能在中性或微酸性溶液中进行，当酸度高时由于 CrO_4^{2-} 大部分转化为 $HCrO_4^-$，降低了溶液中 CrO_4^{2-} 浓度，以致得不到 $PbCrO_4$ 沉淀。若在碱性溶液中，则可能析出 $Pb(OH)_2$ 沉淀，甚至转化为 PbO_2，也不能得到 $PbCrO_4$ 沉淀。

适宜的酸度条件可以通过加入酸、碱进行调节，有时还需要采用缓冲溶液来维持一定的酸度。

3. 溶液的温度 温度对反应的速度或某些沉淀的溶解度有比较大的影响。例如，$PbCl_2$ 沉淀的溶解度随温度的升高而迅速增大，100℃时的溶解度是室温（20℃）时的3倍多，因此用稀盐酸沉淀分离或鉴定 Pb^{2+} 必须在低温下进行。

4. 溶剂的影响 溶剂影响反应物的溶解度和稳定性。如果在水溶液中反应物溶解度较大或不够稳定时常需加入有机溶剂以减小溶解度或增加稳定性。例如，以生成过氧化铬 CrO_5 的反应鉴定 Cr^{2+} 时，需在溶液中加入乙醚或戊醇，使 CrO_5 溶解在有机层中，观察其特征蓝色。如果在水中 CrO_5 将生成极不稳定的过铬酸 H_2CrO_6 迅速分解而无法观察到蓝色出现。

5. 干扰离子的影响 当有共存的其他离子干扰待检离子鉴定时，应将干扰离子的影响消除，否则会得出错误的结论。例如，当利用 K_2CrO_4 与 Ba^{2+} 反应生成黄色的 $BaCrO_4$ 沉淀来鉴定 Ba^{2+} 时，若溶液中有 Pb^{2+} 存在，Pb^{2+} 与 CrO_4^{2-} 反应也生成黄色的 $PbCrO_4$ 沉淀而干扰 Ba^{2+} 的鉴定。因此，需采用 H_2S 将 Pb^{2+} 沉淀分离后再用 K_2CrO_4 鉴定 Ba^{2+}。

此外，有些鉴定反应需要加入催化剂才能快速进行。例如，在鉴定 Mn^{2+} 时，采用过硫酸铵 $(NH_4)_2S_2O_8$ 氧化 Mn^{2+} 为紫色的 MnO_4^-，必须加入 Ag^+ 催化剂并在加热条件下进行，否则 $S_2O_8^{2-}$ 只能将 Mn^{2+} 氧化到 $MnO(OH)_2$。

二、反应的灵敏度与选择性

当有多种鉴定反应可用于某种离子的鉴定时，选择何种鉴定反应才能得到可靠的分析结果，主要从反应的灵敏度（sensitivity）和选择性（selectivity）两方面进行评价和选择。

（一）反应的灵敏度

如果某一鉴定反应能用来检出极少量的物质，或能从极稀的溶液中检出该物质，则这一反应就灵敏。为了比较不同鉴定反应灵敏的程度，通常用相互关联的"检出限量"和"最低浓度"来表示。

1. 检出限量（limit of identification） 指在一定条件下，用某反应能检出某离子的最小量。以 μg 为单位，用 m 表示。

仅用检出限量表示反应的灵敏度是不全面的，因为尽管存在足够的量，但由于溶液太稀达不到发生反应所需要的浓度，反应也不能发生。因此，在表示某一反应的灵敏度时还要考虑离子的浓度。

2. 最低浓度（concentration limit） 指在一定条件下，用某种反应使待检离子能得到肯定结果的最低浓度。常用 $1:G$ 表示（G 是含有 $1g$ 被鉴定离子的溶剂的质量）。

反应的灵敏度是由逐步降低被测离子浓度的方法求得的。例如，以 K_2CrO_4 鉴定 Pb^{2+} 时，将已知浓度的 Pb^{2+} 溶液逐级稀释，每次稀释后均平行取出数份试液（每份1滴，约 0.05ml）来鉴定，直到 Pb^{2+} 浓度稀释至 $1:200000$（$1g\ Pb^{2+}$ 溶解在 200000ml 水中）时，平行进行的试验中能得到肯定结果的概率为 50%，继续稀释得到肯定结果的概率则 <50%，鉴定反应已不可靠，因此该鉴定反应的灵敏度可表示

如下。

最低浓度 $1：G=1：200000$

检出限量 m 按每次取试液体积为 $0.05ml$ 计算，即 $1g：200000ml=m：0.05ml$

$$m = \frac{1g \times 0.05ml}{200000ml} = 0.25 \times 10^{-6}g = 0.25\mu g$$

若已知某鉴定反应的最低浓度为 $1：G$，取此溶液 V ml，进行鉴定时恰能得到肯定结果，则反应的检出限量 m 计算为

$$m = \frac{1}{G} \times V \times 10^6 (\mu g) \tag{1-1}$$

显然，检出限量越低，最低浓度越小，鉴定反应的灵敏度越高。

通常表示鉴定反应灵敏度时，需同时标明最低浓度（$1：G$）和检出限量（m），其鉴定反应所取溶液体积 V 可按式（1-1）计算，无需另外指明。

每一鉴定反应所能检出的离子都有一定量的限度。利用某一反应鉴定某一离子若得到阴性结果，不能说明此离子完全不存在，只能说明此离子存在的量小于该反应的灵敏度，所以，每一鉴定反应都包含有量的含义。

（二）反应的选择性

在实际分析过程中，往往是在多种离子共存的情况下鉴定其中某一离子，而一种试剂常常能与多种离子起反应。例如，K_2CrO_4 不仅能与 Pb^{2+} 反应生成黄色 $PbCrO_4$ 沉淀，而且也能和 Ba^{2+}、Sr^{2+} 作用生成黄色沉淀，因此当有 Ba^{2+}、Sr^{2+} 存在时，就不能断定黄色沉淀是否是 $PbCrO_4$。所以仅仅以灵敏度来表示鉴定反应是不够的，鉴定反应的选择性有着很重要的意义。

与加入的试剂起反应的离子越少，这一鉴定反应的选择性越高。如果一种试剂只与为数不多的离子起反应，这种反应称为选择性反应（selective reaction），所用的试剂称为选择性试剂（selective agent）。如果一种试剂只与一种离子起反应，则此反应选择性最高，称为该离子的特效反应（specific reaction），所用的试剂称为特效试剂（specific agent）。特效反应一般适用于离子的鉴定和检出，选择性反应适用于离子的分离或同时检出某些离子。由于特效反应很少，故常需通过控制反应条件，如调节酸度、掩蔽或分离干扰离子等方法来提高反应的选择性以进行离子的鉴定。

在选用分析反应时，应同时考虑反应的灵敏度和选择性。应该在灵敏度能满足要求的条件下，尽量采用选择性高的反应。

三、空白试验和对照试验

鉴定反应的"灵敏"和"高选择性"是准确检出待检离子的必要条件，但下述两方面原因会影响鉴定反应的可靠性。第一，分析中所采用的试剂、蒸馏水、器皿等如果引入微量的干扰离子，它们有可能被当作待检离子鉴定出来而引起"过度检出"。第二，当试样中确实含有某种离子，但由于试剂变质、失效或反应条件控制不当，从而导致鉴定时得出否定的结论而造成"漏检"。为了防止"过度检出"和"漏检"，通常需要做"空白试验"（blank test）和"对照试验"（control test）。

空白试验是在不加试样的情况下，用与试样分析相同的方法，在相同的条件下进行的试验。主要检查试剂、溶剂、器皿中是否含有待检离子或有相似反应的其他离子。当待检离子含量较低，检出结果不能完全确定时，必须做空白试验作比较。

对照试验是用标准物质或已知离子的溶液代替试液，用与试样分析相同的方法，在相同条件下进行的试验。目的是检查试剂是否失效、反应条件是否正确以及试验方法是否可靠等。

▶ 第四节 分析化学的发展与趋势

PPT

分析化学是一门古老的科学，历史悠久，其起源可以追溯到古代炼金术。古代医药业、农业及金属冶炼等技术发展过程中对物质组成了解的需求，极大地推动了各种定性和定量检测技术的发展，然而尚未形成系统的理论。直到 19 世纪末，随着物质不灭定律、元素周期律及溶液平衡理论的建立和发展，才奠定了分析化学的理论基础，使分析化学由检测技术发展成为一门独立的科学。进入 20 世纪，伴随着现代科学技术的迅猛发展，学科间的相互融合渗透，分析化学随着化学和其他相关学科的发展而不断发展，经历了三次巨大的变革。

第一次变革 在 20 世纪初，由于物理化学溶液理论的发展，为分析化学提供了理论基础，溶液中四大平衡理论（酸碱平衡、氧化还原平衡、络合平衡及沉淀平衡）的建立，使化学分析的理论和方法趋于成熟和完善。

第二次变革 在 20 世纪 40~60 年代，物理学和电子学的发展，促进了以物质的物理和物理化学性质为基础的分析方法的建立，出现了以光谱分析、极谱分析等为代表的简便、快速的各种仪器分析方法。随着各种仪器分析方法的发展，使以化学分析为主的经典分析化学发展成为以仪器分析为主的现代分析化学。

第三次变革 自 20 世纪 70 年代末以来，以计算机应用为主要标志的信息时代的来临，给分析化学带来了更深刻的变革。由于生命科学、环境科学、能源科学及材料科学等发展的需要，分析化学的基础理论和测试手段逐步完善，结合计算机技术在图像、数据处理等方面的应用，为分析化学建立高灵敏度、高选择性、高准确性的新方法创造了条件。现代分析化学已经突破了纯化学领域，将化学与数学、物理学、计算机学及生物学等紧密结合，发展成为一门具有多学科交叉融合特征的综合科学。对分析化学的要求不再限于一般的"有什么"（定性分析）和"有多少"（定量分析）的范围，而是要求能够提供物质更多的、更全面的多维信息。从常量、微量及微粒分析；从组成至形态分析；从总体至微区分析；从宏观组分至微观结构分析；从整体至表面及逐层分析；从静态至快速反应追踪分析；从破坏试样到无损分析；从离线到在线（on-line）、实时（real-time）、原位（in situ）及在体（in-vivo）等动态分析等，大量新方法与新技术不断涌现。

进入 21 世纪，科学技术迅猛发展，日新月异，分析化学将广泛汲取当代科学技术的最新成果，继续沿着高灵敏度（达分子级和原子级水平）、高选择性（复杂体系）、高信息量（处理大量甚至海量数据）及准确、快速、简便、经济的方向发展，向分析仪器微型化、自动化、数字化、计算机化、智能化和信息化纵深发展。加强联用技术与联用仪器的使用，建立各种分析新方法，以解决更多、更新、更复杂的课题，为科技发展和人类进步作出更大贡献。

▶▶▶ 知识链接 ⦿┄┄

我国古代分析化学

化学科学的原始形态——炼丹术，其产生的时代早于阿拉伯和欧洲的炼金术。中国的炼丹术，由于受到道教养生思想的影响，终与中国古代医药学——本草学并驾齐驱，相互促进，相互补充，这也是中国古代化学发展的一个特点。

在炼丹术和本草学的化学成就中，包括了许多分析化学成果，主要是一些关于矿物质的鉴定方法。诸如：战国时成书的《考工记》描述了青铜冶铸中通过火焰颜色观察青铜生成火候的方法；南朝陶弘景在《神农本草经集注》中指出，为了鉴别硝石和芒硝，"以火烧之，紫青烟起，云是真硝石也"这就是以钾的焰色反应为特征来鉴别 KNO_3 和 Na_2SO_4 的方法；成书于公元十一世纪前的《图经本草》，在鉴定绿矾石时指出："取此一物，置于铁板上，聚炭封之。囊袋吹令火炽，其矾即沸，流出色赤如融金汁者，是真也"，则是通过加热生成红色的 Fe_2O_3 方法来鉴别绿矾石（$FeSO_4 \cdot 7H_2O$）。

第五节　分析化学文献

分析化学文献包括分析化学的理论、方法、技术、应用及其相关领域的科技文献，其种类和形式多样，如专著、丛书、手册、期刊、论文、各种行业质量标准以及专利等。目前科技文献已从以纸质文献为主过渡到以文献数据库的网络资源为主。作为一位学习者应该学会通过多种途径和媒体查阅各种分析化学文献资料。

一、专著

1. 汪尔康. 生命分析化学［M］. 北京：科学出版社，2006.

2. 庄乾坤，刘虎威，陈洪渊. 分析化学学科前沿与展望［M］. 北京：科学出版社，2012.

3. 刘崇华，冼燕萍. 化学分析方法确认与验证［M］. 北京：化学工业出版社，2023.

4. 马双成，戴忠，中药化学对照品使用指南［M］. 北京：化学工业出版社，2023.

5. 郝玉林. 化学分析测量不确定度评定应用实例［M］. 北京：中国标准出版社，2011.

6. David SH, James DC. Analytical Chemistry and Quantitative Analysis［M］. 北京：机械工业出版社，2012.

7. Christian Gary D. Analytical Chemistry［M］. 7th ed. Wiley. 2013.

8. Harris DC. Quantitative Chemical Analysis［M］. 9th ed. Freeman. 2015.

9. Skoog DA, West DW, Holler FJ. Fundamentals of Analytical Chemistry［M］. 10th ed. Harcourt College Publisher. 2021.

二、丛书和手册

1. 高小霞. 分析化学丛书. 北京：科学出版社.（1986 年开始出版，全书 6 卷 29 册）

2. Kolthoff I M, Elving P J. Treatise on Analytical Chemistry. New York：John Wiley & Sons.（1959 年起，全书分三部分，共 34 卷；1978 年第 2 版）

3. Cooper D. et. al. Analytical Chemistry by Open Learing. London：Wiley & Sons，1987.（全书共 29 卷）

4. 王敏. 分析化学手册. 第 3 版. 北京：化学工业出版社，2016.

5. 李梦龙，蒲雪梅. 分析化学数据速查手册. 北京：化学工业出版社，2009.

三、分析化学核心期刊

国内刊物：

1. 分析化学
2. 分析测试学报
3. 分析试验室
4. 分析科学学报
5. 化学学报

国外刊物：

1. *Analytical Chemistry*（USA）
2. *TrAC Trends in Analytical Chemistry*（UK）
3. *Talanta*（UK）
4. *Analytica Chimica Acta*（NL）
5. *Analyst*（UK）

6. 化学通报
7. 高等学校化学学报
8. 色谱
9. 光谱学与光谱分析
10. 药物分析杂志

6. *Microchimica Acta*（AT）
7. *Critical Review in Analytical Chemistry*（USA）
8. *Journal of Chromatography*（NL）
9. *Analytical and Bioanalytical Chemistry*（GER）
10. *Journal of Electroanalytical Chemistry*（CH）

四、常用化学网络数据库

http：//www.cnki.net，中国知网，清华大学及清华同方出版
http：//www.cqvip.com，维普网，重庆维普咨询有限公司出版
http：//www.wanfangdata.com.cn，万方数据知识服务平台，北京万方数据有限公司出版
https：//scifinder.cas.org，Chemical Abstract 网络数据库，美国化学文摘服务社出版
http：//www.sciencedirect.com，sciencedirect 数据库，荷兰 Elsevier Science 公司出版
http：//www.interscience.wiley.com，Wiley 数据库，美国 Wiley 公司出版
http：//www.rsc.org/journals，RSC 数据库，英国皇家化学学会出版
http：//pubs.acs.org/，ACS 数据库，美国化学学会出版

主要公式

检出限量和最低浓度的关系 $\qquad m = \dfrac{1}{G} \times V \times 10^6\,(\mu g)$

目标检测

答案解析

1. 简述分析化学的定义、任务和作用。
2. 分析化学的分类方法有哪些？分类依据是什么？
3. 举例说明分析化学在药学领域的应用。
4. 用邻二氮菲检出 Fe^{2+} 的最低浓度为 $0.5\mu g/ml$，检出限量是 $0.025\mu g$，试验时应取试液多少毫升？
5. 配制 1L 含 Ba^{2+} 1g 的溶液，边稀释边取 $0.05ml$ 以玫瑰红酸钠鉴别，发现稀释至 200 倍时，反应仍有效，但进一步稀释则反应变得不可靠，求此反应的最低浓度和检出限量。

书网融合……

| 思政导航 | 本章小结 | 微课1 | 微课2 | 题库 |

（张　梅　袁　欣）

第二章　定量分析的一般步骤

◎ **学习目标**

　　知识目标

　　1. **掌握**　定量分析的一般步骤和过程；试样采集、制备与分解的方法。

　　2. **熟悉**　常用的分离、富集方法和技术。

　　3. **了解**　测定方法的选择原则。

　　能力目标　通过本章的学习，能够掌握分析试样的采集与制备，试样常用的分离、富集方法，选择合适的测量方法等，为后续各章节的学习奠定基础。

　　定量分析是分析化学的主要任务之一，目的是测定物质中某种或某些组分的含量，通常涉及的工作有：①试样的采集和制备；②试样的分解；③干扰组分的分离；④测定方法的选择与测定；⑤分析结果的计算与评价。本章将对此进行扼要介绍。

▶ 第一节　分析试样的采集与制备

PPT

　　在分析工作中，常需测定大量物料中某些组分的平均含量。但在实际分析时，只能称取几克、几毫克或更少的试样进行分析，而分析结果须能反映整批物料的真实情况。因此，分析试样的组成必须能代表全部物料的平均组成，即试样应具有高度的代表性，否则即使分析结果很准确也毫无意义，甚至可能导致错误的结果和结论。采样的基本原则是均匀、合理、具有代表性。

　　为此，在进行分析之前，必须了解试样来源，明确分析目的，做好试样的采集（sampling）和制备工作。所谓试样的采集与制备，是指从大批物料中采取少量样本作为原始试样（gross sample），然后再制备成供分析用的最终试样。

　　通常遇到的分析对象多种多样，从其形态来分，有气体、液体和固体三类；从各组分在试样中的分布情况来看，大致可分为组成分布均匀和分布不均匀两类。对于性质、形态、均匀度、稳定性不同的试样，可根据试样来源、分析目的等参阅相关的国家标准或各行业制定的标准，采取不同的采集方法。本章主要介绍常见试样的采集方法。

一、气体试样的采集

　　气体的组成比较均匀，气体试样的采集可根据待测组分在试样中存在的状态（气态、蒸汽、气溶胶）、浓度以及所用测定方法的灵敏度，采用不同的采集方法。常用的方法有集气法和富集法。

　　集气法是用一容器收集气体，以测定待测物质的瞬时浓度或短时间的平均浓度。此法适用于气样中待测物质的浓度较高，或测定方法的灵敏度较高只需采集少量气样，或需测定气样中待测组分瞬时浓度等情况。如对于烟道气、工厂废气中某些有毒气体的分析常采用此法采样。根据所用收集器的不同，集气法有真空瓶法、置换法、采气袋法和注射器法等。

　　富集法是使大量气样通过适当的收集器将待测组分吸收、吸附或阻留下来，从而使原来低浓度的组分得到浓缩，再选择灵敏度高的分析方法进行测定。用此法测得的结果是采样时间内的平均浓度，适用于含待测组分的浓度较低的气体试样。如大气污染的测定常用此法采样。根据所使用的收集器的不同，富集法可以分为流体吸收法、固体吸附法、冷冻浓缩法、静电沉降法等。

　　总之，气体试样的采集可依据待测组分的性质选择合适的采集方法。在采集气体试样时，必须先把容器及通路洗净，再用要采集的气体冲洗数次，然后取样，以避免混入杂质。

二、液体试样的采集

　　液体试样一般比较均匀，可任意采集一部分或经混合后取一部分，即成为具有代表性的分析试样。但有时也需考虑试样性质和储存容器的差异，避免产生不均匀的因素。例如，装在大容器的液体试样，应均匀混合后取样，或在不同深度取样后均匀混合后作为分析试样。对分装在小容器里的液体试样（如药液），应抽选一定数量的小容器，将其中的液体合并，混合均匀作为分析试样。

　　对于流动的液体，可以间隔一定时间进行动态采集试样，或在适宜的时间节点进行取样。比如采集自来水试样时，采样前应打开水龙头放水 10 ~ 15 分钟，将留在水管中的杂质排除后，再用干净容器收集即可。采集不稳定的液体试样，如工业废水，应每隔一定时间采样一次，然后将在整个生产过程中所取得的水样混合后作为分析试样；又如生物样品中血样的采集，因饮食、活动和药物等影响使血液的组分发生变化，故在不同时间采取的血样各组分的含量不同。早上空腹时，因不受饮食影响，各组分较恒定，故通常空腹取样，使分析结果具有代表性。而尿样的采集，通常用 24 小时采集的试样混合均匀后，再取样分析，因为一昼夜尿液排泄总量的浓度比随机试样的浓度更有意义。

三、固体试样的采集与制备 🅔 微课1

　　固体物料种类繁多，形态各异，试样的性质和均匀度差异很大。其中组分均匀的物料有化学试剂、药物制剂、化肥、水泥等；组分不均匀的物料有矿石、煤炭、土壤等。由于均匀度的差异，它们的采样方式也各不相同。

（一）固体试样的采集

　　为了使所采集的试样具有代表性，应根据试样中组分分布情况和颗粒大小，从不同的部位和深度选取多个采样点。采样点的选择方法有多种，如随机采样法，即随机性地选择采样点的方法，这种方法要求有较多的采样点才有较高的代表性，对于组成均匀的物料可以选择此方法；判断采样法，即根据组分的分布信息等有选择地选取采样点的方法，该法选取的采样点相对较少；系统采样法，即根据一定规则选择采样点的方法。显然，采样数量越大，准确度越高，但成本也增加，因此采样的数量应在能达到预期要求的前提下，尽可能节省。对于组分不均匀的物料，试样的采集量取决于以下几点：①颗粒的大小和比重；②试样的均匀度；③分析的准确度。颗粒越大，比重越大，最低采集量越大；试样越不均匀、分析要求越高，最低采集量也越大。通常试样的采集量可按下面的经验公式（亦称采样公式）计算。

$$Q \geqslant Kd^2 \tag{2-1}$$

　　式（2-1）中 Q 为采集试样的最低质量（kg）；d 为试样中最大颗粒的直径（mm）；K 为经验常数，可由实验求得，通常 K 值为 0.05 ~ 1。例如，采集某一试样，若试样的最大颗粒直径为 1mm，其 K 为 0.2kg/mm^2，则应采集试样的最低质量为 0.2kg，即 200g，如果研细至 d 为 0.14mm 时，采集试样的最低质量为 3.92×10^{-3}kg，即 3.92g。可见，样品研得越细，颗粒越小，则应采集试样的最低质量越小。

（二）固体试样的制备

　　当采集的试样量很大且不均匀时，需进行粉碎、过筛、混匀、缩分等步骤进行制备，以制得少量均匀且有代表性的分析试样。在满足需要的前提下，样品量越少越好。一般情况下，样品量不得少于分析所需用量的 3 倍，即 1/3 供实验室分析用，另 1/3 供复核用，其余 1/3 留样保存。

粉碎试样可用各式粉碎机。试样经粗碎、中碎、细碎以及使用研钵研磨之后，得到所需粒度。为控制试样颗粒大小均匀，需将粉碎后的样品过筛，即让粉碎后的试样通过一定孔径的筛子。粗碎要求粉碎后的颗粒能通过 5 目筛，中碎需通过 18 目筛，细碎则需进一步磨碎，能通过所要求的筛孔。分析试样要求的粒度与试样的分解难易等因素有关，一般要求通过 100~200 目筛。必须指出，每次粉碎后未通过筛子的颗粒需要进一步粉碎，直至全部通过，切不可随意弃去。

试样粉碎至一定细度后，然后进行缩分。缩分的目的是减少试样量，同时又不失其代表性。通常采用"四分法"，即将过筛后的试样混匀后，堆为圆锥形后压成厚度均匀的圆饼状，通过中心分为四等份，取用任意对角两份；再如上操作，反复数次，直至最后剩余量能满足分析所需样品量，同时也应符合采样公式的要求为止。

第二节　试样的分解 微课2

在分析工作中，有时需要将试样分解，制成溶液，然后进行分析。试样的分解是分析工作的重要步骤之一。分解试样的方法很多，一般根据试样的组成和性质、待测组分的性质及分析目的等进行选择。常用的分解方法主要有溶解法和熔融法。分解试样的原则为：①试样分解必须完全，处理后的溶液中不得残留原试样的细屑或粉末；②试样分解过程中待测组分不应挥发；③不应引入待测组分和干扰物质。

一、无机试样的分解

（一）溶解法

溶解法（dissolution method）是将试样溶解在水、酸或其他溶剂中。溶解法比较简单、快速，所以分解试样时尽可能采用此法。当试样不溶解或溶解不完全时，才考虑其他方法。溶解试样常用的溶剂有以下几种。

1. 水　用水溶解试样最简单、快速，大多数定量测定方法是在水溶液中进行的。水又最易制纯，不引进干扰杂质，因此，凡是能在水中溶解的样品，应尽可能用水作溶剂，将样品制备成水溶液。常见的能溶于水的试样有硝酸盐、醋酸盐、铵盐、绝大多数的碱金属化合物、大部分的氯化物及硫酸盐。

2. 无机酸　各种无机酸及混合酸也是常用来溶解样品的溶剂。利用这些酸的酸性、氧化还原性及配位性能，使样品中待测组分转入溶液。常用的酸有盐酸、硝酸、硫酸、磷酸、高氯酸、氢氟酸以及混合酸如王水（3 体积 HCl + 1 体积 HNO_3）等。

3. 碱　常用的碱有 NaOH 和 KOH 等，常用于溶解两性金属，如铝、锌及其合金、氧化物等。

（二）熔融法

熔融法（melting method）是将试样与酸性或碱性固体熔剂混合后，在高温条件下熔融分解，再用水或酸浸取，使其转入溶液中。根据所用熔剂的化学性质，熔融法可分为酸熔法和碱熔法。

1. 酸熔法　常用的酸性熔剂有 $K_2S_2O_7$ 或 $KHSO_4$，在高温时分解产生的 SO_3 能与碱性氧化物作用。例如，灼烧过的 Fe_2O_3 或 Al_2O_3 不溶于酸，但能熔于 $K_2S_2O_7$ 中。

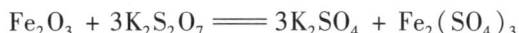

$$Fe_2O_3 + 3K_2S_2O_7 == 3K_2SO_4 + Fe_2(SO_4)_3$$

其熔块易溶于水中。

2. 碱熔法　常用的碱性熔剂有 Na_2CO_3、NaOH、Na_2O_2 等，用以分解酸性试样。例如 Na_2CO_3 常用以

分解硅酸盐，如钠长石（$NaAlSi_3O_8$）的分解反应为

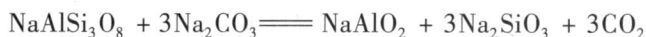
$$NaAlSi_3O_8 + 3Na_2CO_3 \overline{} NaAlO_2 + 3Na_2SiO_3 + 3CO_2$$

Na_2O_2 用以分解铬铁矿，反应为

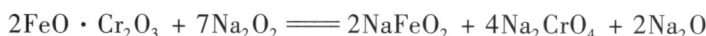
$$2FeO \cdot Cr_2O_3 + 7Na_2O_2 \overline{} 2NaFeO_2 + 4Na_2CrO_4 + 2Na_2O$$

熔块用水浸取时得到 Na_2CrO_4 溶液和 $Fe(OH)_3$ 沉淀，分离后可分别测定铬和铁。

在高温下熔融分解试样的同时易造成对坩埚的浸蚀，浸蚀下来的杂质还会给分析测定带来困难。故应用熔融法时应注意正确选用坩埚材料，以保证所用坩埚不被损坏。选择坩埚材质的原则是：一方面要使坩埚在熔融时不受损失或少受损失，另一方面还要保证分析的准确度。

（三）烧结法

烧结法（sintering method）又称半熔法，是让试样与固体试剂在低于熔点的温度下进行反应。因为温度较低，加热时间需要较长，但不易浸蚀坩埚，可以在瓷坩埚中进行。例如常用 $Na_2CO_3 + MgO$ 作熔剂，用半熔法分解煤或矿石以测定硫，Na_2CO_3 起熔剂的作用，MgO 起疏松和通气的作用，使空气中的氧将硫化物氧化为硫酸盐。用水浸取反应产物时，硫酸根离子形成钠盐进入溶液中，SiO_3^{2-} 大部分析出为 $MgSiO_3$ 沉淀。

二、有机试样的分解

有机物试样中常量或痕量的元素一般与有机物结合共存，因此测定这些元素，需将试样分解，即在高温或强烈氧化条件下，使样品中的有机物分解并在加热过程中成为气体逸出，而待测元素转化为无机离子。根据操作方法的不同，常分为干式灰化法和湿式消解法两大类。

（一）干式灰化法

干式灰化法（dry ashing）主要是依靠加热或燃烧，使待测物质灰化、分解，留下的残渣再用适当的溶剂溶解后测定。适用于分解有机物和生物试样，以便测定其中的金属元素、硫、卤素等无机元素的含量。根据灰化条件的不同，常分为坩埚灰化法、氧瓶燃烧法和低温灰化法。

坩埚灰化法通常将试样置于坩埚中，先放在电热板上加热，将试样烘干并预灰化后，移入高温炉内，在 $400 \sim 500℃$，以大气中的氧为氧化剂，使有机物质燃烧分解除去，留下无机残余物。通常加入少量浓盐酸或热的浓硝酸浸取残余物，经定量转移并定容后进行分析测定。对于液态或湿的动植物细胞组织，在进行灰化分解前应先通过蒸汽浴或轻度加热的方法干燥，以防止迅速着火或泡沫飞溢损失。例如，《中国药典》（2020 年版）收载的药物安胃片中枯矾的含量测定：取适量试样，精密称定后，置坩埚中，在 $400 \sim 500℃$ 炽灼至完全灰化，放冷，用稀盐酸溶解后，用配位滴定法进行测定。

氧瓶燃烧法是干式灰化法普遍应用的方法。将样品包在定量滤纸内，用铂金片夹牢，放入充满氧气的锥形瓶中进行充分燃烧，燃烧产物用适当的吸收液吸收，然后分别测定各元素的含量，其装置如图 2 - 1 所示。

低温灰化法采用射频放电产生的强活性氧游离基，能在低温下破坏有机物。灰化温度一般低于 $100℃$，这样可以最大限度地减少挥发损失。

干式灰化法的优点是简便、试剂用量少、引入空白值较小，适用于取量大、含量低的试样处理；缺点是因挥发或黏附而造成损失。

（二）湿式消解法

湿式消解法（wet ashing）属于氧化分解法。用于测定有机物中金属元素、硫、卤素等元素的含量。通常用硝酸和硫酸混合物与试样一起置于烧瓶中，在一定温度下进行分解，其中有机物氧化成 CO_2 和

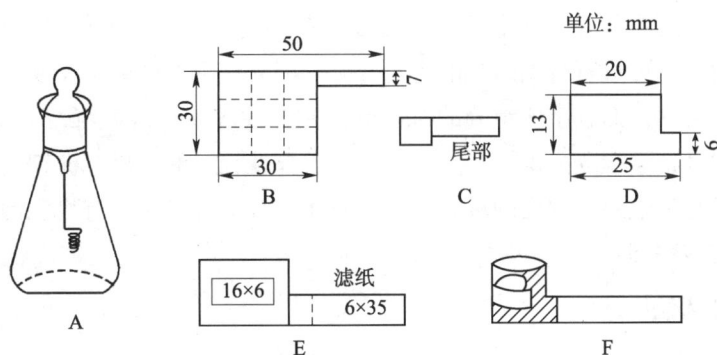

图 2-1 氧瓶燃烧法装置图
A. 燃烧瓶；B、C. 固体样品滤纸折叠方法；D、E、F. 液体样品滤纸折叠方法

H_2O，金属转变为硝酸盐或硫酸盐，非金属转变为相应的阴离子，再测定有机物中的待测元素。湿式消解法常用的氧化剂有 HNO_3、H_2SO_4、$HClO_4$、H_2O_2 和 $KMnO_4$ 等。酸消解法是破坏生物、药物、食品中有机物的有效方法之一，例如药物中氮含量的测定，采用浓硫酸消化样品，将样品中的氮元素转化为无机铵盐，再用滴定法测定含量。湿式消解法的优点是简便、快速、效果好，适用于易挥发组分的测定；缺点是加入试剂而引入杂质。

第三节 常用分离、富集方法

一、分离与富集定义

理想的分析方法应能直接从试样中定性鉴别或定量测定某一待测组分，即所选择的方法具有高度的专属性，其他组分不干扰。但实际工作中常遇到比较复杂的体系，测定某一组分时常受到其他组分的干扰，这不仅影响测定结果的准确性，有时甚至无法测定。因此在测定前必须选择适当的方法消除干扰。

分离（separation）是使试样中的各组分相互分开的过程。试样的处理过程中分离往往是至关重要的一步。通过分离得到高纯度的待测化合物，其分离操作也称为纯化或提纯。定量分析中分离主要有两方面的作用：一是提高方法的选择性；二是将微量或痕量的组分富集使之达到测定方法的检测限以上，以提高检测的灵敏度。

若待测组分含量极微，低于测定方法的检测限而难以测定时，可以在分离的同时把待测组分浓缩和集中起来，使其有可能被测定，这一过程为富集（enrichment）。例如，将水相中的某种组分萃取到体积较小的有机相中，这里萃取分离也起到了富集的作用。痕量组分的测定，有时虽无干扰，但仍需借助分离方法加以富集才能准确测定。

常用的分离富集方法包括沉淀、萃取、挥发、色谱等。在实际操作中某一试样的分析是否需要分离和采用何种方法分离，在很大程度上取决于待测组分的性质、含量和最后选用的分析测定方法，以及对分析时间的要求和分析结果所需的准确度。

二、方法简介

（一）沉淀分离法

沉淀分离法（precipitation separation）是通过沉淀反应把待测组分沉淀分离出来或将共存的干扰组分沉淀除去，这种利用沉淀反应使待测组分与干扰组分分离的方法，称为沉淀分离法。

沉淀分离法是根据溶度积原理，利用各类沉淀剂将待测组分从分析的样品体系中沉淀分离出来。分离出来的沉淀经适当处理后可进行待测组分的定量分析。因此，沉淀分离法需要经过沉淀、过滤、洗涤等操作，较费时且操作繁琐，而且某些组分的沉淀分离选择性较差，因而沉淀分离不易达到定量完全。但如能很好运用沉淀原理，掌握分离操作要点，并使用选择性较好的有机沉淀剂，提高分离效率，沉淀分离法仍可取得较好的分离效果。常用的沉淀分离法有无机沉淀分离法、有机沉淀分离法、共沉淀分离法、盐析法、等电点沉淀法等。

（二）溶剂萃取分离法

溶剂萃取分离法（solvent extraction）是利用待测组分在两种互不相溶（或微溶）的溶剂中溶解度或分配系数的不同，使待测组分从一种溶剂转移到另外一种溶剂中。经过反复多次萃取，将绝大部分的待测组分提取出来。此法又称液液萃取法，常用于元素或化合物的分离或富集。这种方法设备简单，操作简易快速，既可用于分离常量组分，也可用于分离、富集痕量组分，特别适用于分离性质非常相似的元素，是分析化学中应用广泛的分离方法。

例如，《中国药典》（2020年版）收载药物丹红化瘀口服液中原儿茶醛的含量测定：样品经乙酸乙酯提取后，用高效液相色谱法进行测定。丹桂香颗粒中黄芪甲苷的含量测定：样品经甲醇溶解，用水饱和的正丁醇提取黄芪甲苷后，采用高效液相色谱法进行测定。

（三）挥发分离法

挥发分离法（volatilization）是利用混合物中各组分的挥发性差异来进行分离的方法。该方法可用于定量分离待测组分后进行测定，也可用于消除干扰组分。如尿、血等生物试样中某些易挥发的待测物质的分离测定，可在加热或常温条件下通空气或氮气，使挥发组分逸出，用溶剂吸收逸出的气体，再用其他分析方法如分光光度法或气相色谱法进行测定。

（四）色谱分离法

色谱分离法（chromatography）是利用混合物中各组分在两相中具有不同的分配系数或吸附系数等而进行分离的一种方法。两相中的一相为固定相，另一相为流动相。当流动相对固定相作相对移动时，待分离组分在两相之间反复进行分配，使它们之间微小的分配差异得到放大，造成其迁移速度的差别，从而得到分离。它是一种高效率、应用广泛的分离技术，特别适宜于分离多组分试样。

色谱分离法可以有不同的分类方法。按分离的机制可将色谱法分成吸附色谱法、分配色谱法、凝胶色谱法和离子交换色谱法等。根据流动相的聚集状态，又可分为液相色谱法和气相色谱法。根据固定相的形状及操作方式分类，可分为柱色谱、纸色谱和薄层色谱。本章主要介绍常用的经典色谱法，有关气相色谱和高效液相色谱将在仪器分析课程中专门讨论。

1. 柱色谱法 柱色谱是将固定相置于色谱柱中，如吸附色谱法，柱内填充硅胶、氧化铝等固体吸附剂作为固定相，如图2-2所示，从柱上端加入待分离的试液，如果试液含有A、B两种组分，则两者均被固定相吸附在柱的上端形成一个环带。当加样完成后，可用一种适当的溶剂作为洗脱剂（流动相）进行洗脱，随着洗脱剂向下流动，A和B两组分在两相间连续不断地发生解吸、吸附作用。由于洗脱剂和吸附剂对A、B两组分的溶解能力和吸附能力不同，因此A、B两组分移动的速度不同，经过相同时间后，两者移动的距离产生差异。吸附弱和溶解度大的组分（假定为A）移动的速度较快，容易被洗脱下来。经过一定时间，A、B两组分即可完全分开，形成两个环带，每一环带内是一种纯净的物质。如果A、B两组分有颜色，则能清楚地看到两个色带。继续洗脱，分别收集流出液进行分析测定。

2. 纸色谱法 是根据不同物质在两相间的分配比不同而进行分离。其简单装置如图2-3所示。纸色谱是以滤纸为载体，将待分离的试液用毛细管滴在滤纸的原点位置上，利用滤纸吸附约占质量20%

的水分作为固定相，另取有机溶剂作流动相（展开剂）。由于滤纸的毛细管作用，流动相沿滤纸向上展开，当流动相接触到滤纸上的试样点时，试样中的各组分就不断地在固定相和展开剂之间进行分配和再分配，分配比大的组分上升慢，分配比小的组分上升快。当分离进行一定时间后，溶剂前沿上升到接近滤纸条的上端时，试样中的不同组分在滤纸上就得以分离。此时，取出纸条，喷上显色剂显斑，即可以得到如图所示的色谱图。

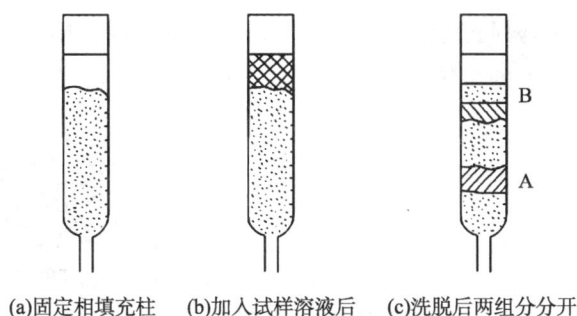

(a)固定相填充柱　　(b)加入试样溶液后　　(c)洗脱后两组分分开

图2-2　两组分柱色谱示意图

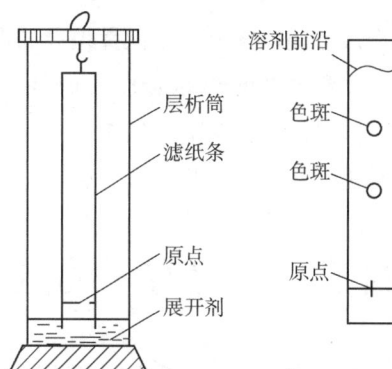

图2-3　纸色谱分离法

在纸色谱法中，通常用比移值（R_f）来衡量各组分的分离情况。比移值的表达式为

$$R_f = \frac{l}{l_o} \tag{2-2}$$

式（2-2）中，l 为基线到展开斑点中心的距离（cm）；l_o 为基线到溶剂前沿的距离（cm）。通常情况下 R_f 为 0~1。R_f 为 1 说明该组分在固定相中的浓度接近于零，随着溶剂一起上升。若 R_f 为 0，说明该组分基本留在原点未动。一般情况下，两种组分 R_f 值之差大于 0.02 时，彼此可以分离。

3. 薄层色谱法　是将柱色谱与纸色谱相结合而发展起来的一种色谱分离方法。薄层色谱具有分离速度快、分离效果好、灵敏度高和显色方便等特点。

最常用的薄层色谱为液-固吸附色谱。与柱色谱不同，薄层色谱的固定相是在玻璃板（或塑料板）上涂布吸附剂，如硅胶、活性氧化铝等，其粒度更细，涂布后形成均匀的薄层，用与纸色谱法类似的操作方法进行分离。把试液点在薄层板的一端距边缘一定距离处，然后将薄层板放入盛有展开剂的密闭层析缸中，使点有试样的一端浸入展开剂，由于薄层的毛细管作用，展开剂沿着吸附剂薄层上升，遇到试样时，试样就溶解在展开剂中并随展开剂上升。在此过程中，试样中的各组分在固定相和流动相之间不断地发生溶解、吸附的分配过程。易被吸附的物质移动较慢，较难吸附的物质移动较快。经过一段时间后，不同物质上升的距离不同，形成相互分开的斑点，从而达到分离。展开时间一般为几分钟至几十分钟。试样各组分分离情况也用比移值（R_f）来衡量。

吸附剂和展开剂的一般选择原则是：非极性组分的分离，选用活性强的吸附剂，用非极性展开剂；极性组分的分离，选用活性弱的吸附剂，用极性展开剂。实际工作中要经过多次试验来确定。

4. 离子交换分离法　是利用离子交换剂与溶液中的离子之间所发生的交换反应来进行分离的方法。各种离子与离子交换树脂的交换能力不同，被交换到树脂上的离子可选用适当的洗脱剂依次洗脱，从而达到彼此之间的分离。与溶剂萃取不同，离子交换分离是基于物质在固相和液相之间的分配。这种方法分离效率高，既能用于带相反电荷的离子间的分离，也能实现带相同电荷和性质相近的离子之间的分离，还广泛地应用于微量组分的富集和高纯物质的制备等。其主要缺点是分离时间较长，耗费洗脱液较多。因此在实验室中主要用于解决比较困难的分离问题。

离子交换剂种类很多，主要包括无机离子交换剂和有机离子交换剂两大类。目前分析化学中常采用有机离子交换剂，又称离子交换树脂，根据可以被交换的活性基团的不同，离子交换树脂可分为阴离子交换树脂和阳离子交换树脂两大类。阳离子交换树脂可分为强酸性阳离子交换树脂（—SO_3H）和弱酸性阳离子交换树脂（—COOH，—OH）。阴离子交换树脂可分为强碱性阴离子交换树脂（季铵碱 ≡ N^+）和弱碱性阴离子交换树脂（—NH_2，—NHR，—NR_2）。

离子交换分离法主要用于微量组分的富集、纯物质的制备、阴阳离子的分离、性质相似元素的分离等。例如，生物碱盐的分离纯化。选择磺酸基阳离子交换树脂，生物碱盐（阳离子）溶液通过阳离子交换树脂时，可以与树脂上的氢进行离子交换，将树脂柱上的生物碱盐进行碱化，使生物碱转变为游离型，再用有机溶剂进行洗脱。

▷ 第四节　测定方法的选择

PPT

定量分析要完成实际生产和科研中的具体分析任务，获得符合要求的测定结果，选择合适的测定方法至关重要。随着生产和科学技术的发展，对定量分析提出了更高的要求，同时也提供了更多更先进的测定方法。在实际工作中，遇到的分析问题是各种各样的。从分析对象来说，可能是无机试样或有机试样；从所测定组分的含量来说，可能是属于常量组分、微量组分或痕量组分等。要完成各种不同的分析任务，需要选择不同的测定方法。往往一种待测组分也可用多种方法测定，例如铁的测定方法就有氧化还原法滴定法、配位滴定法、重量分析法、紫外 – 可见分光光度法、原子吸收法等。而在氧化还原滴定法中又有高锰酸钾法、重铬酸钾法、铈量法等。因此选用哪种测定方法，必须根据不同情况予以考虑。鉴于试样的种类繁多，测定要求又不尽相同，本章主要讨论测定方法选择的一般原则。

一、测定的具体要求

由于分析工作涉及面很广，分析的对象种类繁多，因此，首先要明确分析目的和要求，确定分析对象对准确度和完成时间等方面的要求。如仲裁分析、成品分析、标样分析等，准确度是主要的；中药材中的重金属含量或农药残留等微量组分或痕量组分分析，灵敏度是主要的；而生产过程中的中间体控制分析、急性中毒分析，速度则是主要问题。因此，可根据分析的目的和要求建立适当的分析方法。

二、试样组分的性质

分析方法是依据待测组分的性质而建立起来的，了解待测组分的性质，有助于测定方法的选择。例如，试样具有酸、碱或氧化还原的性质，可考虑酸碱滴定或氧化还原滴定分析法；如果待测组分是金属离子，则可利用其配位的性质，选择配位滴定分析法；当然也可利用其直接或间接的光学、电学、动力学等方面的性质，选择仪器分析法。而对碱金属，特别是钠离子等，由于它们的配合物一般都很不稳定，大部分盐类的溶解度又较大，而且不具有氧化还原性质，但能发射或吸收一定波长的特征谱线，因此火焰光度法及原子吸收光谱法是较好的测定方法。又如溴能迅速加成于不饱和有机物的双键，因此可用溴酸盐法测定有机物的不饱和度。

三、试样组分的含量

不同分析方法的准确度和灵敏度都有所不同。因此，在分析工作中主要依据待测组分的含量范围来选择分析方法。对常量组分的测定，可采用滴定分析法和重量分析法。

滴定分析法操作简便、快速，重量分析法虽很准确，但操作费时，当两者均可选用时，一般采用滴定分析法，但滴定分析法的灵敏度不高，对低含量（小于1%）组分的测定误差太大，有时甚至无法测定。因此，对于微量组分的测定，应选用灵敏度较高的仪器分析法，如分光光度法、原子吸收光谱法、色谱分析法等。例如，用光谱分析法测定纯硅中的铁含量时，其结果为 2.4×10^{-8}，若此法的相对误差为50%，则其真实含量为 $1.2 \times 10^{-8} \sim 3.6 \times 10^{-8}$，虽然该法的准确度较差，但对微量的铁，只要能确定其含量的数量级（10^{-8}）就能满足要求。因此，应根据具体情况选择合适的分析方法。

四、共存组分的影响

在选择分析方法时，必须考虑其他共存组分对测定的影响，尽量采用选择性好的分析方法，有利于提高测定的准确度和分析速度。但在实际工作中，共存组分往往影响测定，如果没有适宜的方法，则应改变测定条件，加入掩蔽剂以消除干扰，或通过分离除去干扰组分之后再进行测定。例如，中药黄连中生物碱小檗碱的测定，当用有机溶剂提取后进行酸碱滴定时，由于黄连中含有小檗碱、药根碱、巴马汀、黄连碱、表小檗碱等多种生物碱，故用此法测得的是生物碱的总量，要准确测定其中小檗碱的含量，可先采用薄层色谱法分离，收集小檗碱成分，三氯甲烷提取后再用分光光度法测定，或者直接采用色谱法分离测定。

五、实验室条件

选择测定方法时，还要考虑实验室是否具备所需条件。例如，现有仪器的精密度和灵敏度，所需试剂和水的纯度以及实验室的温度、湿度和防尘等实际情况。有些方法虽能在短时间内分析成批试样，很适合于例行分析，但需要的仪器一般实验室不具备，也只能选用其他方法。

总之，一个理想的分析方法应该是灵敏度高、检出限低、准确度高、操作简便的方法。但在实际工作中，一个测定方法很难同时满足这些条件，即不存在适用于任何试样、任何组分的测定方法，因此，必须综合考虑以上各种因素，选用合适的测定方法。

>>> 知识链接 •--

蛋白质检测方法

选择合适的分析检测方法至关重要。牛奶中蛋白质含量测定曾只采用凯氏定氮法，通过检测牛奶中氮元素的含量来推算蛋白质的含量，而添加三聚氰胺可以增加牛奶中氮的含量，造成蛋白质含量高的假象。因此，有不法商贩采用掺入三聚氰胺来提高牛奶蛋白含量，严重影响牛奶质量。为了避免这一现象的发生，开发了多种蛋白质相关的检测方法。①电位滴定法：利用蛋白质中游离的羧基和氨基，在甲醛溶液中，氨基上的两个氢原子被次甲基所取代，再用氢氧化钠标准溶液滴定游离的羧基，从而计算蛋白质含量。②三氯乙酸 - 双缩脲比色法：采用三氯乙酸溶液沉淀蛋白质，过滤，滤渣采用双缩脲法进行定氮，即可得出样品中蛋白质的含量。③考马斯亮蓝法（Bradford 法）：通过考马斯亮蓝使蛋白质染色，该反应迅速且稳定，然后通过比色法测定蛋白质含量。

这些方法对规范我国乳制品中蛋白质的检测具有推动作用，而不同检测方法有不同使用范围，需根据不同样品进行选择。

第五节 分析结果的计算及评价

PPT

定量分析过程的最后一个环节是计算待测组分的含量，并同时对分析结果进行评价，判断分析结果的准确度、灵敏度、选择性等是否达到要求。可根据分析过程中有关反应的化学计量关系及分析测量所得数据，计算试样中待测组分的含量。对测定结果及误差分布情况的分析，可采用统计学方法进行评价，如平均值、相对标准偏差、置信度、显著性检查等，具体内容将在相关章节中进行介绍。

答案解析

目标检测

1. 定量分析的一般步骤是什么？

2. 进行试样采集应注意哪些事项？

3. 试样分解的一般要求是什么？

4. 试说明分离在定量分析中的作用。

5. 在制备样品时，将大块矿样锤碎，用很细的分样筛筛出一部分用于分析，这样操作是否正确？为什么？

6. 简述选择测定方法的重要性。如何选择测定方法？

书网融合……

| 思政导航 | 本章小结 | 微课1 | 微课2 | 题库 |

（张　昀）

第三章　分析误差和数据处理

◎ **学习目标**

　　知识目标

　　1. 掌握　分析误差产生的原因、分类及减免方法；准确度与精密度的表示方法及相互关系；有效数字及其运算规则。

　　2. 熟悉　误差的传递规律；偶然误差的分布；可疑数据的取舍方法；置信区间的定义及表示方法；显著性检验的统计学方法。

　　3. 了解　相关分析和回归分析。

　　能力目标　通过本章学习，能够根据误差产生的原因及其特点，采取有效措施尽量消除或减小误差；在正确表达结果的基础上，通过学习统计处理方法，能够对测量结果的可靠性作出初步判断。

　　定量分析的任务是通过试验测定试样中待测组分的含量。人们采用适当的分析方法，通过仪器测量化学体系的某种物理量（如质量、体积、电位等），求出组分的含量，希望结果具有一定的准确性。但由于受到分析方法、试剂、测量仪器和分析工作者等因素的影响，使测定结果与真实值不完全一致；有时一个定量分析试验须经过多个步骤，每步的测量误差都会影响分析结果的准确性。由此可见，分析过程中的误差不可避免，客观存在。因此，为了提高分析结果的准确性，作为分析工作者，不仅要测定试样中待测组分的含量，还应对测定结果作出评价，判断其准确性和可靠程度，查出产生误差的原因，并采取有效措施减少误差，使所得结果尽可能准确地反映试样中待测组分的真实含量。

》 第一节　分析化学中的误差

PPT

一、系统误差和偶然误差 📱微课1

　　测量值与真实值之间的差值称为误差。测量值大于真实值，为正误差；测量值小于真实值，为负误差。

　　根据误差的性质及产生的原因，通常将误差分为系统误差和偶然误差。

　　（一）系统误差

　　系统误差（systematic error）由某种确定的原因造成，在重复测定中通常以固定的方向和固定的大小重复地出现，理论上可以测定，所以又称为可测误差（determinate error）。根据系统误差产生的原因，可分为方法误差、仪器误差、试剂误差、操作误差。

　　1. 方法误差　由于采用的分析方法不完善造成。如重量分析中沉淀的溶解损失会造成负误差；共沉淀会导致正误差。滴定分析中滴定终点与化学计量点不相符合，也会产生误差。

　　2. 仪器误差　由于实验仪器未经校正或不够准确所引起。例如，电子分析天平中传感器的上导向片和下导向片不平行导致的偏载误差；容量仪器刻度不准确；移液管和容量瓶不配套。

3. 试剂误差 由于试剂不符合要求或蒸馏水含有杂质等引起。

4. 操作误差 由于操作者的主观原因或习惯造成。例如，对滴定管的读数有人总是偏高，有人总是偏低；对滴定终点的颜色判断，有人总是偏浅，有人总是偏深。

根据系统误差的特点，系统误差可用校正的方法加以消除。

（二）偶然误差

偶然误差（accidental error）由某些难以控制的偶然因素引起，偶然误差具有随机性，所以又称为随机误差（random error）。例如仪器性能的微小变化；测量时环境的温度、湿度和气压的偶然变化；操作者对平行样样处理的微小差异等。偶然误差通常方向不定、大小不定，但符合统计规律：在进行多次测定时，大误差出现的概率小，小误差出现的概率大，大小相近的正负误差出现的概率大致相等。

根据偶然误差的特点，可以通过多次测量消除或减小偶然误差。

需要指出，系统误差和偶然误差常常会相伴出现。如滴定终点的颜色判断，有人总是偏深，产生系统误差中的操作误差，但在平行测定中，每次偏深的程度又不一致，则产生偶然误差。

除上述两种误差之外，在分析过程中，还有因为疏忽或差错引起的"过失"误差，其实质是一种错误，不属于误差的范畴。如溶液溅失、滴定管读数错误、记录及计算错误等。因此需要在操作中仔细认真，恪守操作规程，养成良好的实验习惯，避免出现"过失"。如发现确实因操作错误得出的测定结果，应将该次测定结果舍弃。

二、准确度与精密度 e 微课2

（一）准确度与误差

准确度（accuracy）是指测量值与真实值接近的程度。测量值与真实值越接近，测量结果越准确。可用误差衡量准确度的高低，误差越小，准确度越高。误差有绝对误差和相对误差两种表示方法。

1. 绝对误差（absolute error；δ） 为测量值（x）与真实值（μ）的差值。

$$\delta = x - \mu \tag{3-1}$$

绝对误差的单位与测量值的单位相同，其数值可正、可负。若为正值，表明测量值大于真实值，为正误差；若为负值，表明测量值小于真实值，为负误差。绝对误差的绝对值越小，表明测量值与真实值越接近，准确度越高。

2. 相对误差（relative error；E_r） 为绝对误差（δ）与真实值（μ）的比值，常以百分率表示。相对误差无单位，其数值可正、可负。

$$E_r = \frac{\delta}{\mu} \times 100\% \tag{3-2}$$

例 3-1 用分析天平称量两份试样，一份的测量值为 0.5503g，真实值为 0.5502；另一份的测量值为 0.1053g，真实值为 0.1052。两个测量值的绝对误差均为 0.0001g，则相对误差分别为

$$E_r = \frac{+0.0001}{0.5502} \times 100\% = +0.02\%$$

$$E_r = \frac{+0.0001}{0.1052} \times 100\% = +0.1\%$$

由此可见，当绝对误差相同，真实值越大，相对误差越小，准确度越高，用相对误差衡量分析结果的准确度更具实际意义。

3. 真实值 在误差的计算中涉及真实值，虽然真实值客观存在，但由于测量中存在误差，很难准

确得到真实值，只能尽量接近真实值。在分析化学中常用的真实值有三类：理论真值、约定真值和相对真值。

（1）理论真值　如化合物的理论组成等。

（2）约定真值　国际计量大会定义的单位（国际单位）及我国的法定计量单位，如物质的量的单位、元素周期表中各元素的原子量（相对原子质量）、长度、质量、时间单位等。

（3）相对真值　由标准试样（或标准参考物质）给出的测量值作为相对真值。标准试样（或标准参考物质）采用可靠的分析方法和精密的测量仪器，经过不同实验室和不同人员进行多次平行分析，测定结果经数理统计方法处理后确定出各组分相对准确的含量，其分析结果称为相对真值（或标准值）。

（二）精密度与偏差

精密度（precision）是指在相同条件下，平行测量的各测量值之间相互接近的程度。各测量值之间越接近，测量的精密度越高；反之，各测量值之间越分散，测量的精密度越低。用偏差衡量精密度的高低，偏差越小，精密度越高。偏差有以下几种表示方法。

1. 偏差（deviation；d）　是指单次测量值（x_i）与测量平均值（$\bar{x}$）的差值。其单位与测量值相同，有正负之分。

$$d = x_i - \bar{x} \tag{3-3}$$

2. 平均偏差（average deviation；$\bar{d}$）　是指各单次测定偏差的绝对值的平均值。其单位与测量值相同，平均偏差为正值。

$$\bar{d} = \frac{\sum_{i=1}^{n} |x_i - \bar{x}|}{n} \tag{3-4}$$

式（3-4）中 n 为平行测量的次数。

3. 相对平均偏差（relative average deviation；$\bar{d}_r$）　是指平均偏差与平均值的比值。常以百分率表示，无单位。

$$\bar{d}_r = \frac{\bar{d}}{\bar{x}} \times 100\% \tag{3-5}$$

用平均偏差和相对平均偏差表示精密度比较方便、简单，但由于在一系列平行测定值中，偏差大的值总是占少数，这样按总测定次数计算的平均偏差结果会偏小，大偏差值将得不到充分的反映，反映不出数据的分散程度。因此常采用标准偏差和相对标准偏差表示。

4. 标准偏差（standard deviation；S）　当测定次数 $n \leq 20$，可用标准偏差表示测量值的分散程度，其表达式见式（3-6），其单位与测量值相同。

$$S = \sqrt{\frac{\sum_{i=1}^{n} (x_i - \bar{x})^2}{n-1}} \tag{3-6}$$

标准偏差计算式中对偏差进行了平方，避免正负偏差相互抵消，又使大偏差能更显著地得到反映。

5. 相对标准偏差（relative standard deviation；RSD）　是指标准偏差与平均值的比值，常用百分率表示。

$$RSD = \frac{S}{\bar{x}} \times 100\% \tag{3-7}$$

在实际工作中普遍采用可靠性较高的相对标准偏差来表示分析结果的精密度。

例3-2　用配位滴定法测定自来水的总硬度（以 $CaCO_3$ 计），5 次测定结果分别为（mg/L）：135.6，136.0，136.5，135.8，136.1。求其平均值、平均偏差、相对平均偏差、标准偏差和相对标准偏差。

$$解：\bar{x} = \frac{135.6 + 136.0 + 136.5 + 135.8 + 136.1}{5} = 136.0 \text{mg/L}$$

$$\bar{d} = \frac{|135.6 - 136.0| + |136.0 - 136.0| + |136.5 - 136.0| + |135.8 - 136.0| + |136.1 - 136.0|}{5}$$

$$= 0.24 \text{mg/L}$$

$$\bar{d}_r = \frac{\bar{d}}{\bar{x}} \times 100\% = \frac{0.24}{136.0} \times 100\% = 0.18\%$$

$$S = \sqrt{\frac{\sum_{i=1}^{n}(x_i - \bar{x})^2}{n-1}} = \sqrt{\frac{0.4^2 + 0.5^2 + 0.2^2 + 0.1^2}{5-1}} = 0.34 \text{mg/L}$$

$$RSD = \frac{S}{\bar{x}} \times 100\% = \frac{0.34}{136.0} \times 100\% = 0.25\%$$

（三）准确度与精密度的关系

准确度和精密度在概念上有严格的区别，但相互之间又有密切的联系。

例如，有四人对同一个样品进行测定，平行测定 6 次，真实值为 10.00%，如图 3 - 1 所示。

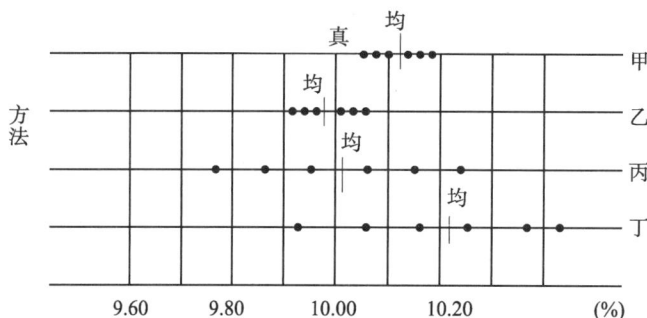

图 3 - 1　定量分析中的准确度与精密度

由图 3 - 1 可见，甲的结果精密度高，准确度低，说明偶然误差小，但平均值与真实值相差较大，说明存在较大的系统误差；乙的结果精密度高，准确度也高，说明偶然误差和系统误差都较小；丙的结果精密度低，偶然误差大，虽然平均值接近真实值，是由于正负误差相互抵消的结果，纯属偶然，当测量次数少时，显然得不到正确的结果；丁的结果精密度低，准确度也低，说明偶然误差和系统误差都很大。

由上述讨论可知，系统误差影响分析结果的准确度，偶然误差影响分析结果的精密度。精密度高，准确度不一定高，因为可能存在系统误差；精密度低，说明测定结果不可靠，此时考虑准确度无任何意义。因此，准确度高的前提是精密度高，精密度是保证准确度的先决条件。在消除系统误差的前提下，可用精密度表达测定的准确度。

三、误差的传递

定量分析时通常有一系列测量步骤，得到各步骤的测量值，再按一定的公式运算得到分析结果。由于每个测量值都存在误差，各步误差通过公式会传递到分析结果中去，这就需要研究误差传递问题。系统误差和偶然误差的传递规律有所不同。

（一）系统误差的传递

如果定量分析中各步测量误差是可定的，则误差的传递属于系统误差的传递。传递规律为：①和、差的绝对误差等于各测量值绝对误差的和、差；②积、商的相对误差等于各测量值相对误差的和、差。其计算法则如表 3 - 1 所示。

表 3 - 1　测量误差对计算结果的影响

运算式	系统误差	偶然误差	极值误差法
$R = x + y - z$	$\delta_R = \delta_x + \delta_y - \delta_z$	$S_R^2 = S_x^2 + S_y^2 + S_z^2$	$\Delta R = \mid \Delta x \mid + \mid \Delta y \mid + \mid \Delta z \mid$
$R = x \cdot y / z$	$\dfrac{\delta_R}{R} = \dfrac{\delta_x}{x} + \dfrac{\delta_y}{y} - \dfrac{\delta_z}{z}$	$(\dfrac{S_R}{R})^2 = (\dfrac{S_x}{x})^2 + (\dfrac{S_y}{y})^2 + (\dfrac{S_z}{z})^2$	$\dfrac{\Delta R}{R} = \mid \dfrac{\Delta x}{x} \mid + \mid \dfrac{\Delta y}{y} \mid + \mid \dfrac{\Delta z}{z} \mid$

例 3 - 3　配制 0.01667mol/L $K_2Cr_2O_7$ 标准溶液 500ml：减重法称取 $K_2Cr_2O_7$ 基准物 2.4516g，蒸馏水溶解并全部转移至 500ml 容量瓶中，加蒸馏水至刻度。已知减重前的称量误差是 - 0.2mg，减重后的称量误差是 + 0.3mg；容量瓶的真实容积为 499.93ml。问配制的 $K_2Cr_2O_7$ 标准溶液浓度的相对误差、绝对误差和实际浓度各是多少？

解：依据

$$c_{K_2Cr_2O_7} = \frac{m}{M_{K_2Cr_2O_7} \times V} (mol/L)$$

则系统误差对结果的影响为

$$\frac{\delta c_{K_2Cr_2O_7}}{c_{K_2Cr_2O_7}} = \frac{\delta m_{K_2Cr_2O_7}}{m_{K_2Cr_2O_7}} - \frac{\delta M_{K_2Cr_2O_7}}{M_{K_2Cr_2O_7}} - \frac{\delta V}{V}$$

$\because m_{K_2Cr_2O_7} = m_前 - m_后$

$\therefore \delta m_{K_2Cr_2O_7} = \delta m_前 - \delta m_后$

摩尔质量 $M_{K_2Cr_2O_7}$ 为约定真值，$\delta M_{K_2Cr_2O_7} = 0$，于是

$$\frac{\delta c_{K_2Cr_2O_7}}{c_{K_2Cr_2O_7}} = \frac{\delta m_前 - \delta m_后}{m_{K_2Cr_2O_7}} - \frac{\delta V}{V} = \frac{-0.2 - 0.3}{2.4516 \times 1000} - \frac{499.93 - 500}{500} \approx -0.006\%$$

$$\delta c = -0.006\% \times 0.01667mol/L = -0.000001mol/L$$

$$c = 0.01667 - (-0.000001) = 0.016671 \approx 0.01667mol/L$$

（二）偶然误差的传递

根据偶然误差的性质，即每个测量值中偶然误差的方向和大小不定，但可根据偶然误差分布的特性，知道它们的大小和方向符合统计学规律，可以利用偶然误差的这种规律来估计测量结果的偶然误差，这种估计方法称为标准偏差法。传递规律为：①和、差结果的标准偏差的平方，等于各测量值的标准偏差的平方和；②积、商结果的相对标准偏差的平方，等于各测量值的相对标准偏差的平方和。其计算法则如表 3 - 1 所示。

例 3 - 4　设天平称量时的标准偏差 $S = 0.10mg$，求称量试样时的标准偏差 S_m。

解：称取试样时，无论何种方法进行称量，都需要称量两次，即两次读取称量天平的平衡点。试样 m 是两次称量所得 m_1 与 m_2 的差值，即

$$m = m_1 - m_2 \text{ 或 } m = m_2 - m_1$$

读取称量 m_1 和 m_2 时平衡点的偏差，都要反映到 m 中去。因此，根据表 3 - 1 求得

$$S_m = \sqrt{S_1^2 + S_2^2} = \sqrt{2S^2} = 0.15mg$$

（三）极值误差法

在分析化学中，当不需要严格定量计算，只需要估计整个过程可能出现的最大误差时，可用极值误差来表示。该方法认为每步测量所处的情况都是最不利的，即每一步测量值的误差既是最大的、又是叠加的。这样计算出的结果误差也是最大的，故称极值误差。其计算法如表 3 - 1 所示。例如，用分析天

平进行减重法称量，分析天平的绝对误差为 ±0.0001g，称取试样时需要读取两次平衡点，那么估计的最大可能误差为 ±0.0002g。又如，滴定分析法中计算药物的百分含量 ω 可按下式计算。

$$\omega_A = \frac{T \times V \times F}{m_s} \times 100\%$$

式中，T 为滴定度，V 是所消耗标准溶液体积（ml），F 是标准溶液浓度的校正因数，m_s 是试样质量。T 为理论真值，如果 V、F 和 m 测量的最大误差分别是 ΔV、ΔF、Δm，则 A 的极值相对误差是

$$\frac{\Delta A}{A} = \left| \frac{\Delta V}{V} \right| + \left| \frac{\Delta F}{F} \right| + \left| \frac{\Delta m}{m_s} \right|$$

如果 V、F 和 m 测量的最大相差误差分别是 1‰，则该药物百分含量的极值相对误差应为 3‰。

第二节 有效数字及其运算规则 微课3

在定量分析中，实验数据的记录和结果的计算中，保留几位数字，须根据测量仪器和分析方法的准确度来决定，即分析结果不仅表示试样中待测组分的含量，同时还反映了测量的准确程度。

一、有效数字的定义

有效数字（significant figure）是指在分析工作中实际上能测量得到、有实际意义的数字。这类数字既要反映测量数据的大小，还要反映出所使用方法及所用仪器的准确度。例如，用分析天平称量某试样 0.6190g，表示称出的试样质量是 0.6190g，前三位是准确的，最后一位"0"是不能完全确定的，是估计的，但该数字并非臆造，故记录时应保留。由于分析天平的绝对误差为 ±0.0001g，所以该试样的实际质量是 0.6189 ~ 0.6191g。在记录有效数字时，只允许保留最后一位为可疑的数字，除非特别说明，通常有 ±1 个单位的误差。

有效数字的位数，直接与测定的相对误差有关。如用分析天平称量某试样时，称量结果记录为 0.2190g，表示称的绝对误差为 ±0.0001g，其相对误差为

$$\pm \frac{0.0001}{0.2190} \times 100\% = \pm 0.05\%$$

如果记录为 0.219 g，表示称的绝对误差为 ±0.001g，其相对误差为

$$\pm \frac{0.001}{0.219} \times 100\% = \pm 0.5\%$$

由此可见，前者比后者有效数字位数多一位，测量的准确度比后者高 10 倍。所以，在测量准确度的范围内，有效数字位数越多，测量也越准确，但超过测量准确度的范围，过多的位数是毫无意义的。

判断有效数字的位数，必须遵循以下几条原则。

（1）数字 1~9 均为有效数字，但数字"0"特殊。当"0"位于数字之前，不是有效数字，只起定位作用；当"0"位于数字之间，是有效数字；当"0"位于数字之后，是有效数字。为了避免有效"0"和用作定位的"0"相混淆，常将用作定位的"0"用指数形式表示。如 0.0543g，记为 5.43×10^{-2}。

（2）在变换单位时，有效数字的位数必须保持不变。如 0.0135g 应写成 13.5mg；1.35L 应写成 1.35×10^3 ml。

（3）对于很小或很大的数字，可用指数形式表示。如 0.0067g 可记录为 6.7×10^{-3} g；如 36000g，若为三位有效数字，可记录为 3.60×10^4 g。

（4）对 pH、pM、pK_a 等对数值，其有效数字仅取决于小数部分数字的位数，而其整数部分的数值只代表原数值的幂次。例如，pH =7.00，对应的 $[H^+] = 1.0 \times 10^{-7}$ mol/L，有效数字是两位。

（5）如果数据的第一位数字≥8，其有效数字的位数可多算一位。例如，9.65，其相对误差与四位有效数字的接近，所以可认为是四位有效数字。

（6）非测量得到的数字，如倍数、分数、测定次数等，这类数字的有效数字位数可认为没有限制，运算过程中由有效数字来确定计算结果的位数。如测定某溶液的浓度，平行 3 次，测定值分别为 0.1036、0.1035、0.1034，其平均值为 （0.1036 + 0.1035 + 0.1034)/3 = 0.1035，式中 3 为测定次数，非测量得到，最后结果的位数应取决于其他三个有效数字的位数，结果应保留四位有效数字。

二、有效数字的修约规则

在数据处理过程中，各测量数据的有效数字的位数可能不同，即准确度不同。如果能将误差较小的测量数据按一定规则进行修约，既可以简化计算，又不会影响结果的准确度。这种对有效数字位数多的数字，将其多余的尾数舍弃的过程，称为数字修约，修约规则如下。

（1）按照国家标准采用"四舍六入五留双"的规则，即测量值中被修约的数字≤4 时，舍弃；≥6 时，进位；等于 5，且 5 后面数字为"0"或无数字时，则根据 5 前面的数字是奇数还是偶数，如果是奇数，则进位，否则舍弃，总之，使保留下来的末位数字为偶数；若 5 后的数字不为"0"，则此时无论 5 前面是奇数或偶数，均应进位。例如，将下列测量值修约为四位有效数字：2.1034→2.103；2.1036→2.104；2.10350→2.104；2.10250→2.102；2.10351→2.104。

（2）不能分次修约，只能一次修约到所需位数。如将 2.2347 修约为三位有效数字，不能先修约成 2.235，再修约为 2.24，应该一次修约为 2.23。

（3）在修约标准偏差、相对标准偏差时，修约的结果应使准确度降低，即无论何种情况，都要进位。例如，$S = 0.203$，保留两位有效数字，应修约成 0.21。在作统计检验时，标准偏差可多保留 1～2 位数字参加运算，计算结果的统计量可多保留一位数字与临界值比较。表示标准偏差和相对标准偏差时，一般取 1～2 位有效数字。

（4）在表示分析结果时，当组分含量≥10%，一般要求保留四位有效数字；含量在 1%～10% 通常要求三位有效数字；含量小于 1% 的组分只要求两位有效数字。

三、有效数字的运算规则

在计算分析结果时，每个测量数据的误差会传递到分析结果中去，而运算不能改变测量的准确度。所以，应根据误差传递的规律进行有效数字的运算。

（1）加减法　加减法的计算是各数值绝对误差的传递，所以结果的绝对误差应与数据中绝对误差最大的数据相当，即应以绝对误差最大，小数点后位数最少的数据为准。

例如：10.3750 + 31.34 + 0.0217 = 10.38 + 31.34 + 0.02 = 41.74

（2）乘除法　乘除法的计算是各数值相对误差的传递，所以结果的相对误差应与数据中相对误差最大的数据相当，即应以相对误差最大，有效数字位数最少的数据为准。

例如：10.3750 × 31.34 × 0.0217 = 10.4 × 31.3 × 0.0217 = 7.06

（3）在大量数据运算中，若分步运算，为防止误差迅速累积，修约时对所有的数据可先多保留一位有效数字（称为安全数字），最后结果再按修约规则取舍。

（4）使用计算器进行运算时，可以不对中间每一步骤的计算结果进行修约，但最后计算结果的位数仍应按规则保留。

◎ 第三节 分析数据的统计处理

PPT

由于偶然误差的存在，在将分析结果中的可疑值舍弃和将系统误差消除后，多次重复测定值仍然会有所不同。因此，应考察偶然误差对分析结果准确度的影响，以便对分析结果的可靠程度作出科学的判断，并进行合理正确的表达。

一、偶然误差的正态分布

在统计学中，将所研究对象的无限次测定数据的集合称为总体，从总体中随机抽出的一组测量值称为样本。当对一个研究对象在相同条件下进行无限次的测量，所得测量值符合正态分布（高斯分布），其数学表达式为

$$y = f(x) = \frac{1}{\sigma\sqrt{2\pi}} e^{-\frac{(x-\mu)^2}{2\sigma^2}} \tag{3-8}$$

式中，y 代表概率密度，x 表示测量值，μ 是总体平均值，$x-\mu$ 是偶然误差，σ 为总体标准差。以 x 为横坐标，y 为纵坐标，就得到测量值的正态分布曲线，如图 3-2 所示。

正态分布曲线有两个基本参数：①总体平均值 μ，在消除系统误差的前提下，μ 可看成是真值，是曲线最高点（即概率密度最大）所对应的横坐标值，说明大多数分析数据集中在 μ 值附近，表明了分析数据的集中趋势；②总体标准偏差 σ，是曲线任意拐点到直线 $x=\mu$ 的距离，σ 越大，曲线越平坦，数据越分散，精密度越差，它表明了分析数据的离散程度。μ 决定了曲线的位置，σ 决定了曲线的形状，μ 和 σ 确定了，正态分布曲线就确定了。从图 3-2 可看出，曲线 1 与曲线 2 的总体平均值一样，但曲线 1 瘦高，σ 小，曲线 2 扁平，σ 大，曲线 1 的分析数据较曲线 2 更集中，精密度更好。

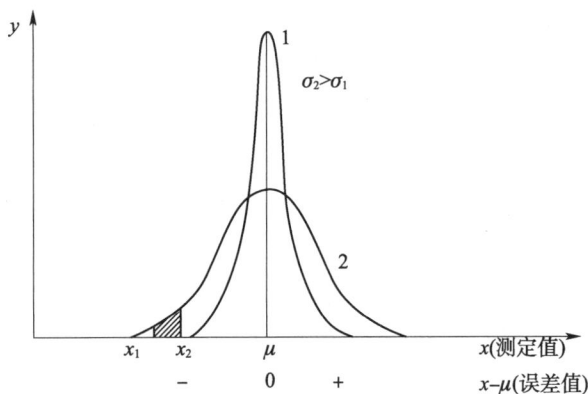

图 3-2 测定值或误差的正态分布曲线

不仅测量值符合正态分布，偶然误差 $x-\mu$ 也符合正态分布。图 3-2 中，若用 $x-\mu$ 取代测定值 x 作横坐标，即可得偶然误差的正态分布曲线。由图可见，偶然误差的规律性有：①曲线两侧对称，表明大小相等、符号相反的测定值出现的概率相同；②曲线的最高点（即概率最大）对应的横坐标 $x-\mu$ 等于零，表明偶然误差为零的测定值出现的概率最大。曲线从最高点向两旁迅速下降，表明小误差比大误差出现的概率大。

由于正态分布曲线随 μ 和 σ 的不同而不同，会有无限多的正态分布曲线，应用不方便，若将横坐标改用 u 表示，则正态分布曲线都归结为一条曲线。令

$$u = \frac{x-\mu}{\sigma} \tag{3-9}$$

用 u 作变量代换后的式（3-8）转化成只有变量 u 的函数表达式。

则

$$y = f(x) = \frac{1}{\sigma\sqrt{2\pi}} e^{-\frac{u^2}{2}}$$

又由式（3-9）得 $du = \dfrac{dx}{\sigma}$, $dx = \sigma du$,

则

$$f(x)dx = \frac{1}{\sqrt{2\pi}}e^{-\frac{u^2}{2}}du = \phi(u)du$$

$$y = \phi(u) = \frac{1}{\sqrt{2\pi}}e^{-\frac{u^2}{2}} \qquad (3-10)$$

曲线的横坐标变为 u，即是以 σ 为单位的 $x-\mu$，纵坐标为概率密度，用 u 和概率密度表示的正态分布曲线称为标准正态分布曲线，无论 μ 和 σ 的大小是多少，都得到相同的标准正态分布曲线（图3-3）。

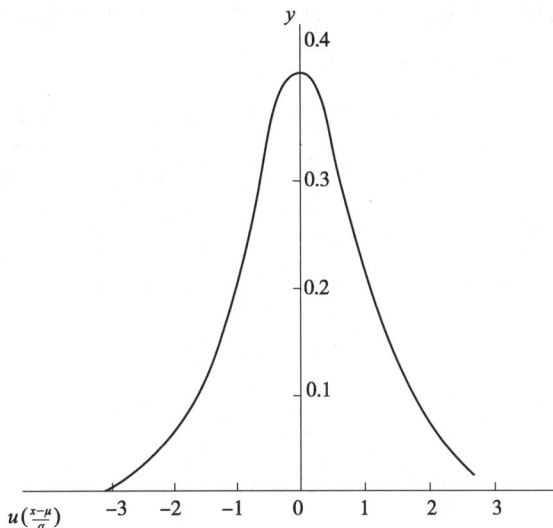

图3-3 标准正态分布曲线

标准正态分布曲线与横坐标 $-\infty$ 到 $+\infty$ 所夹的总面积代表测量值出现的概率总和，其值应为1，即100%的概率，计算式为

$$P = \int_{-\infty}^{+\infty}\phi(u)du = \frac{1}{\sqrt{2\pi}}\int_{-\infty}^{+\infty}e^{-\frac{u^2}{2}}du = 1 \qquad (3-11)$$

因此，测量值出现在某一区间内的概率可用该区间范围内的曲线与左右两条垂线和横坐标所夹的面积表示。如当测量值出现在 $\mu\pm\sigma$ 区间（$u=\pm1$），即偶然误差在 $-\sigma$ 到 $+\sigma$ 的概率为

$$P(-1\leqslant u\leqslant 1) = \frac{1}{\sqrt{2\pi}}\int_{-1}^{+1}e^{-\frac{u^2}{2}}du = 0.683$$

同样，可求出当测量值出现在 $\mu\pm2\sigma$ 区间（$u=\pm2$），即偶然误差在 -2σ 到 $+2\sigma$ 的概率为95.5%；当测量值出现在 $\mu\pm3\sigma$ 区间（$u=\pm3$），即偶然误差在 -3σ 到 $+3\sigma$ 的概率为99.7%。通常将分析数据在某一区间内出现的概率称为置信度（又称置信概率或置信水平），用 P 表示，落在区间之外的概率（$1-P$）称为显著性水平，用 α 表示。如测量值出现在 $\mu\pm3\sigma$ 区间的置信度为99.7%，在范围之外的数据占所有分析数据的0.3%。

二、t 分布

对于无限次的测量，正态分布为分析数据的统计处理提供了理论依据，但在实际分析工作中往往只作几次测定，无法求得总体标准偏差 σ，只能求出样本的标准偏差 S，用 S 代替 σ 时，由于 $S>\sigma$，分析曲线变得矮而宽，为了得到同样的面积（即概率），u 值必然会增大，在此引入一新的统计量 t 代替 u，测定值的分布符合 t 分布，用 t 分布来处理有限次测量数据。

$$令 \qquad t = \frac{x-\mu}{S} \tag{3-12}$$

t 分布曲线的横坐标为 t，纵坐标为概率密度。t 分布曲线的形状与正态分布曲线相似，但 t 分布曲线的形状与自由度 f（$f=n-1$，n 为测定次数）有关，f 越小，曲线越矮而宽，f 越大，曲线越接近于正态分布曲线。t 分布曲线与正态分布曲线一样，曲线在一定范围内与横坐标所夹的面积代表测量值在该范围内出现的概率。但正态分布曲线的面积仅与 u 有关，即 u 一定时，面积（即置信度）就一定；在 t 分布曲线中，当 t 一定时，面积（即置信度）会随 f 而改变，即 t 与置信度和 f 有关，可用 $t_{\alpha,f}$ 表示。不同 f 及概率所相应的 t 如表 3-2 所示，t 分布曲线如图 3-4 所示。

表 3-2 不同自由度及不同置信度的 $t_{\alpha,f}$ 值（双边）

自由度（f）	置信度（P）		
	90%	95%	99%
1	6.31	12.71	63.66
2	2.92	4.30	9.92
3	2.35	3.18	5.84
4	2.13	2.78	4.60
5	2.02	2.57	4.03
6	1.94	2.45	3.71
7	1.90	2.36	3.50
8	1.86	2.31	3.36
9	1.83	2.26	3.25
10	1.81	2.23	3.17
20	1.72	2.09	2.84
∞	1.64	1.96	2.58

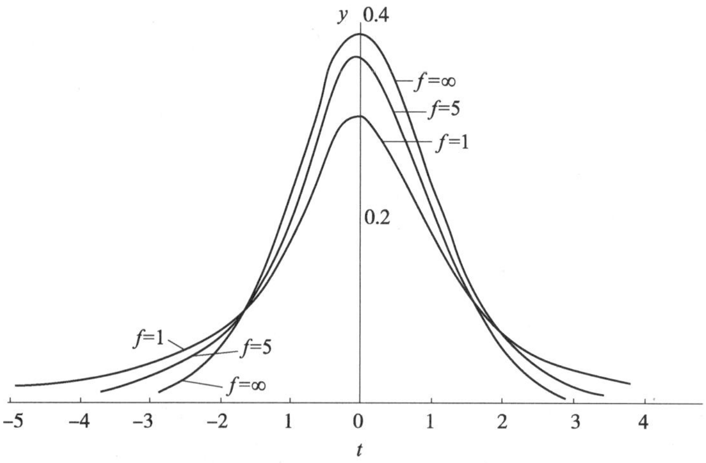

图 3-4 t 分布曲线

三、平均值的置信区间

1. 平均值的精密度 可用平均值的标准偏差表示。假设对同一分析对象取样 m 份，每份平行测定 n

次，得到的平均值分别为 $\bar{x}_1, \bar{x}_2, \bar{x}_3, \cdots, \bar{x}_m$，相应的精密度分别为 $S_{x_1}, S_{x_2}, S_{x_3}, \cdots, S_{xm}$，由于各次测量都是对同一样品用同一方法，假设它们的精密度都相同，即标准偏差相同，用 S 表示，而该组平均值的精密度可用平均值的标准偏差 $S_{\bar{x}}$ 表示。统计学证明：

$$S_{\bar{x}} = \frac{S}{\sqrt{n}} \tag{3-13}$$

上式表明，平均值的标准偏差与测定次数的平方根成反比，增加测定次数，平均值的标准偏差减小，平均值的精密度越好。但过多的测量并不能更高的提高精密度。如图 3-5 所示，开始时随着测定次数 n 的增加 $S_{\bar{x}}$ 迅速减小；但当 $n > 5$ 时，减小的趋势变慢；$n > 10$ 时，减小的趋势已不明显。因此，在实际工作中，一般平行测定 3~4 次即可，要求较高时，可测定 5~9 次。

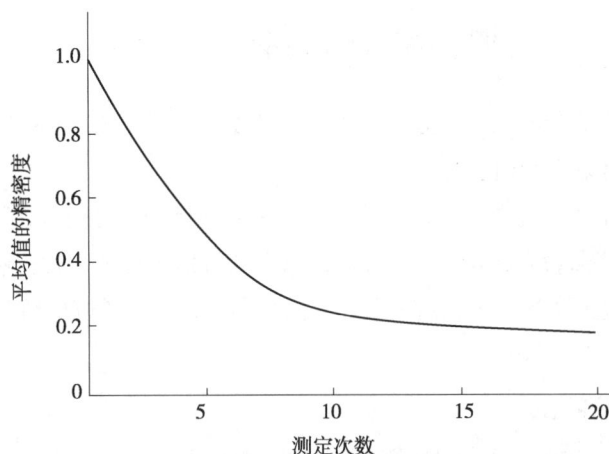

图 3-5 平均值的标准偏差与测定次数的关系

2. 平均值的置信区间 定量分析的目的是通过系列分析步骤测定试样中待测组分的含量，但由于偶然误差的存在，得到真实值的可能性很小，但可以根据误差的分布规律，估计出真实值所在的区间范围。无限次的测量数据符合 u 分布，但不知道其总体平均值 μ，因此需要根据已测定的数据和 u 分布来估计总体平均值 μ。如对某试样进行一次分析时，测量值出现在 $\mu \pm 2\sigma$ 范围内的概率为 95.5%，或者说有 95.5% 的把握，μ 包括在 $x \pm 2\sigma$ 范围内。这种在一定的置信度时，以测定结果为中心，包括总体平均值在内的可信范围，称为置信区间。表达式为

$$\mu = x \pm u\sigma \tag{3-14}$$

其中，$x \pm u\sigma$ 为置信区间，$u\sigma$ 为置信限。这种用一次测量值来估计真实值的范围是不正确的。通常在进行少量测定时，根据偶然误差符合 t 分布的规律，可用少量测量值的平均值（$\bar{x}$）代替式 3-14 中的一次测量值（x），用 t 代替 u，用平均值的精密度（$S_{\bar{x}}$）代替总体标准偏差（σ）来估计平均值的置信区间，其表达式为

$$\mu = \bar{x} \pm tS_{\bar{x}} = \bar{x} \pm \frac{tS}{\sqrt{n}} \tag{3-15}$$

上式表明在某一置信度下，以平均值 $\bar{x}$ 为中心，包括总体平均值 μ 在内的可靠性范围，称为平均值的置信区间。

例 3-5 用毛细管气相色谱法测定麝香祛痛搽剂中冰片的含量，6 次测定标准偏差为 0.1，平均值为 18.0mg/ml，当置信度分别为 95% 和 99% 时，估计真实值所在的区间范围。

解：（1）已知置信度为 95%，$f = 6 - 1 = 5$ 查表 3-2 得：$t_{0.05,5} = 2.57$

根据式（3-15）得

$$\mu = \bar{x} \pm \frac{tS}{\sqrt{n}} = 18.0 \pm 2.57 \times \frac{0.1}{\sqrt{6}} = (18.0 \pm 0.1)\,mg/ml$$

（2）已知置信度为 99%，$f = 6 - 1 = 5$　查表 3 - 2 得：$t_{0.01,5} = 4.03$

$$\mu = \bar{x} \pm \frac{tS}{\sqrt{n}} = 18.0 \pm 4.03 \times \frac{0.1}{\sqrt{6}} = (18.0 \pm 0.2)\,mg/ml$$

由此可见，置信度越高，同一体系的置信区间就越宽，包括真值的可能性也就越大。在实际工作中，置信度不能定得过高或过低。置信度过高会使置信区间过宽，准确性越差；置信度过低，其判断可靠性则无法保证。分析化学中通常取 95% 的置信度，有时也可根据具体情况采用 90%、99% 的置信度。

四、离群值的取舍 [e] 微课 4

在分析测定工作中，常常会出现一组分析数据中个别数据与平均值的偏差大于其他的数据，在统计学上将这种数据称为离群值或可疑值、异常值。

对于离群值，不能任意舍弃。首先，要仔细回忆分析过程中是否有过失，如数据是否记错、溶液是否溅出等，若有过失，这个数据必须舍弃；若找不出原因，这个离群值既可能由过失引起，也可能由偶然误差引起，可以采用统计学的方法进行判断，若由过失引起，应舍弃，否则应予以保留。常用的检验方法有 Q 检验法（舍弃商法）和 G 检验法（Grubbs 法）。

（一）Q 检验法（舍弃商法）

当测量数据不多（$n = 3 \sim 10$）时，判断离群值的步骤如下。

（1）将各数据按递增顺序排列：$x_1, x_2, \cdots, x_{n-1}, x_n$，离群值将出现在序列的开头 x_1 或末尾 x_n。

（2）求出最大值与最小值的差值（极差），即 $x_{max} - x_{min}$。

（3）求出离群值与相邻数据之差值的绝对值，即 $|x_{离群} - x_{相邻}|$。

（4）用离群值与相邻值之差的绝对值除以极差，所得商称为舍弃商 Q（rejection quotient）。

$$Q = \frac{|x_{离群} - x_{相邻}|}{x_{max} - x_{min}} \qquad (3 - 16)$$

（5）根据测定次数 n 和要求的置信水平（如 95%）查表 3 - 3 得到 $Q_表$ 值。

（6）判断：若计算 $Q > Q_表$，说明该离群值由过失引起的，应弃去，否则应予保留。

表 3 - 3　不同置信度下的 Q 值临界值表

测定次数（n）	Q（90%）	Q（95%）	Q（99%）
3	0.94	0.97	0.99
4	0.76	0.84	0.93
5	0.64	0.73	0.82
6	0.56	0.64	0.74
7	0.51	0.59	0.68
8	0.47	0.54	0.63
9	0.44	0.51	0.60
10	0.41	0.49	0.57

例 3 - 6　测定维生素 B_{12} 注射液的百分标示量，4 次测定结果如下：99.0%，99.3%，99.5%，98.2%。问 98.2% 这个数据是否应保留（置信度为 95%）？

解： $Q = \dfrac{\left|x_{离群} - x_{相邻}\right|}{x_{max} - x_{min}} = \dfrac{\left|98.2\% - 99.0\%\right|}{99.5\% - 98.2\%} = 0.62$

已知 $n = 4$，由表 3-3 查得 $Q_表 = 0.84$，$Q < Q_表$，故 98.2% 这个数据应保留。

（二）G 检验法

当离群值不止一个，或测量数据较多时可用 G 检验法（Grubbs 法）。由于该法中引入了 t 分布中的两个重要参数平均值和标准偏差，故准确度较高，但是需要计算 $\bar{x}$ 和 S，过程较麻烦。检验步骤如下。

（1）计算包括离群值在内的测定平均值 $\bar{x}$。

（2）计算离群值 $x_{离群}$ 与平均值 $\bar{x}$ 之差的绝对值。

（3）计算包括离群值在内的标准偏差 S。

（4）按式（3-17）计算 G。

$$G = \frac{\left|x_{离群} - \bar{x}\right|}{S} \tag{3-17}$$

（5）根据测定次数 n 和显著性水平 α，查表 3-4，得到 G 的临界值 $G_{\alpha,n}$。当 $G > G_{\alpha,n}$，则该离群值应当舍弃，反之则保留。

表 3-4　G 检验临界值（$G_{\alpha,n}$）

测定次数（n）	3	4	5	6	7	8	9	10	11	12	13	14	15	20
$\alpha = 0.05$	1.15	1.46	1.67	1.82	1.94	2.03	2.11	2.18	2.23	2.29	2.33	2.37	2.41	2.56
$\alpha = 0.025$	1.15	1.48	1.71	1.89	2.02	2.13	2.21	2.29	2.36	2.41	2.46	2.51	2.55	2.71
$\alpha = 0.01$	1.15	1.49	1.75	1.94	2.10	2.22	2.32	2.41	2.48	2.55	2.61	2.63	2.71	2.88

例 3-7　例 3-6 中的实验数据，用 G 检验法判断时，98.2% 这个数据应否保留（置信度为 95%）？

解： 已知 $n = 4$，计算得到 $\bar{x} = 99.0\%$，$S = 0.572\%$

$$G = \frac{\left|x_{离群} - \bar{x}\right|}{S} = \frac{\left|98.2\% - 99.0\%\right|}{0.572\%} = 1.40$$

查表 3-4，得 $G_{\alpha,n} = 1.46$，$G < G_{\alpha,n}$，故 98.2% 这个数据应保留。此结论与 Q 检验法相符。

五、显著性检验

定量分析中，在对离群值的取舍作出判断之后，需要进一步对分析结果作出合理的评价。例如两份试样或两种分析方法的分析结果的平均值不一样，可以用统计学的方法判断这两个数据之间的差异是否显著，如果差异是由系统误差引起的，可以认为差异显著；如果由偶然误差引起，这是不可避免的，可以认为不存在显著性的差异。这种采用统计的方法检验数据之间是否存在显著性差异的方法称为显著性检验，即判断差异是由系统误差还是偶然误差引起的。下面介绍定量分析中常用的 F 检验和 t 检验。

（一）F 检验

该检验法是比较两组数据的方差 S^2（标准偏差的平方），以检测两组数据的精密度是否存在显著性的差异。偶然误差影响精密度，所以 F 检验是检查两组数据的偶然误差是否存在显著性的不同。F 的定义为

$$F = \frac{S_大^2}{S_小^2} \tag{3-18}$$

计算时，规定方差大的 $S_大^2$ 为分子，方差小的 $S_小^2$ 为分母，所以 $F > 1$。将 F 与表 3-5 中的 $F_{\alpha,f_大,f_小}$ 比

较，如果 $F > F_{\alpha f_{大} f_{小}}$，则两组数据的精密度存在显著性差异；反之，无显著性差异。因为已经规定 $F > 1$，所以常用单侧检验的 F 值进行比较。

表 3 - 5 $F_{\alpha f_{大} f_{小}}$（单侧，$P = 95\%$）

$f_{小}$ \ $f_{大}$	2	3	4	5	6	7	8	9	10	∞
2	19.00	19.16	19.25	19.30	19.33	19.36	19.37	19.38	19.39	19.50
3	9.55	9.28	9.12	9.01	8.94	8.88	8.84	8.81	8.78	8.53
4	6.94	6.59	6.39	6.26	6.16	6.09	6.04	6.00	5.96	5.63
5	5.79	5.41	5.19	5.05	4.95	4.88	4.82	4.78	4.74	4.36
6	5.14	4.76	4.53	4.39	4.28	4.21	4.15	4.10	4.06	3.67
7	4.74	4.35	4.12	3.97	3.87	3.79	3.73	3.68	3.63	3.23
8	4.46	4.07	3.84	3.69	3.58	3.50	3.44	3.39	3.34	2.93
9	4.26	3.86	3.63	3.48	3.37	3.29	3.23	3.18	3.13	2.71
10	4.10	3.71	3.48	3.33	3.22	3.14	3.07	3.02	2.97	2.54
∞	3.00	2.60	2.37	2.21	2.10	2.01	1.94	1.88	1.83	1.00

注：$f_{大}$ 为大方差数据的自由度；$f_{小}$ 为小方差数据的自由度。

例 3 - 8 用新旧两台分光光度计测量溶液的吸光度，其中旧的仪器测定 6 次，标准偏差为 0.089，新的仪器测定 5 次，标准偏差为 0.030。问新仪器的精密度是否优于旧仪器的精密度（置信度为 95%）？

解： 已知：$S_{大} = 0.089$，$n_{大} = 6$，$f_{大} = 5$

$S_{小} = 0.030$，$n_{小} = 5$，$f_{小} = 4$，$F_{0.05,5,4} = 6.26$

$$F = \frac{S_{大}^2}{S_{小}^2} = \frac{0.089^2}{0.030^2} = 8.80$$

$F > F_{0.05,5,4}$，故在 95% 的置信水平上，可认为新仪器的精密度优于旧仪器的精密度。

（二）t 检验

在 F 检验表明两组数据的精密度（偶然误差）不存在显著性差异之后，可进一步用 t 检验判断样本均值与标准值间或两组测量数据均值间是否存在较大的系统误差，即对它们的准确度进行判断。

1. 样本平均值与真实值（或标准值）的 t 检验 用已知理论真值、基准物质或标准试剂来评价分析方法或分析结果时，就涉及平均值与标准值的比较。由前面可知，如果真实值 μ 在平均值的置信区间 $\mu = \bar{x} \pm tS/\sqrt{n}$ 内，说明平均值虽然与真实值不同，但其差异由偶然误差引起，非系统误差所导致，它们之间的准确度不存在显著性的差异。将式（3 - 15）变为

$$t = \frac{|\bar{x} - \mu|}{S}\sqrt{n} \tag{3 - 19}$$

先将各数据代入式（3 - 19）计算得到 t，然后根据置信度和自由度在表 3 - 2 中查得 $t_{\alpha, f}$（临界值），如果 $t \geq t_{\alpha, f}$，说明 $\bar{x}$ 与 μ 之间的差值（$\pm tS/\sqrt{n}$）已经超出了偶然误差的界限，误差由系统误差引起，$\bar{x}$ 与 μ 之间存在显著性差异，反之则说明不存在显著性差异。由此可得出分析结果是否正确、新分析方法是否可行等结论。

例 3 - 9 采用某种新方法测定头孢氨苄胶囊中头孢氨苄的标示量百分含量，得到下列 5 个分析结果：90.3%，92.6%，91.7%，91.0%，91.8%。已知头孢氨苄的标准值为 91.8%，问该新方法是否可靠（采用 95% 置信度）？

解： $n = 5$，$f = 5 - 1 = 4$，$\bar{x} = 91.5\%$，$S = 0.871\%$

$$t = \frac{|\bar{x} - \mu|}{S}\sqrt{n} = \frac{|91.5\% - 91.8\%|}{0.871\%}\sqrt{5} = 0.77$$

查表 3 - 2 得，当置信度为 95%，$f = 4$ 时，$t_{0.05,4} = 2.78$，$t < t_{0.05,4}$，故 $\bar{x}$ 与 μ 不存在显著性差异，说明采用新方法后，没有引起明显的系统误差。

2. 两个样本平均值的 t 检验 这种方法可用于检验同一样品由不同分析人员、同一分析人员采用不同方法或不同仪器的分析结果是否存在显著性差别；也可用于检验含有相同成分的不同样品，用同一分析方法测得的分析结果是否存在显著性差别。

检验时先计算合并标准偏差 S_R，再计算出 t，将 $t_{计算值}$ 与 $t_{临界值}$（表 3 - 2）进行比较。设两个样本的测定次数、标准差及平均值分别为 n_1，S_1，$\bar{x}_1$ 及 n_2，S_2，$\bar{x}_2$。合并标准偏差 S_R 和 t 的计算公式为

$$S_R = \sqrt{\frac{S_1^2(n_1 - 1) + S_2^2(n_2 - 1)}{(n_1 - 1) + (n_2 - 1)}} \tag{3 - 20}$$

或

$$S_R = \sqrt{\frac{\sum_{i=1}^{n_1}(x_{1i} - \bar{x}_1)^2 + \sum_{i=1}^{n_2}(x_{2i} - \bar{x}_2)^2}{(n_1 - 1) + (n_2 - 1)}} \tag{3 - 21}$$

$$t = \frac{|\bar{x}_1 - \bar{x}_2|}{S_R}\sqrt{\frac{n_1 n_2}{n_1 + n_2}} \tag{3 - 22}$$

若计算的 $t \geq t_{\alpha,f}$，则两个样本均值之间有显著差异，存在系统误差；若 $t < t_{\alpha,f}$，说明两个样本之间不存在显著差异，可以认为两个样本均值属于同一总体，即 $\mu_1 = \mu_2$，两个样本均值的不同是由偶然误差引起的。

例 3 - 10 用两种方法测定人参中人参皂苷 R_{b_1} 的含量，第一种方法测定 4 次，所得结果 $\bar{x}_1 = 0.22\%$，$S_1 = 0.025\%$；第二种方法测定 3 次，所得结果 $\bar{x}_2 = 0.26\%$，$S_2 = 0.032\%$。试问两种方法间是否有显著性差异（置信度 95%）？

解：$n_1 = 4$，$\bar{x}_1 = 0.22\%$，$S_1 = 0.025\%$

$n_2 = 3$，$\bar{x}_2 = 0.26\%$，$S_2 = 0.032\%$

（1）F 检验

$$F = \frac{S_{大}^2}{S_{小}^2} = \frac{0.032\%^2}{0.025\%^2} = 1.64 \qquad 查表 3 - 5 得 F_{0.05,2,3} = 9.55$$

$F < F_{0.05,2,3}$，说明两种方法精密度无显著性差别，可进行 t 检验。

（2）t 检验

由式（3 - 20）求得 $S_R = 0.0281\%$ 自由度 $f = n_1 + n_2 - 2 = 5$

$$t = \frac{|\bar{x}_1 - \bar{x}_2|}{S_R}\sqrt{\frac{n_1 n_2}{n_1 + n_2}} = \frac{|0.22\% - 0.26\%|}{0.0281\%}\sqrt{\frac{4 \times 3}{4 + 3}} = 1.87$$

查表 3 - 2 得，当置信度为 95%，$f = 5$ 时，$t_{0.05,5} = 2.57$。$t < t_{0.05,5}$，说明两种方法之间不存在显著性差异。

（三）使用显著性检验的注意事项

1. 注意数据处理及显著性检验的顺序 在分析工作中，首先用 Q 检验法或 G 检验法对离群值进行判断，舍弃离群值后先进行 F 检验，确认两组数据的精密度无显著性差异后，进行 t 检验，判断两组数据的均值是否存在系统误差。因为只有当两组数据的精密度无显著性差异时，准确度的检验才有意义，否则将会得出错误的判断。

2. 正确选择单侧与双侧检验 F 检验中规定了 $F > 1$，所以 F 检验一般用单侧检验。t 检验有单侧和双侧检验，当判断两个分析结果是否存在显著性差异时，用双侧检验；若检验某分析结果是否明显高于（或低于）某值，则用单侧检验。

例 3 - 11 用酸碱滴定法和高效液相色谱法测定阿司匹林片中阿司匹林的含量。采用高效液相色谱法测定 4 次，结果为：98.85%，98.78%，99.01%，96.56%，用酸碱滴定法测定 4 次，结果为：

98.99%，99.44%，99.10%，98.46%。试用统计检验评价两种方法是否存在显著性差异。

解：（1）G 检验

高效液相色谱法测定结果中，测定值 96.56% 与其他数据相差较远，为离群值，对其进行 G 检验

$$n_1 = 4，\bar{x}_1 = 98.30\%，S = 1.17\%$$

$$G = \frac{|x_i - \bar{x}|}{S} = \frac{|96.56\% - 98.30\%|}{1.17\%} = 1.49$$

查表 3-4，$G_{0.05,4} = 1.46$，$G > G_{0.05,4}$，故 96.56% 应舍弃。

（2）计算统计量

高效液相色谱法 $n_1 = 3$，$\bar{x}_1 = 98.88\%$，$S_1 = 0.118\%$

酸碱滴定法 $n_2 = 4$，$\bar{x}_2 = 99.00\%$，$S_2 = 0.407\%$

（3）F 检验

$$F = \frac{S_{大}^2}{S_{小}^2} = \frac{0.407\%^2}{0.118\%^2} = 11.90 \qquad 查表 3-5 得 F_{0.05,3,2} = 19.16$$

$F < F_{0.05,3,2}$，说明两种方法精密度无显著性差别，可进行 t 检验。

（4）t 检验 将 S_1，S_2，n_1，n_2 代入式（3-20），求得合并标准差进行 t 检验。

$$S_R = \sqrt{\frac{S_1^2(n_1-1) + S_2^2(n_2-1)}{(n_1-1)+(n_2-1)}} = \sqrt{\frac{0.118\%^2 \times (3-1) + 0.407\%^2 \times (4-1)}{(3-1)+(4-1)}}$$

$$= 0.324\%$$

$$t = \frac{|\bar{x}_1 - \bar{x}_2|}{S_R}\sqrt{\frac{n_1 n_2}{n_1 + n_2}} = \frac{|98.88\% - 99.00\%|}{0.324\%}\sqrt{\frac{3 \times 4}{3+4}} = 0.48$$

查表 3-2 双侧检验，$t_{0.05,5} = 2.57$，$t < t_{0.05,5}$，说明两种方法不存在显著性差异。

六、相关与回归

相关与回归（correlation and regression）是研究变量之间关系的统计方法，包括相关分析和回归分析两方面。相关分析用于评价两变量间相关的程度，回归分析用于建立变量间的数学模型。

（一）相关分析

在实验数据处理中常需要确定两变量之间的数量关系，数量关系有两种类型：函数关系和相关关系。当一个变量取一定值时，另一个变量有确定值与之对应，这种关系为确定的函数关系；当一个变量取一定数值时，与之对应的另一个变量值虽然不确定，但按某种规律在一定范围内变化，变量间的这种关系称为不确定性相关关系。在分析测定时，由于各种测量误差的存在，两个变量之间一般是不确定的相关关系。研究相关关系最直观的办法是在坐标纸上绘制散点图，每一对数据在图上都是一个点，如果散点大致分布在一条直线附近，表明变量间具有线性相关关系；如果这些点大致分布在一条曲线附近，表明变量间具有非线性相关关系；如果这些点的分布几乎没有什么规律，说明两个变量间没有相关关系。

统计学上用相关系数 r 来反映 x、y 两变量间相关的密切程度，设两变量 x、y 的 n 次测量值为 (x_1, y_1)，(x_2, y_2)，(x_3, y_3)，(x_4, y_4)，$\cdots$，(x_n, y_n)，则相关系数 r 为

$$r = \frac{\sum\limits_{i=1}^{n}(x_i - \bar{x})(y_i - \bar{y})}{\sqrt{\sum\limits_{i=1}^{n}(x_i - \bar{x})^2 \cdot \sum\limits_{i=1}^{n}(y_i - \bar{y})^2}} \tag{3-23}$$

相关系数 r 是一个介于 0 和 ±1 之间的相对数值，即 $0 < |r| < 1$，当 $r = +1$ 或 -1 时，表示 (x_1, y_1)，(x_2, y_2) 等所对应的点处在一直线上，两变量完全线性相关；当 $r = 0$ 时，表示 (x_1, y_1)，(x_2, y_2) 等所对应的点呈杂乱无章的非线性关系。$r > 0$ 时称为正相关；$r < 0$ 时称为负相关。相关系数的大小反映了 x 与 y 两个变量间相关的密切程度，r 越接近 ±1，两个变量的线性相关性越好。

（二）回归分析

当变量间存在高度相关关系时，可以进一步进行回归分析。设 x 为自变量，y 为因变量，对于某一 x，与之对应的 y 虽然不确定，但进行多次测量时 y 按某种规律在一定范围内变化，回归分析就是要找出 y 的平均值 $\bar{y}$ 与 x 的关系，求出关于 x 和 $\bar{y}$ 的一个数学方程式，即回归方程。如果 x 和 y 之间呈线性相关关系，就可用最小二乘法求出回归系数 a（截距）与 b（斜率），公式为

$$a = \frac{\sum_{i=1}^{n} y_i - b \sum_{i=1}^{n} x_i}{n} = \bar{y} - b \bar{x} \tag{3-24}$$

$$b = \frac{\sum_{i=1}^{n} (x_i - \bar{x})(y_i - \bar{y})}{\sum_{i=1}^{n} (x_i - \bar{x})^2} \tag{3-25}$$

将实验数据代入式（3-24）与式（3-25），即可求出回归系数 a 与 b，由此得到回归方程。

$$\bar{y} = a + bx \tag{3-26}$$

在分析化学中，经常使用标准曲线法（也称工作曲线法或校正曲线法）来获得待测溶液的浓度，该方法即属于回归分析。例如，在紫外-可见分光光度法中，吸光度 A 和溶液浓度 c 在一定范围内可用直线方程来表达，但由于受到测量条件的微小变化和测量仪器本身精密度的影响，即使同一浓度的溶液，几次测量结果也不完全相同，因而各测量点对于以上述的直线方程建立的直线，会有一定的偏离，这就要用回归分析来找到对于所有测量点来说误差最小的直线，即回归方程所表达的直线。

例3-12 用巯基乙酸法进行亚铁离子的分光光度法测定。在波长605nm处测定标准溶液和试样溶液的吸光度，所得数据如下。

$c_{Fe^{2+}}$（μg/ml）	0.00	1.00	2.00	3.00	4.00	5.00
A	0.000	0.140	0.284	0.406	0.581	0.715

试求回归方程式及相关系数。

解：将数据代入式（3-23）及式（3-24）、式（3-25），或输入计算器，得

$$a = -0.0042 \qquad b = 0.1434 \qquad r = 0.9992$$

得回归方程式：$A = -0.0042 + 0.1434c$。相关系数 r 接近于1，说明在测定浓度范围内，吸光度 A 与浓度 c 呈良好的线性关系。

>>> 知识链接 ○--

运用 Excel 软件对数据进行回归分析（2016MSO）

以例3-12讲解分析步骤：①在 Excel 表格中分别输入两组数据 A（亚铁离子浓度）及 B（吸光度）；②选中数据，点击"插入"菜单，在"图表"子菜单中，点击"插入散点图"，在 Excel 工作区中将显示一张图；③点击"设计"菜单，选择"添加图标元素"子菜单或点击图右上侧"+"，在表格中完成插入"坐标轴标题"文本框，在横坐标轴标题和纵坐标轴标题文本框中输入"浓度"和"吸光度"；④选中图表，点击"+"，出现"图表元素"对话框，点击"网格线"的下拉箭头，在表格右侧会出现"设置主要网格线格式"对话框，可以进行"主轴主要水平网格线"等选项的设置；⑤在"图表元素"对话框中，点击"趋势线"的下拉箭头，在工作区右侧会出现"设置趋势线格式"对话框，在"趋势线"中选择"更多"选项，勾选"显示公式"及"显示 R 平方值"选项，完成之后点击"关闭"，图中将显示，回归方程：$A = 0.1434c - 0.0042$，$R^2 = 0.9984$。

PPT

⊗ 第四节   提高分析结果准确度的方法

要得到准确的分析结果，必须设法消除分析过程中的系统误差，减小偶然误差。下面简要介绍提高分析结果准确度的几种方法。

一、选择合适的分析方法

待测组分的含量不同时，对分析结果准确度的要求也不同。对于高含量组分的测定，一般要求相对误差在千分之几以内，对于微量和痕量组分，一般为 1% ~ 5%。不同的分析方法的准确度和灵敏度不同，应根据具体要求，选择合适的分析方法。经典化学分析法的灵敏度虽然不高，但对于高含量组分的测定，能获得比较准确的结果，相对误差一般是千分之几；仪器分析法灵敏度高、绝对误差小，虽然其测定的相对误差较大，但对于微量或痕量组分的测定能够符合准确度的要求。因此，化学分析方法主要用于常量组分的分析，仪器分析方法常用于微量和痕量组分的测定。

选择分析方法时，除了考虑待测组分的含量外，还要考虑其他共存的干扰物质。总之，必须综合考虑分析试样、待测组分含量及对分析结果的要求等来选择合适的分析方法。

二、减小测量误差

凡是测量都会产生误差。为保证分析结果的准确度，必须尽量减小各分析步骤的测量误差。例如，在称量步骤中，分析天平称的绝对误差为 $\pm 0.0001g$，一次称量需平衡两次，引入的最大误差是 $\pm 0.0002g$，为使称量的相对误差 $\leq 0.1\%$，试样重量应 $\geq 0.2g$；滴定步骤中，一般滴定管读数的绝对误差为 $\pm 0.01ml$，一次滴定需读两次数，引入的最大误差是 $\pm 0.02ml$，为使滴定时的相对误差 $\leq 0.1\%$，消耗滴定剂的体积必须 $\geq 20ml$。

应该指出，测量准确度的要求，要与分析方法的准确度相适应。例如，用相对误差为 2% 的比色法测定微量组分含量时，称取 0.5g 试样，称量的绝对误差 $\pm 0.5 \times 2\% = \pm 0.01g$，即称准至小数点后第二位即可，而非一定要用万分之一的天平称准至 $\pm 0.0001g$。但是，为了使称量误差可以忽略不计，最好将称量的准确度提高约一个数量级，即称准至 $\pm 0.001g$。

三、减小偶然误差的影响

根据偶然误差的分布规律，在消除系统误差的前提下，平行测定次数越多，平均值越接近于真值，因此，增加平行测定次数可以减小偶然误差对分析结果的影响。在分析工作中，通常对同一试样平行测定 3 ~ 4 次，其精密度符合要求即可。

四、检验并消除测量过程中的系统误差

1. 对照试验   是检验系统误差最常用和最有效的方法。对照试验一般可分为两种。一种是采用已知含量（标准值）的标准试样，按所选定的测定方法进行分析，得到测定结果，将标准值和测定结果进行显著性检验，判断该法有无系统误差，另一种是将选定的方法与公认经典方法对同一试样进行测定，将两个测定结果进行显著性检验，判断选定的方法有无系统误差。根据对照试验的结果，可计算出较正值，从而可对方法中引入的系统误差进行校正。

2. 回收试验   在试样的组成不清楚，或不宜用纯物质又无标准试样进行对照试验时，可以采用回

收试验。这种试验是先用选定方法测定试样中待测组分含量后，再向试样中加入已知量待测组分的纯物质（或标准品），然后用与测定试样同样的方法进行对照试验，根据试验结果，按下式计算回收率。

$$回收率（\%）= \frac{加入纯品后的测得量 - 加入前的测得量}{纯品加入量} \times 100\% \qquad (3-27)$$

回收率的范围通常为 $95\% \sim 105\%$。回收率越接近100%，说明系统误差越小，方法准确度越高。

3. 空白试验 在不加试样的情况下，按照与测定试样相同的方法，在相同的条件下进行的平行试验就是空白试验。该试验可以减免由于试剂、溶剂不纯或实验器皿玷污等所造成的系统误差，试验所得结果称为"空白值"。从试样分析结果中扣除"空白值"后，就得到比较可靠的分析结果。通常空白值不宜过大，否则应通过提纯试剂、使用合格的溶剂或改用其他实验器皿等途径减小空白值。

4. 校准仪器 仪器不准确引起的仪器误差，可以通过校准仪器来消除。如对天平、砝码、滴定管和移液管等计量和容量器皿及测量仪器进行校准，并在计算时采用校正值。由于计量及测量仪器的状态可能会随环境、时间等条件变化而发生变化，因此需定期进行校准。

5. 遵守操作规章 消除操作误差。

主要公式

内容	名称	计算公式
准确度	绝对误差	$\delta = x - \mu$
	相对误差	$E_r = \dfrac{\delta}{\mu} \times 100\%$ 或 $E_r = \dfrac{\delta}{x} \times 100\%$
精密度	偏差	$d_i = x_i - \bar{x}$
	平均偏差	$\bar{d} = \dfrac{\sum\limits_{i=1}^{n} |x_i - \bar{x}|}{n}$
	相对平均偏差	$\bar{d}_r = \dfrac{\bar{d}}{x} \times 100\%$
	标准偏差	$S = \sqrt{\dfrac{\sum\limits_{i=1}^{n}(x_i - \bar{x})^2}{n-1}}$
	相对标准偏差	$RSD = \dfrac{S}{\bar{x}} \times 100\%$
	平均值的标准偏差	$S_{\bar{x}} = \dfrac{S}{\sqrt{n}}$
统计检验	Q 检验	$Q = \dfrac{|x_{离群} - x_{相邻}|}{x_{max} - x_{min}}$
	G 检验	$G = \dfrac{|x_{离群} - \bar{x}|}{S}$
	F 检验	$F = \dfrac{S_大^2}{S_小^2}$
	平均值与标准值比较的 t 检验	$t = \dfrac{|\bar{x} - \mu|}{S}\sqrt{n}$
	两组平均值比较的 t 检验	$t = \dfrac{|\bar{x}_1 - \bar{x}_2|}{S_R}\sqrt{\dfrac{n_1 n_2}{n_1 + n_2}}$
	平均值的置信区间	$\mu = \bar{x} \pm t S_{\bar{x}} = \bar{x} \pm \dfrac{tS}{\sqrt{n}}$

续表

内容	名称	计算公式
相关与回归	a（截距）	$a = \dfrac{\sum\limits_{i=1}^{n} y_i - b \sum\limits_{i=1}^{n} x_i}{n} = \bar{y} - b\bar{x}$
	b（斜率）	$b = \dfrac{\sum\limits_{i=1}^{n} (x_i - \bar{x})(y_1 - \bar{y})}{\sum\limits_{i=1}^{n} (x_i - \bar{x})^2}$
	r（相关系数）	$r = \dfrac{\sum\limits_{i=1}^{n} (x_i - \bar{x})(y_1 - \bar{y})}{\sqrt{\sum\limits_{i=1}^{n} (x_i - \bar{x})^2 \cdot \sum\limits_{i=1}^{n} (y_i - \bar{y})^2}}$

目标检测

答案解析

1. 下列各种误差，如果是系统误差，请说明是哪种系统误差，并指出消除办法。

（1）滴定终点与计量点不一致；

（2）砝码受腐蚀；

（3）重量分析法实验中，试样的非待测组分被共沉淀；

（4）将滴定管读数 23.65 记为 26.35；

（5）使用未经校正的砝码；

（6）称量时温度有波动；

（7）沉淀时沉淀有极少量的溶解；

（8）称量时天平的平衡点有变动；

（9）蒸馏水中含少量待测组分；

（10）试样在称量时吸收了少量水分；

（11）滴定管的末位数读不准；

（12）在采用分光光度进行测定中，波长指示器所示波长与实际波长不符；

（13）标定 HCl 标准溶液时，所用的基准物质 Na_2CO_3 未在烘箱中干燥至恒重；

（14）测定 NaCl 注射液的 pH 时，玻璃电极的转换系数为 51mV/pH。

2. 试述系统误差与偶然误差的区别与联系。

3. 可用什么试验判断测试结果是否存在系统误差？

4. 简述准确度和精密度的关系。

5. 试述正态分布、标准正态分布和 t 分布的区别与联系。

6. 差别检验的含义是什么？统计检验的正确顺序是什么？

7. 数据处理对分析化学的重要意义是什么？

8. 要求分析结果的相对误差 $\leq \pm 0.1\%$，问试样称量至少为多少？滴定时至少要消耗多少体积溶液？

9. 提高分析结果准确度的方法有哪些？

10. 设计一种新方法来测定某药物的含量，与经典的方法进行比较，如何判断新方法是否可行？

11. 判断下列数据有效数字的位数：①0.0345；②10.040；③$5.3 \times 10^3$；④pH = 5.46；⑤$pK_a = 3.68$。

12. 计算下列各式

(1) $\dfrac{2}{1} \times \dfrac{1000 \times 0.2013}{21.38 \times 105.6}$

(2) $1.267 \times 3.25 + 2.6 \times 10^{-3} - 0.00032 \times 0.0021$

(3) $\dfrac{5.2475 \times 3.98 + 3.05 - 3.5720 \times 4.60 \times 10^{-3}}{4.2752}$

(4) $pH = 3.00$，$[H^+] = ?$

13. 计算下列两组数值的平均值、平均偏差、相对平均偏差、标准偏差和相对标准偏差。

(1) 33.45，33.49，33.40，33.46

(2) 0.1046，0.1043，0.1039，0.1044

14. 分别用气相色谱法（GC）和高效液相色谱法（HPLC）测定麝香祛痛搽剂中樟脑的含量，平行测定了 5 次，结果如下（mg/ml）。GC：26.8，30.5，30.7，30.6，30.2；HPLC：29.9，30.2，30.3，30.4，29.5。①用 G 检验法判断离群值是否舍弃？②两种方法是否有显著性差异（$P = 95\%$）？

15. 某药厂生产新血宝胶囊，要求每粒胶囊含 $FeSO_4 \cdot 7H_2O$ 为 50.0mg。用分光光度法测定 6 次，结果为（mg/粒）：50.8，50.1，49.7，49.8，50.5，50.1。请问这批产品含量是否合格（$P = 95\%$）？

16. 9 次测定某批产品中有效成分的百分含量，测定结果的平均值为 35.00%，标准偏差为 0.18%。①以平均值表示 μ 的置信区间（$P = 95\%$）。②测量值出现在 34.80% ~ 35.20% 的概率有多大？

17. 用邻二氮菲进行亚铁离子的分光光度法测定。在波长为 510nm 处测得不同浓度 Fe^{2+} 溶液及未知试样溶液的吸光度值，所得数据如下。

c（铁含量/mg）	2.0	4.0	6.0	8.0	12.0	未知试样
A（吸光度）	0.215	0.275	0.330	0.392	0.515	0.345

试求：①铁含量与吸光度的回归方程；②相关系数；③未知试样中铁含量。

18. 分别用两种基准物质标定 HCl 溶液的浓度，用碳酸钠标定，测定次数 5 次，所得结果 $\overline{c_1} = 0.1020mol/L$，$S_1 = 2.4 \times 10^{-4}$；用硼砂标定，测定次数 4 次，所得结果 $\overline{c_2} = 0.1017mol/L$，$S_2 = 3.9 \times 10^{-4}$。试用统计检验评价两种方法是否存在系统误差（$P = 90\%$）？

书网融合……

思政导航　　　本章小结　　　微课1　　　微课2

微课3　　　微课4　　　题库

（薛　璇　戴红霞）

第四章 重量分析法

学习目标

知识目标

1. **掌握** 沉淀法的制备、操作及其应用；换算因数及其相关计算。
2. **熟悉** 挥发法、萃取法的原理及其应用。
3. **了解** 重量分析法的方法和特点。

能力目标 通过学习重量分析法的分类、原理、操作及应用等相关知识，为后续中药分析、药物分析等专业课程的学习奠定理论基础。

第一节 概　述

重量分析法简称重量法（gravimetric method），是经典分析方法之一。该法通过称量物质的质量或质量变化来确定待测组分的含量，一般是将试样中待测组分分离后转化成稳定的称量形式，经分析天平称量确定待测组分含量。

重量法分析中的全部数据都是由分析天平称量得到，称量误差一般较小，无需标准物、基准物的对照，没有容量器皿引入的误差，分析常量组分准确度高，相对误差一般不超过 0.1% ~ 0.2%。但重量法操作繁琐、费时，灵敏度较低、使用面窄，不适宜微量及痕量组分的测定和生产的控制分析，在生产中已逐渐被其他快速灵敏的方法所取代。目前在《中国药典》中尚有一些药品的分析检查项目仍应用重量法，如某些组分的含量测定、干燥失重、炽灼残渣以及中草药灰分的测定等；此外重量法的分离理论和操作技术，在其他分析方法中也经常应用；有时重量法在其他分析方法建立时作为对照和校正。因此重量法仍是分析化学中不可或缺的基本方法。

重量分析包括分离和称量两个过程，其中分离是至关重要的一步。待测组分性质不同，采用的分离方法各异，根据分离方法将重量法分为挥发法、萃取法、沉淀法和电解法等，在药品检验工作中主要应用前三种方法。

第二节 挥发重量法

挥发重量法简称挥发法（volatilization method），该法根据试样中待测组分具有挥发性或可转化为挥发性物质的性质，通过加热或其他方法使挥发性物质气化逸出至试样恒重，或用吸收剂吸收挥发性物质至吸收剂恒重，称量试样减失的质量或吸收剂增加的质量来计算待测组分含量。

一、挥发重量法的分类

挥发重量法（挥发法）根据称量对象的不同可分为直接挥发法和间接挥发法。

利用加热等方法使试样中挥发性组分逸出，用适宜的吸收剂将其全部吸收，称量吸收剂所增加的质量来计算该组分含量的方法称为直接挥发法；利用加热等方法使试样中挥发性组分逸出后称量，由试样减少的质量来计算该挥发组分含量的方法为间接挥发法。

例如，测定晶体物质中结晶水含量时可用两种方法，一是将一定质量试样加热使水分逸出，用吸湿剂（高氯酸镁）吸收逸出的水分，根据吸收剂增加的质量计算试样中结晶水的含量；二是将试样加热挥去水分，根据试样质量的减轻计算水分的含量。

又如，测定由柠檬酸与 $NaHCO_3$ 混合制粒而成的泡腾片中 CO_2 释放量。一是在密闭的容器中用碱石灰吸收 CO_2，根据碱石灰的增重计算 CO_2 含量；二是将精密称定的片剂加入定量的水中，酸碱反应发生的同时有大量气泡逸出，不断振摇使反应完全，CO_2 全部逸出后进行称量，根据水和试样的减重可计算泡腾片中 CO_2 释放量。

二、挥发重量法的应用

（一）干燥失重测定

药典规定药物纯度检查项目中，对某些药物常要求检查"干燥失重"，即是利用挥发法测定药物干燥至恒重后减失的质量，通常以百分率表示。这里的待测组分包括水分和其他在该测定条件下能挥发的物质。

$$干燥失重（\%）=\frac{干燥前样品加称量瓶重-干燥后样品加称量瓶重}{样品重}\times100\%$$

"恒重"系指药物连续两次干燥或灼烧后称得的重量差在 0.3mg 以下。

由于试样的耐热性、水分挥发性难易不同，采用的干燥方法也各异，常用方法如下。

1. 常压下加热干燥　适用于性质稳定，受热不易挥发、氧化、分解或变质的样品。通常将试样置于电热干燥箱中，以 105～110℃加热干燥。对某些吸湿性强或水分不易挥发的试样，可适当提高温度、延长时间。有些化合物虽受热不易变质，但因结晶水的存在而有较低的熔点，在加热干燥时未达干燥温度即成熔融状态，不利于水分的挥发。为此可先将样品置于低于熔融温度或用干燥剂除去大部分结晶水后，再提高干燥温度。如含 2 分子水的 $NaH_2PO_4\cdot2H_2O$，应先在低于60℃干燥至脱去 1 分子水，成为 $NaH_2PO_4\cdot H_2O$，再升温至 105～110℃干燥至恒重。

干燥失重法还被应用于样品的处理，为使测定结果正确，一般应将样品干燥至恒重后取样分析，结果以"干燥品"计算。有时为了方便也可取湿品分析，随行测定湿品干燥失重后再进行换算。例如，测定未经干燥的盐酸黄连素，含 $C_{20}H_{17}O_4N\cdot HCl$ 量为87.92%，测得干燥失重为10.11%，则干燥品含量可换算为

$$\frac{87.92}{100-10.11}\times100\%=97.81\%$$

2. 减压加热干燥　适用于在常压下高温加热易变质、水分较难挥发或熔点低的试样，通常将试样置于真空干燥箱（减压电热干燥箱）内，减压至 2.67 kPa（20mmHg）以下，在较低温度（一般60～80℃）干燥至恒重。减压加热干燥可缩短干燥时间，避免样品长时间受热而分解变质，可获得高于常压下的加热干燥效率。

3. 干燥剂干燥　适用于易升华、受热易变质不能加热的物质。干燥剂是一些与水有强结合力，且相对蒸汽压低的脱水化合物。室温下将试样置于盛有干燥剂的密闭容器内，干燥剂吸收空气中的水分，降低空气的相对湿度，促使试样中水的挥发，并保持干燥器内较低的相对湿度。若常压下干燥水分不易除去，可置减压干燥器内干燥。但均应注意干燥剂的选择及检查，干燥剂是否保持有效状态。使用干燥

法测定水分时因达平衡时间长，很难达到完全干燥的目的，故此法较少用。干燥器内作为低湿度环境常用来短时间存放易吸湿的物品或试样。常用的干燥剂及干燥效率如表4-1所示。

表4-1 常用干燥剂及干燥效率

干燥剂	每升空气中残留水分的毫升数	干燥剂	每升空气中残留水分的毫升数
$CaCl_2$（无水粒状）	1.5	$CaSO_4$（无水）	3×10^{-3}
NaOH（固体）	0.8	H_2SO_4	3×10^{-3}
硅胶（含 $CoCl_2$）	3×10^{-2}	Al_2O_3	5×10^{-3}
KOH（熔融）	2×10^{-3}	$Mg(ClO_4)_2$（无水）	5×10^{-4}
CaO	2×10^{-3}	P_2O_5	2×10^{-5}

（二）中药灰分的测定

中药灰分的测定也采用挥发法，此时待测定的不是挥发性物质，而是不挥发性无机物和外来杂质。药物中有机物在高温和有氧条件下灰化氧化，挥散后所残留的不挥发性物质所占试样的百分率称为灰分。药典中灰分是控制中草药材质量的检查项目之一。

例如，中草药石菖蒲的总灰分测定：取粉碎后石菖蒲样品 2～3g，置已炽灼至恒重的坩埚中，称定质量（准确至0.01g），缓缓炽热，注意避免燃烧，至完全炭化时，逐渐升高温度至500～600℃，使完全灰化并恒重。根据残渣的质量计算供试品中总灰分的含量（%），并将结果与药典标准比较（药典规定石菖蒲总灰分不得过10.0%）。

第三节　萃取重量法

萃取重量法简称萃取法(extraction method)，该法根据待测组分在两种不相溶的溶剂中的分配比不同，采用溶剂萃取的方法使之与其他组分分离，挥去萃取液中的溶剂，称量干燥萃取物质量以求出待测组分含量。

物质在水相和与水互不相溶的有机相中都有一定的溶解度，在液-液萃取分离时，待萃取物质在有机相和水相中的浓度之比称为分配比，用 D 表示，即 $D = c_{有}/c_{水}$。当两相体积相等时，若 $D > 1$ 说明经萃取后进入有机相的物质量比留在水中的物质量多，在实际工作中一般要求至少 $D > 10$。当 D 不高，一次萃取不能满足要求时，应采用少量多次连续萃取以提高萃取率。

某些中药材或制剂中生物碱、有机酸等成分，根据它们的盐能溶于水，而游离生物碱不溶于水但溶于有机溶剂的性质，常采用萃取重量法进行测定。例如，中药黄连药材中总生物碱的含量测定，取一定量黄连药材提取液，加氨试液呈碱性使生物碱游离，用三氯甲烷分次萃取直至生物碱提取完全为止。合并三氯甲烷溶液，过滤，滤液在水浴上蒸干得到萃取物，干燥、称重，即可计算黄连药材中总生物碱的含量。

>>> 知识链接 o--

萃取率

在萃取过程中，很难将组分全部萃取出来，通常用萃取率（E%）表示萃取的完全程度，E%与分配比 D 关系如下。

$$E\% = \frac{溶质\ A\ 在有机相中的总量}{溶质\ A\ 的总量} \times 100\%$$

$$E\% = \frac{c_{有} V_{有}}{c_{水} V_{水} + c_{有} V_{有}} \times 100\%$$

$$E\% = \frac{D}{D + V_{水}/V_{有}} \times 100\%$$

当 $V_{水} = V_{有}$ 时

$$E\% = \frac{D}{D + 1} \times 100\%$$

多次萃取是提高 $E\%$ 的有效措施，若 D 在给定条件下为定值，每次萃取后分出有机相，再以同体积有机溶剂萃取，若初始 $V_{水}$ 溶液内含有被测物（A）m_0，用 $V_{有}$ 有机溶剂萃取一次，水相中剩余 A 的质量为 m_1，进入有机相的量是（$m_0 - m_1$），则

$$D = \frac{[c_A]_{有}}{[c_A]_{水}} = \frac{(m_0 - m_1)/V_{有}}{m_1/V_{水}}$$

$$故\ m_1 = m_0 \left(\frac{V_{水}}{DV_{有} + V_{水}} \right)$$

再萃取一次，水相中剩余 A 为 m_2 克，则

$$m_2 = m_1 \left(\frac{V_{水}}{DV_{有} + V_{水}} \right) = m_0 \left(\frac{V_{水}}{DV_{有} + V_{水}} \right)^2$$

萃取 n 次，水相中 A 的剩余量为 m_n 克，则

$$m_n = m_0 \left(\frac{V_{水}}{DV_{有} + V水} \right)^n$$

n 不断增多，萃取率提高越来越不显著。

第四节　沉淀重量法

一、沉淀重量法的过程

沉淀重量法简称沉淀法（precipitation method），是以沉淀反应为基础的化学分析法。通过加入沉淀剂，使待测组分以沉淀形式（precipitation forms）析出，沉淀经过滤、洗涤、烘干或灼烧，转化为可供最后称量的称量形式（weighing forms）。根据称量形式的质量，计算待测组分的含量。沉淀法过程如下。

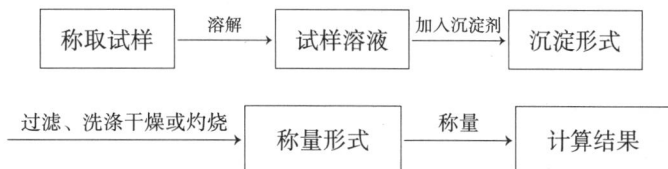

称取试样 —溶解→ 试样溶液 —加入沉淀剂→ 沉淀形式

—过滤、洗涤干燥或灼烧→ 称量形式 —称量→ 计算结果

二、沉淀的制备

利用沉淀反应进行重量分析时，选择适当的沉淀剂将待测组分从试样中沉淀出来进行定量分析。定量准确的关键是要求待测组分沉淀完全、获得沉淀要纯净。现将沉淀制备中的有关内容进行分述。

（一）沉淀剂的选择

1. 沉淀剂的选择原则

（1）沉淀剂对待测组分应具有较高的选择性。

（2）沉淀剂与待测组分作用生成的沉淀溶解度要小。例如测定 SO_4^{2-} 选择 $BaCl_2$ 而不用 $CaCl_2$ 作沉淀剂，是因为 $BaSO_4$ 较 $CaSO_4$ 的溶解度小。

（3）尽量选择具有挥发性的沉淀剂，以便在干燥或灼烧中除去过量的沉淀剂，使沉淀纯净。例如沉淀 Fe^{3+} 时，选用具有挥发性的 $NH_3 \cdot H_2O$ 而不选用 $NaOH$ 作沉淀剂。一些铵盐和有机沉淀剂都能满足这项要求。

（4）利用有机沉淀剂。有机沉淀剂与金属离子作用生成不溶于水的金属配合物或离子配合物，是近年来广泛研究和应用的一个新领域。

2. 有机沉淀剂的特点

（1）优点　①试剂选择性高。例如丁二酮肟（$C_4H_8N_2O_2$）在 pH 9 的氨性溶液中，选择性地沉淀 Ni^{2+}，生成鲜红色的（$C_4H_7N_2O_2$）$_2Ni$ 螯合物沉淀；②所形成沉淀在水中溶解度小，有利于待测组分沉淀完全；③生成的沉淀颗粒大，对无机杂质吸附少，容易过滤和洗涤；④称量形式摩尔质量大，有利于减小称量相对误差；⑤沉淀的组成恒定，干燥后即可称量，不需要高温灼烧，简化了操作。

（2）缺点　①部分试剂自身在水中溶解度小，易被包夹于沉淀中；②组成不恒定的沉淀仍需高温灼烧；③部分沉淀易黏附于器壁或漂浮于溶液表面，不利于操作。

（二）沉淀法对沉淀形式和称量形式的要求

1. 对沉淀形式的要求

（1）沉淀的溶解度必须小，以保证待测组分沉淀完全，通常要求沉淀在溶液中溶解损失量不超过分析天平的称量误差 $\pm 0.2mg$。

（2）沉淀纯度要高，尽量避免杂质的玷污。

（3）沉淀形式要易于过滤、洗涤，易于转变为称量形式。

2. 对称量形式的要求

（1）称量形式必须有固定已知的化学组成，否则将失去定量的依据。

（2）称量形式必须十分稳定，不受空气中水分、CO_2 以及 O_2 等的影响而发生变化，本身也不应分解或变质。

（3）摩尔质量要大，减少称量误差，提高分析的灵敏度和准确度。

例如，沉淀重量法测定 Al^{3+}，可用氨水沉淀为 $Al(OH)_3$ 后，灼烧成 Al_2O_3 称量。也可以用 8 - 羟基喹啉沉淀为 8 - 羟基喹啉铝（C_9H_6NO）$_3Al$，干燥后称重。按这两种称量形式计算，0.1000g 铝可获得 0.1888g Al_2O_3 或 1.704g（C_9H_6NO）$_3Al$，分析天平的称量误差以 $\pm 0.2mg$ 计，则称量不准确所引起的相对误差分别为

$$E_{Al_2O_3} = \frac{\pm 0.0002}{0.1888} \times 100\% = \pm 0.1\%$$

$$E_{(C_9H_6NO)_3Al} = \frac{\pm 0.0002}{1.704} \times 100\% = \pm 0.01\%$$

显然，用 8 - 羟基喹啉为沉淀剂测定铝准确度更高。

需要指出：在沉淀制备的过程中，沉淀形式与称量形式的化学式有时相同、有时则不同，这取决于在干燥和灼烧温度下沉淀形式是否具有固定、已知的组成和稳定的特性。如用 $BaCl_2$ 沉淀 SO_4^{2-}，由于灼烧过程中不发生化学变化，沉淀形式与称量形式均为 $BaSO_4$。而用（NH_4）$_2C_2O_4$ 作沉淀剂测定 Ca^{2+}，沉淀形式是 $CaC_2O_4 \cdot H_2O$，灼烧发生如下反应，形成稳定的称量形式 CaO。

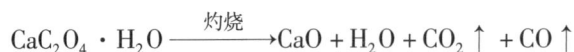

$$CaC_2O_4 \cdot H_2O \xrightarrow{\text{灼烧}} CaO + H_2O + CO_2 \uparrow + CO \uparrow$$

（三）影响沉淀溶解度的因素 🅔 微课1

沉淀法中能否定量准确的关键之一是沉淀反应要完全，要求沉淀完全程度大于99.9%。而沉淀完全与否是根据反应达平衡后，沉淀的溶解度来判断的。通常要求沉淀在母液及洗涤液中的溶解损失不超过分析天平的允许误差范围（±0.2mg）。因此必须了解影响沉淀溶解度的各种因素，降低溶解度使沉淀完全。

1. 同离子效应　当沉淀反应达到平衡后，若向溶液中加入含有某一构晶离子的试剂或溶液，沉淀的溶解度会降低的现象称为同离子效应（common ion effect）。

因此，在制备沉淀时，常加入过量沉淀剂，或用沉淀剂（在干燥或灼烧时能除去）的稀溶液洗涤沉淀，以保证沉淀完全，减少沉淀的溶解损失，提高分析结果的准确度。

例如，沉淀法测定样品中硫酸钠含量时，以 $BaCl_2$ 为沉淀剂。常温下 $BaSO_4$ 在水中的溶解度为

$$s = [Ba^{2+}] = [SO_4^{2-}] = \sqrt{K_{sp}} = \sqrt{1.1 \times 10^{-10}} = 1.0 \times 10^{-5} mol/L$$

若加入过量 $BaCl_2$，使沉淀后溶液中 $[Ba^{2+}] = 0.01mol/L$ 时，$BaSO_4$ 的溶解度则为

$$s = [SO_4^{2-}] = \frac{K_{sp}}{[Ba^{2+}]} = \frac{1.1 \times 10^{-10}}{0.01} = 1.1 \times 10^{-8} mol/L$$

由此可见，增加 Ba^{2+} 浓度，可将 $BaSO_4$ 的溶解度由 $1.0 \times 10^{-5} mol/L$ 降低至 $1.1 \times 10^{-8} mol/L$，减小约一千倍。利用同离子效应加入过量的沉淀剂可以降低沉淀的溶解度，使沉淀完全。但沉淀剂也并非越多越好，有时可能引起异离子效应、酸效应及配位效应等副反应，反而使沉淀溶解度增大。一般沉淀剂过量50%~100%可达到预期目的，对于灼烧或烘干时不宜挥发除去的沉淀剂则以过量20%~30%为宜，以免影响沉淀的纯度。

2. 异离子效应　在难溶化合物的饱和溶液中，加入易溶的强电解质，使难溶化合物的溶解度比同温度时在纯水中的溶解度大的现象称为异离子效应（diverse ion effect），也称盐效应。发生异离子效应的原因是由于强电解质的存在，使溶液的离子强度增大，离子活度系数减小，导致沉淀溶解度增大。因此，离子电荷越高，浓度越大，异离子效应越显著。

在沉淀法中，由于沉淀剂通常也是强电解质，所以在利用同离子效应保证沉淀完全的同时，还应考虑异离子效应即盐效应的影响，过量沉淀剂的作用是同离子效应和异离子效应的综合。当沉淀剂适当过量时，同离子效应起主导作用，沉淀的溶解度随沉淀剂用量的增加而降低。当溶液中沉淀剂的浓度达到某一数量时，沉淀的溶解度达到最低值，若再继续加入沉淀剂，由于异离子效应增大，使得溶解度反而增加，因此沉淀剂过量要适当。

例如，测定 Pb^{2+} 时用 Na_2SO_4 为沉淀剂，由表4-2可以看出，随着 Na_2SO_4 浓度的增加，由于同离子效应使 $PbSO_4$ 溶解度降低，当 Na_2SO_4 浓度增大到 $0.04mol/L$ 时，$PbSO_4$ 的溶解度达到最小，说明此时同离子效应最大。Na_2SO_4 浓度继续增大时，由于异离子效应增强，$PbSO_4$ 的溶解度又开始增大。

表 4-2　$PbSO_4$ 在不同浓度 Na_2SO_4 溶液中的溶解度

Na_2SO_4 （mol/L）	0	0.001	0.01	0.02	0.04	0.100	0.200
$PbSO_4$ （mol/L）	0.15	0.024	0.016	0.014	0.013	0.016	0.023

应该指出，如果沉淀自身的溶解度很小，一般异离子效应的影响很小，可以忽略不计。只有当沉淀的溶解度比较大，且溶液的离子强度很高时，才考虑异离子效应。

3. 酸效应　溶液的酸度改变使沉淀溶解度改变的现象称为酸效应（acid effect）。发生酸效应的原因主要是溶液中 H^+ 浓度对难溶化合物离解平衡的影响。在难溶化合物中有相当一部分是弱酸盐、多元酸盐、难溶弱酸（如硅酸）以及许多与有机沉淀剂形成的沉淀。若提高溶液酸度，弱酸根离子与

H$^+$ 结合生成相应共轭酸的倾向增大,沉淀的溶解度随之增大;若降低溶液酸度,难溶盐中的金属离子有可能水解,导致沉淀溶解度增大。

例如,CaC$_2$O$_4$(固)沉淀在溶液中建立如下平衡。

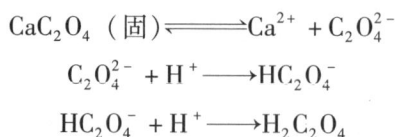

$$CaC_2O_4（固）\Longleftrightarrow Ca^{2+} + C_2O_4^{2-}$$

$$C_2O_4^{2-} + H^+ \longrightarrow HC_2O_4^-$$

$$HC_2O_4^- + H^+ \longrightarrow H_2C_2O_4$$

当溶液酸度增大,使平衡向生成 H$_2$C$_2$O$_4$ 方向移动,CaC$_2$O$_4$ 的溶解度增大。

酸度对沉淀溶解度的影响是比较复杂的,像 CaC$_2$O$_4$ 这类弱酸盐及多元酸盐的难溶化合物,与 H$^+$ 作用后生成难离解的弱酸,而使溶解度增大的效应必须加以考虑,若是强酸盐的难溶化合物则影响不大,一般可忽略酸效应。

4. 配位效应　当难溶化合物的溶液中存在着能与构晶离子生成配合物的配位剂,会使沉淀溶解度增大,甚至不产生沉淀,这种现象称为配位效应(coordination effect)。配位效应的产生主要有两种情况,一是外加配位剂,二是沉淀剂本身就是配位剂。

例如,在 AgCl 沉淀溶液中加入 NH$_3$·H$_2$O,则 NH$_3$ 能与 Ag$^+$ 配位生成 Ag(NH$_3$)$_2^+$ 配离子,结果使 AgCl 沉淀的溶解度大于在纯水中的溶解度,若 NH$_3$·H$_2$O 足够大,则可能使 AgCl 完全溶解。有关平衡如下。

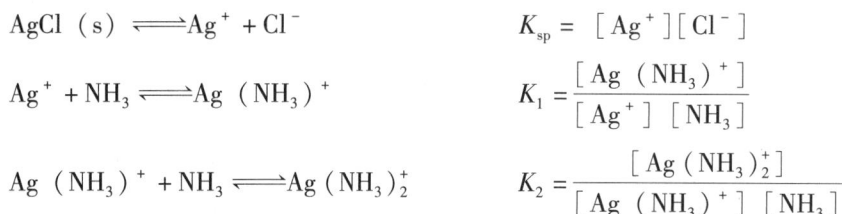

$$AgCl（s）\Longleftrightarrow Ag^+ + Cl^- \qquad K_{sp} = [Ag^+][Cl^-]$$

$$Ag^+ + NH_3 \Longleftrightarrow Ag（NH_3）^+ \qquad K_1 = \frac{[Ag（NH_3）^+]}{[Ag^+][NH_3]}$$

$$Ag（NH_3）^+ + NH_3 \Longleftrightarrow Ag（NH_3）_2^+ \qquad K_2 = \frac{[Ag（NH_3）_2^+]}{[Ag（NH_3）^+][NH_3]}$$

必须指出:配位效应使沉淀溶解度增大的程度与沉淀的溶度积常数 K_{sp} 和形成配合物的稳定常数 K 的相对大小有关。K_{sp} 和 K 越大,则配位效应越显著。

又如,用 Cl$^-$ 为沉淀剂沉淀 Ag$^+$,最初生成 AgCl 沉淀,但若继续加入过量的 Cl$^-$,则 Cl$^-$ 能与 AgCl 配位生成 [AgCl$_2$]$^-$、[AgCl$_3$]$^{2-}$、[AgCl$_4$]$^{3-}$ 配离子,而使 AgCl 沉淀逐渐溶解。图 4 - 1 中的曲线表明 AgCl 的溶解度随 Cl$^-$ 浓度变化的情况,不难看出同离子效应与配位效应共同作用的结果。图中 [Cl$^-$] 从左到右逐渐增加,即 pCl(−lg[Cl$^-$])逐渐减小,当过量的 [Cl$^-$] 由小增大到约 4×10^{-3} mol/L (pCl = 2.4)时,AgCl 的溶解度显著降低,显然在这段曲线中同离子效应起主导作用;但当 [Cl$^-$] 再继续增大,AgCl 的溶解度反而增大,这时配位效应起主导作用。因此用 Cl$^-$ 沉淀 Ag$^+$ 时,必须严格控制过量 Cl$^-$ 的浓度。沉淀剂本身是配体的情况也是常见的,对于这种情况,应避免沉淀剂过量太多。

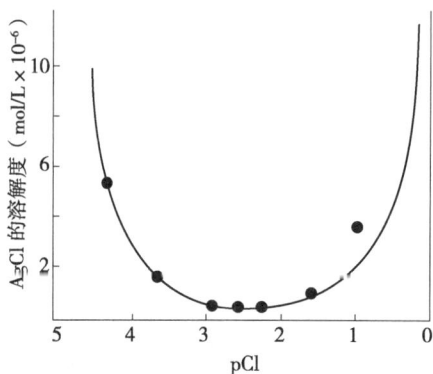

图 4 - 1　AgCl 在不同浓度 NaCl 中的溶解度

以上讨论了同离子效应、异离子效应、酸效应和配位效应，其中只有同离子效应是降低沉淀溶解度，保证沉淀完全的有利因素，其他效应均是不利因素。在分析工作中应根据具体情况分清主次。

5. 其他因素　除上述主要因素之外，温度效应、溶剂效应、沉淀颗粒的大小和沉淀析出的形态都对沉淀的溶解度有影响，也应加以考虑。

（四）沉淀的纯度及其影响因素 [e]微课2

沉淀法中能否定量准确的另一关键是制备的沉淀要纯净。当沉淀从溶液中析出时会或多或少地夹杂溶液中的其他组分而使沉淀玷污，这是沉淀法误差的主要来源。因此，必须了解影响沉淀纯度的因素，以及如何获得尽可能纯净的沉淀。

1. 共沉淀　一种难溶化合物沉淀时，某些可溶性杂质也夹杂在该沉淀中一起析出的现象称为共沉淀（coprecipitation）。引起共沉淀的原因主要有以下几方面。

（1）**表面吸附**　在沉淀晶体结构中，正负离子按一定的晶格排列，沉淀内部的离子都被带相反电荷的离子所包围，处于静电平衡状态，如图 4-2 所示。但表面上的离子至少有一个面未被包围，由于静电引力使这些离子具有吸引带相反电荷离子的能力，尤其是棱角上的离子更为显著。从静电引力的作用来说，溶液中任何带相反电荷的离子都同样有被吸附的可能性，但实际上表面吸附是有选择性的。一般规律是：①优先吸附溶液中过量的构晶离子形成第一吸附层；②第二吸附层易优先吸附与第一吸附层的构晶离子生成溶解度较小或离解度较小的化合物离子；③浓度相同的杂质离子，电荷越高越容易被吸附。

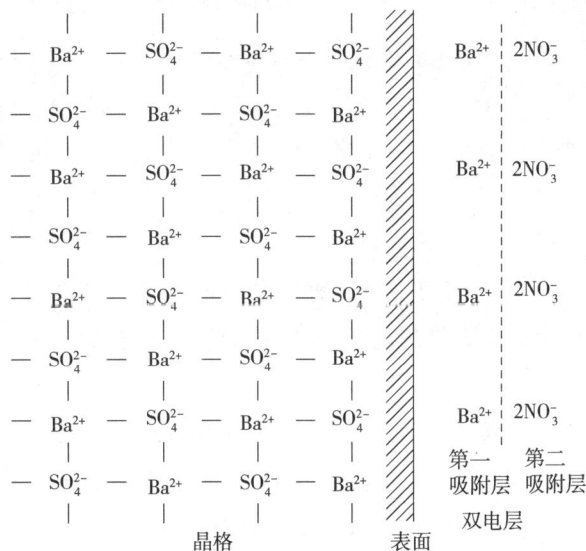

图 4-2　BaSO₄晶体表面吸附作用示意图

例如，用过量的 $BaCl_2$ 溶液与 Na_2SO_4 溶液作用时，生成的 $BaSO_4$ 沉淀表面首先吸附过量的 Ba^{2+}，形成第一吸附层，使晶体表面带正电荷。第一吸附层中的 Ba^{2+} 又吸附溶液中共存的阴离子 Cl^- 形成第二吸附层。$BaCl_2$ 过量越多，被共沉淀的也越多。如果用沉淀剂 $Ba(NO_3)_2$ 代替一部分 $BaCl_2$，并使二者过量的程度相同时，由于 $Ba(NO_3)_2$ 的溶解度小于 $BaCl_2$ 的溶解度，NO_3^- 离子优先被吸附形成第二吸附层。第一、二吸附层共同组成沉淀表面的双电层，双电层里的电荷等衡。

此外，沉淀对同一种杂质的吸附量，尚与下列因素有关：①沉淀颗粒越小，比表面积越大，吸附杂质量越多；②杂质离子浓度越大，被吸附的量也越多；③溶液的温度越高，吸附杂质的量越少，这是因为吸附过程是一放热过程，提高温度可减少或阻止吸附作用。

吸附作用是一可逆过程，洗涤可使沉淀上吸附的杂质进入溶液，从而净化沉淀。但所选洗涤剂必须是灼烧或烘干时容易挥发除去的物质。

（2）生成混晶   如果杂质离子与沉淀的构晶离子半径相近、电荷相同，形成的晶体结构相同，杂质离子就可进入晶格排列中取代沉淀晶格中某些离子的固定位置，生成混合晶体，使沉淀受到严重玷污。

例如 Pb^{2+} 与 Ba^{2+} 的电荷相同、离子半径相近，$BaSO_4$ 与 $PbSO_4$ 的晶体结构也相同，在沉淀形成过程中 Pb^{2+} 离子就有可能混入 $BaSO_4$ 的晶格中，与 $BaSO_4$ 形成混晶而被共沉淀。

由混晶引起的共沉淀纯化困难，往往须经过一系列重结晶才能逐步除去，如此也会引起较大的误差，最好的办法是事先分离这类杂质离子。

（3）吸留和包藏   吸留是指被吸附的杂质离子机械地嵌入沉淀之中；包藏常指母液机械地嵌入沉淀之中。这类现象的发生是由于沉淀剂加入和沉淀析出过快时，表面吸附的杂质或母液来不及离开沉淀表面就被随后生成的沉淀所覆盖。

这类共沉淀不能用洗涤的方法除去，可以通过改变沉淀条件，或采用陈化、重结晶的方法加以消除。

2. 后沉淀   当溶液中某一组分的沉淀析出后，另一原本难以析出沉淀的组分，也在沉淀表面逐渐形成沉积的现象称为后沉淀（postprecipitation）。后沉淀的产生是由于沉淀表面吸附作用所引起，多出现在该组分形成的稳定过饱和溶液中。例如，用草酸盐沉淀分离 Ca^{2+} 和 Mg^{2+} 时，最初得到的 CaC_2O_4 不夹杂 MgC_2O_4，但若将沉淀与溶液长时间共置，由于 CaC_2O_4 表面吸附 $C_2O_4^{2-}$ 而使其表面 $C_2O_4^{2-}$ 浓度增大，致使 $[Mg^{2+}][C_2O_4^{2-}]$ 大于 $K_{sp(MgC_2O_4)}$，MgC_2O_4 沉淀在 CaC_2O_4 上析出，产生后沉淀，影响分离效果。尤其是经加热、放置后，后沉淀更为严重，因此，缩短沉淀与母液共置时间可减小后沉淀。

3. 提高沉淀纯度的措施

（1）选择合理的分析步骤   如果试液中有几种含量不同的组分，欲测定少量组分的含量，应避免首先沉淀分离大量组分，否则会造成大量沉淀析出的同时使少量被测组分随之共沉淀而引起测定误差。应先沉淀含量少的成分。

（2）降低易被吸附杂质离子的浓度   由于吸附作用具有选择性，降低易被吸附杂质离子浓度可以减少吸附共沉淀。例如，沉淀 $BaSO_4$ 时，NO_3^- 离子与 Cl^- 离子相比，前者优先被 Ba^{2+} 吸附，因此沉淀反应宜在 HCl 溶液中进行而不宜选择 HNO_3。又如，某沉淀体系中存在易被吸附的 Fe^{3+}，可预先将 Fe^{3+} 还原为不易被吸附的 Fe^{2+}；或加入适当的配位剂使 Fe^{3+} 转化为某种稳定的配合物，也可减少共沉淀。

（3）选择合适的沉淀剂   如选用有机沉淀剂常可减少共沉淀。

（4）选择合理的沉淀条件   沉淀的纯度与沉淀剂浓度、加入速度、温度、搅拌情况及洗涤方法等操作均有关。因此，选择合理的沉淀条件可减少共沉淀。

（5）必要时进行再沉淀   即将沉淀过滤、洗涤、溶解后再进行第二次沉淀。此时由于杂质离子浓度大为降低，可减少共沉淀或后沉淀。

（五）沉淀的形成与沉淀条件 e 微课 3

1. 沉淀类型   在沉淀法中，为了得到准确的分析结果，除对沉淀的溶解度和纯度有一定要求外，还要求沉淀尽可能具有易于过滤和洗涤的形态。沉淀按其物理性质不同，可粗略地分为晶形沉淀和非晶形沉淀（又称为无定形沉淀或胶状沉淀）两大类。

$$\text{沉淀类型}\begin{cases}\text{晶形沉淀}\begin{cases}\text{粗晶形沉淀, 如 MgNH}_4\text{PO}_4 \\ \\ \text{细晶形沉淀, 如 BaSO}_4\end{cases} \\ \\ \text{非晶形沉淀: 如 Fe (OH)}_3 \cdot n\text{H}_2\text{O}\end{cases}$$

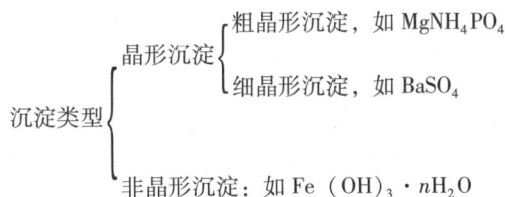

AgCl 是一种凝乳状沉淀，按其性质来说，介于两者之间。

晶形沉淀颗粒大（直径 0.1 ~ 1μm），内部排列规则，结构紧密，体积小，易于过滤和洗涤；而非晶形沉淀颗粒小（直径 <0.02μm），内部排列杂乱无序，含水量大，结构疏松，体积庞大，容易吸附杂质，难于过滤和洗涤。生成哪类沉淀取决于沉淀的性质、形成沉淀的条件以及沉淀的处理方法。因此，了解沉淀的形成过程和沉淀性质，控制沉淀条件以获得符合要求的沉淀形式，对沉淀重量分析十分重要。

2. 沉淀的形成过程 沉淀的形成是一个复杂的过程，有关这方面的理论尚不成熟。一般认为经历晶核形成和晶核长大两个过程。即

$$\text{构晶离子}\xrightarrow[\text{均相、异相}]{\text{成核作用}}\text{晶核}\xrightarrow[\text{扩散、沉积}]{\text{生长过程}}\text{沉淀微粒}$$

（1）晶核形成　有两种情况：均相成核和异相成核。均相成核是在过饱和溶液中，构晶离子通过静电作用而缔合，从溶液中自发地产生晶核的过程。溶液的相对过饱和度越大，均相成核的数目越多，生成的沉淀因分散成众多的晶粒，其颗粒就越小。异相成核是指沉淀介质和容器中不可避免存在的一些外来固体微粒，起到晶种的作用诱导构晶离子在其周围排列形成晶核的过程。固体微粒越多，异相成核数目越多。

（2）聚集速度和定向速度　当晶核形成后溶液中的构晶离子向晶核表面扩散，并沉积在晶核上，晶核逐渐长大成沉淀微粒。这种由离子聚集成晶核后，再进一步积聚成沉淀微粒的速度称为聚集速度。在聚集的同时，构晶离子在静电引力作用下又能够按一定的晶格进行排列，这种定向排列的速度称为定向速度。

（3）晶形沉淀和非晶形沉淀　若定向速度大于聚集速度，即离子较缓慢地聚集成沉淀，有足够的时间进行晶格排列，得到的是晶形沉淀。反之若聚集速度人于定向速度，即离子很快地聚集成沉淀微粒，来不及进行晶格排列，沉淀就已生成，这样得到的沉淀为非晶形沉淀。

（4）影响聚集速度和定向速度的因素　聚集速度主要由沉淀条件决定，其中最重要的是溶液中生成沉淀物质的过饱和度。聚集速度与溶液的相对过饱和度成正比，可用冯·韦曼（Von Weimarn）经验公式简单表示，即

$$V = K\frac{(Q-s)}{s} \tag{4-1}$$

式中，V 为聚集速度，K 为比例常数，Q 为加入沉淀剂瞬间生成沉淀物质的浓度，s 为沉淀的溶解度，$Q-s$ 为沉淀物质的过饱和度，$(Q-s)/s$ 为相对过饱和度。

由式（4-1）可见：聚集速度与相对过饱和度成正比，若想降低聚集速度，必须设法减小溶液的相对过饱和度，即要求沉淀的溶解度（s）大，加入沉淀剂瞬间生成沉淀物质的浓度（Q）小，这样就可能获得晶形沉淀。反之，若沉淀的溶解度很小，瞬间生成沉淀物质的浓度又很大，则形成非晶形沉淀，甚至形成胶体。

定向速度主要决定于沉淀物质的本性。一般极性强、溶解度较大的盐类，如 MgNH$_4$PO$_4$、BaSO$_4$、CaC$_2$O$_4$ 等，都具有较大的定向速度易形成晶形沉淀；而高价金属的氢氧化物溶解度较小，定向速度小，聚集速度很大，因此氢氧化物沉淀一般均为非晶形沉淀或胶体沉淀，如Fe(OH)$_3$、Al(OH)$_3$是胶状沉淀。

不同类型的沉淀，在一定条件下可以相互转化。例如常见的 BaSO$_4$晶形沉淀，若在浓溶液中沉淀，

很快地加入沉淀剂，也可以生成非晶形沉淀。可见，沉淀究竟是哪一种类型，不仅决定于沉淀本质，也决定于沉淀进行时的条件。

3. 获得良好沉淀形状的条件

（1）晶形沉淀的条件　聚集速度与定向速度的相对大小直接影响沉淀类型，其中聚集速度主要决定于沉淀条件。获得较大颗粒的晶形沉淀，要求有较小的聚集速度。由式（4-1）知，降低聚集速度必须要降低溶液的相对过饱和度，即降低 Q 和适当增大 s 来实现。所以晶形沉淀条件是：①在适当稀的溶液中进行沉淀，加入沉淀剂的稀溶液。这样可以减小 Q 值，使溶液中沉淀物的过饱和度不至于太大，瞬间生成的晶核也不会太多而有机会长大。但对溶解度较大的沉淀，溶液也不能太稀，否则沉淀溶解损失将会增加。②在不断搅拌下缓慢加入沉淀剂。这样可以防止局部过浓，降低沉淀物质在局部或全部溶液中的过饱和度，同时避免产生大量晶核。③在热溶液中进行沉淀。一般难溶化合物的溶解度随温度升高而增大，沉淀吸附杂质的量随温度升高而减少。因此，在热溶液中进行沉淀，既可以降低溶液的相对过饱和度，得到颗粒大的晶形沉淀，又能减少杂质的吸附，以利于得到纯净的沉淀。对于溶解度大的沉淀，在沉淀完全后应冷却至室温再进行过滤和洗涤，以减少溶解损失。④陈化。沉淀完全后，让初生的沉淀与母液共置一段时间，这个过程称为陈化（熟化）。陈化过程中，细晶粒不断溶解，粗晶粒不断长大；吸附、吸留和包藏在小晶粒内部的杂质重新进入溶液，使沉淀更加纯净；不完整的晶粒转化为更完整的晶粒。一般室温下陈化需数小时，水浴加热和不断搅拌可缩短至 1~2 小时或更短时间。若有后沉淀现象发生，陈化反而使沉淀纯度降低。

（2）非晶形沉淀的条件　非晶形沉淀的溶解度一般很小，溶液中相对过饱和度相当大，很难通过减小溶液的相对过饱和度来改变沉淀的物理性质。非晶形沉淀颗粒小、比表面积大，且体积庞大、结构疏松，不仅易吸附杂质而且难以过滤和洗涤，甚至能够形成胶体溶液。因此，对非晶形沉淀主要考虑的是使沉淀微粒凝聚，减少杂质吸附，破坏胶体，防止胶溶。非晶形沉淀的条件为：①在浓溶液中进行沉淀，迅速加入沉淀剂。这可使生成的沉淀较为紧密。但在浓溶液中杂质浓度相应增大，吸附杂质的机会增多，所以在沉淀作用完毕后，应立刻加入大量的热水稀释并搅拌。②在热溶液中进行沉淀。这样可以降低沉淀的水化程度，还可促进沉淀微粒的凝聚，防止生成胶体，并减少杂质的吸附作用，使生成的沉淀更加紧密、纯净。③加入适当的电解质以破坏胶体。常使用在干燥或灼烧中易挥发的电解质，如盐酸、铵盐等。④不必陈化，沉淀完毕后，立即趁热过滤洗涤。这是因为无定形沉淀放置后，将逐渐失去水分，使沉淀更加黏结不易滤过，且使吸附的杂质难以洗去。

（3）均匀沉淀法　也称均相沉淀法，是为了改进沉淀结构而发展的新方法。均匀沉淀是利用化学反应使溶液中缓慢地逐渐产生所需的沉淀剂，从而使沉淀在整个溶液中均匀地、缓慢地析出。可使溶液中过饱和度很小，且又较长时间维持过饱和度，这样可获得颗粒较粗、结构紧密、纯净而易于过滤和洗涤的沉淀。

例如，测定 Ca^{2+} 时，在中性或碱性溶液中加入沉淀剂 $(NH_4)_2C_2O_4$，产生的 CaC_2O_4 是细晶形沉淀，如果先将溶液酸化后再加入 $(NH_4)_2C_2O_4$，则溶液中的草酸根主要以 $HC_2O_4^-$ 和 $H_2C_2O_4$ 形式存在，不会产生沉淀，然后加入尿素，加热煮沸，尿素逐渐水解。

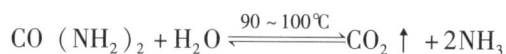

$$CO(NH_2)_2 + H_2O \xrightleftharpoons{90~100℃} CO_2 \uparrow + 2NH_3$$

生成的 NH_3 与溶液中的 H^+ 作用，使溶液的酸度逐渐降低，$C_2O_4^{2-}$ 的浓度渐渐增大，最后溶液的 pH 达到 4~4.5，CaC_2O_4 沉淀完全。这样得到的 CaC_2O_4 沉淀晶形颗粒大、纯净。

又如，利用在酸性条件下加热水解硫代乙酰胺，均匀地、逐渐地释放出 H_2S，用于金属离子与 H_2S 生成硫化物沉淀，可避免直接使用 H_2S 时的毒性及臭味，还可以得到易于过滤和洗涤的硫化物沉淀。

$$CH_3CSNH_2 + 2H_2O \underset{\triangle}{\overset{H^+}{\rightleftharpoons}} CH_3COO^- + NH_4^+ + H_2S$$

三、沉淀的过滤、洗涤、干燥和灼烧

（一）过滤

过滤是使沉淀与母液分开，与过量沉淀剂、共存组分或其他杂质分离，从而得到纯净的沉淀。过滤沉淀时常使用滤纸或玻璃砂芯滤器。

需要灼烧的沉淀，用定量滤纸（无灰滤纸）过滤，此种滤纸预先已用HCl和HF处理，其中大部分无机物已被除去，灼烧后残留灰分小于0.2mg。根据沉淀的性质，选择疏密程度不同的定量滤纸。一般非晶形沉淀，应用疏松的快速滤纸；粗粒的晶形沉淀，可用较紧密的中速滤纸；较细粒的晶形沉淀，应选用最致密的慢速滤纸。滤纸越致密，沉淀越不易穿过，但需过滤的时间越长，因此选用滤纸应恰当。

对于只需烘干即可得到称量形式的有机沉淀，一般用玻璃砂芯坩埚或玻璃砂芯漏斗（也称垂熔玻璃滤器）减压抽滤，根据沉淀的性状选择不同型号滤器（1～6号）。如用苦味酸作沉淀剂，测定中药黄连中小檗碱的含量，生成的苦味酸小檗碱沉淀一般采用3号、4号玻璃砂芯滤器减压抽滤，直接烘干至恒重后即可称量。

过滤时均采用"倾泻法"。若沉淀的溶解度随温度变化不大，以趁热过滤较好。

（二）洗涤

洗涤沉淀是为了洗去沉淀表面吸附的杂质和混杂在沉淀中的母液。洗涤时要尽量减少沉淀的溶解损失和避免形成胶体，因此需选择合适的洗涤液。选择洗涤液的原则如下。

（1）溶解度较小又不易生成胶体的沉淀，可用蒸馏水洗涤。

（2）溶解度较大的晶形沉淀，可用沉淀剂稀溶液洗涤，但沉淀剂在烘干或灼烧时应易除去，也可用沉淀的饱和溶液洗涤。

（3）溶解度较小的非晶形沉淀，需用热的挥发性电解质（如NH_4NO_3）的稀溶液进行洗涤，以防止形成胶体。

（4）溶解度随温度变化不大的沉淀，可用热溶液洗涤。

洗涤沉淀也是采用"倾泻法"及"少量多次"洗涤的原则。洗涤干净与否可采用特效反应进行检查。

（三）干燥与灼烧

洗涤后的沉淀除吸附有大量水分外，还可能有其他挥发性物质存在，需用烘干或灼烧的方法除去，使之转化成具有固定组成、稳定的称量形式。

干燥通常是在110～120℃烘干至恒重，除去沉淀中的水分和挥发性物质得到沉淀的称量形式。灼烧是在800℃以上，彻底去除水分和挥发性物质，并使沉淀分解为组成恒定的称量形式。如$BaSO_4$沉淀水分不易除去、$Fe(OH)_3 \cdot xH_2O$沉淀形式组成不固定，经高温800℃以上灼烧至恒重后转变成组成固定的形式（$BaSO_4$和Fe_2O_3），方可进行称量。

四、分析结果的计算 📱微课4

（一）换算因数的计算

沉淀重量法是用分析天平准确称取称量形式的重量，换算成待测组分的量，以计算分析结果。

设A为待测组分，D为称量形式，其计量关系一般可表示如下。

$$aA \quad + \quad bB \quad \longrightarrow \quad cC \quad \xrightarrow{\triangle} \quad dD$$

待测组分　　沉淀剂　　沉淀形式　　称量形式

A 与 D 的物质的量 n_A 和 n_D 的关系为

$$n_A = \frac{a}{d} n_D \tag{4-2}$$

将 $n = m/M$ 代入上式得待测组分质量为

$$m_A = \frac{aM_A}{dM_D} m_D \tag{4-3}$$

式中，M_A 和 M_D 分别为待测组分 A 和称量形式 D 的摩尔质量；aM_A/dM_D 为一常数，称为换算因数（conversion factor）或化学因数（chemical factor），用 F 表示。

$$F = \frac{aM_A}{dM_D} \tag{4-4}$$

将式（4-4）代入式（4-3）得待测组分的质量为

$$m_A = F \times m_D \tag{4-5}$$

计算换算因数时，必须注意在待测组分的摩尔质量 M_A 及称量形式的摩尔质量 M_D 上乘以适当系数，使反应前后含待测组分的原子数或分子数相等。部分待测组分与称量形式间的换算因数如表 4-3 所示。

表 4-3　部分待测组分与称量形式之间的换算因数

待测组分	沉淀形式	称量形式	换算因数
Fe	$Fe(OH)_3 \cdot nH_2O$	Fe_2O_3	$2M_{Fe}/M_{Fe_2O_3}$
MgO	$MgNH_4PO_4$	$Mg_2P_2O_7$	$2M_{MgO}/M_{Mg_2P_2O_7}$
$K_2SO_4 \cdot Al_2(SO_4)_3 \cdot 24H_2O$	$BaSO_4$	$BaSO_4$	$M_{K_2SO_4 \cdot Al_2(SO_4)_3 \cdot 24H_2O}/4M_{BaSO_4}$

例 4-1　为测定某试样中 P_2O_5 的含量，在 $NH_3 \cdot H_2O$ 中用 $MgCl_2$ 和 NH_4Cl 使 P 沉淀为 $MgNH_4PO_4$，最后灼烧成 $Mg_2P_2O_7$ 称量，试求 $Mg_2P_2O_7$ 对 P_2O_5 的换算因数。

解：
$$P_2O_5 \longrightarrow 2MgNH_4PO_4 \longrightarrow Mg_2P_2O_7$$

$$F = \frac{M_{P_2O_5}}{M_{Mg_2P_2O_7}} = \frac{141.94}{222.55} = 0.63779$$

例 4-2　将酒石酸制成碳酸钙，过滤洗涤后用 HCl 溶液处理，所得溶液蒸发至干，残渣中的氯离子以氯化银形式测定，试求将氯化银换算为酒石酸的换算因数。

解：
$$H_2C_4H_4O_6 \longrightarrow CaC_4H_4O_6 \xrightarrow{\triangle} CaCO_3 \longrightarrow CaCl_2 \longrightarrow 2AgCl$$

$$H_2C_4H_4O_6 \longrightarrow 2AgCl$$

$$F = \frac{M_{H_2C_4H_4O_6}}{2M_{AgCl}} = \frac{150.1}{2 \times 143.3} = 0.5237$$

利用换算因数的概念，可以将待测组分、沉淀剂和称量形式的量进行相互换算，用来估计取样量、沉淀剂的用量及结果计算，因此换算因数是重量分析法计算的关键。

（二）试样称取量的计算

一般情况下，取样量根据称量形式重量和待测组分大致含量进行估算。晶形沉淀称量形式的重量一一般为 0.1 ~ 0.5g，非晶形沉淀则以 0.08 ~ 0.1g 为宜。

例 4 - 3　某试样含 35% 的 $Al_2(SO_4)_3$ 和 60% 的 $KAl(SO_4)_2 \cdot 12H_2O$，若用沉淀重量法使之生成 $Al_2O_3 \cdot xH_2O$，灼烧后欲得 0.10g Al_2O_3，应取试样（m）多少克？

解：　　　$Al_2(SO_4)_3 \longrightarrow Al_2O_3$　　　　　$2KAl(SO_4)_2 \cdot 12H_2O \longrightarrow Al_2O_3$

依题意：称量形式 Al_2O_3 由样品中 35% 的 $Al_2(SO_4)_3$ 和 60% 的 $KAl(SO_4)_2 \cdot 12H_2O$ 转化而来。

$$\because m_A = F \cdot m_D \qquad \therefore \frac{m_A}{F} = m_D$$

即　　$$\left(\frac{m \times 35\% \times M_{Al_2O_3}}{M_{Al_2(SO_4)_3}} + \frac{m \times 60\% \times M_{Al_2O_3}}{2M_{KAl(SO_4)_2 \cdot 12H_2O}} \right) = 0.10$$

$$m\left(\frac{35\% \times 101.96}{342.14} + \frac{60\% \times 101.96}{2 \times 474.38} \right) = 0.10$$

$$m = 0.59g$$

（三）沉淀剂用量计算

例 4 - 4　欲使 0.5g 约含 75% $AgNO_3$ 试样中的 Ag^+ 完全沉淀为 $AgCl$，需要 0.5mol/L 的 HCl 溶液多少毫升？

解：　　　　　　　$$AgNO_3 + HCl \Longrightarrow AgCl \downarrow + HNO_3$$

由于　　　　　　　　$$c_{HCl}V_{HCl} = \frac{m_{AgN_3O_3}}{M_{AgN_3O_3}}$$

得　　　　　$$V_{HCl} = \frac{m_{AgNO_3}}{M_{AgNO_3} \times c_{HCl}} = \frac{0.5 \times 75\%}{169.9 \times 0.5} \approx 5 \times 10^{-3}L = 5ml$$

因为 HCl 易挥发，可过量 100%，所以需 HCl 溶液 10ml。

例 4 - 5　测定某硫酸钠试剂含量时，称取试样 0.34g，理论上应加入 5% 的氯化钡溶液多少克？若氯化钡过量 30%，在 200ml 溶液中 $BaSO_4$ 溶液损失量是多少？

解：　　　　　　　$$Na_2SO_4 + BaCl_2 \Longrightarrow BaSO_4 \downarrow + 2NaCl$$

则　　　　　$$m_{BaCl_2} = \frac{M_{BaCl_2} \times m_s}{M_{Na_2SO_4} \times 5\%} = \frac{208 \times 0.34}{142.03 \times 5\%} \approx 10g$$

过量 30%，需加 5% $BaCl_2$ 溶液 13g。

加入 13g 5% $BaCl_2$ 溶液与 SO_4^{2-} 反应后，尚余 3g，则在 200ml 溶液中剩余的 $BaCl_2$ 浓度应为

$$c_{BaCl_2} = \frac{3 \times 5\%}{208 \times 200} = 3.6 \times 10^{-3} mol/L$$

因 $BaCl_2$ 为强电解质，所以溶液中的 $[Ba^{2+}]$ 也应为 $3.6 \times 10^{-3} mol/L$，故

$$[Ba^{2+}][SO_4^{2-}] = 3.6 \times 10^{-3} \times [SO_4^{2-}] = K_{sp(BaSO_4)}$$

$$[SO_4^{2-}] = \frac{1.1 \times 10^{-10}}{3.6 \times 10^{-3}} = 3.1 \times 10^{-8} mol/L$$

因此 200ml 溶液中 $BaSO_4$ 溶液损失量为

$$3.1 \times 10^{-8} \times 0.2 \times 233 = 1.4 \times 10^{-6}g = 1.4 \times 10^{-3}mg$$

（四）分析结果计算

待测组分的质量 m_A 与试样质量 m_s 的比值乘以 100% 即为样品中待测组分含量，计算式为

$$\omega_A = \frac{m_A}{m_s} \times 100\% = \frac{F \times m_D}{m_s} \times 100\% \qquad\qquad (4-6)$$

例4-6　中药矿物药磁石中主要成分是Fe_3O_4，可用沉淀重量法测定含量。现称取试样1.0002g，用浓盐酸溶解后得到Fe^{3+}、Fe^{2+}的混合溶液。加入硝酸将Fe^{2+}氧化至Fe^{3+}，稀释后用氨水将Fe^{3+}沉淀为$Fe(OH)_3$。将沉淀过滤、洗涤、灼烧后得0.8525g Fe_2O_3。计算：①Fe%（以Fe%表示其含铁量，药典规定本品Fe含量不得少于50.0%）。②Fe_3O_4%（以Fe_3O_4%表示其含铁量）。

解：①$2Fe \rightarrow 2Fe(OH)_3 \rightarrow Fe_2O_3$，即$2Fe \rightarrow Fe_2O_3$

$$\omega_{Fe} = \frac{F \times m_D}{m_s} \times 100\% = \frac{\dfrac{2M_{Fe}}{M_{Fe_2O_3}} \times m_{Fe_2O_3}}{m_s} \times 100\% = \frac{2 \times 55.845 \times 0.8525}{159.69 \times 1.0002} \times 100\% = 59.61\%$$

②$2Fe_3O_4 \rightarrow 6Fe(OH)_3 \rightarrow 3Fe_2O_3$，即$2Fe_3O_4 \rightarrow 3Fe_2O_3$

$$\omega_{Fe_3O_4} = \frac{F \times m_D}{m_s} \times 100\% \frac{\dfrac{2M_{Fe_3O_4}}{3M_{Fe_2O_3}} \times m_{Fe_2O_3}}{m_s} \times 100\% = \frac{2 \times 231.53 \times 0.8525}{3 \times 159.69 \times 1.0002} \times 100\% = 82.38\%$$

五、沉淀法的应用

中药芒硝中硫酸钠含量测定（《中国药典》2020年版）

含量测定方法：取本品，置105℃干燥至恒重，取约0.3g，精密称定，加水200ml溶解后，加盐酸1ml煮沸，不断搅拌，并缓缓加入热氯化钡试液（约20ml）至不再生成沉淀，置水浴上加热30分钟，静置1小时，用无灰滤纸或称定重量的古氏坩埚滤过，沉淀用水分次洗涤，至洗液不再显氯化物的反应，干燥并炽灼至恒重，精密称定，与0.6086（换算因数）相乘，即得供试品中含有硫酸钠（Na_2SO_4）的重量。即：$m_{Na_2SO_4} = m_{BaSO_4} \times 0.6086$

主要公式

1. 干燥失重计算	干燥失重（%）$= \dfrac{\text{干燥前样品加称量瓶重} - \text{干燥后样品加称量瓶重}}{\text{样品重}} \times 100\%$
2. 换算因数计算	化学计量关系：$aA \longrightarrow dD$ 　　　　被测组分　称量形式 换算因素：$F = \dfrac{aM_A}{dM_D}$
3. 待测组分质量计算	$m_A = Fm_D$
4. 分析结果计算	$\omega_A = \dfrac{m_A}{m_s} \times 100\% = \dfrac{m_D \times F}{m_s} \times 100\%$

目标检测

答案解析

1. 举例说明挥发重量法的应用。

2. 为使沉淀反应完全需沉淀剂过量，解释为何不能过量太多？

3. 影响沉淀溶解度的因素有哪些？沉淀法中如何控制条件减少溶解损失？

4. 分析沉淀生成过程中被玷污的原因，并说明减少玷污的方法。

5. 沉淀是怎样形成的？沉淀的形态主要与哪些因素有关？

6. 试述有机沉淀剂的优点。

7. 以沉淀 $BaSO_4$、$AgCl$、$Al(OH)_3$ 的洗涤为例解释选择洗涤液的一般原则。

8. 用过量的 H_2SO_4 沉淀 Ba^{2+} 时，K^+、Na^+ 均引起共沉淀，哪种离子共沉淀更严重？为什么？（已知 Ba^{2+} 的半径为 135pm，K^+ 的半径为 133pm，Na^+ 的半径为 95pm）

9. 计算换算因数

| 称量形式 | 待测组分 |

(1) $PbCrO_4$ —— Cr_2O_3

(2) $BaSO_4$ —— $K_2SO_4 \cdot Al_2(SO_4)_3 \cdot 24H_2O$ （$M=948.77g/mol$）

(3) $Mg_2P_2O_7$ —— $MgSO_4 \cdot 7H_2O$

(4) $(NH_3)_3PO_4 \cdot 12MoO_3$ （$M=1876.4g/mol$） P 和 P_2O_5

(5) $C_{20}H_{24}O_2N_2$（奎宁 $M=324.4g/mol$） $C_{20}H_{24}O_2N_2 \cdot 2HCl$（二盐酸奎宁 $M=397.3g/mol$）

10. 称取芒硝试样0.2100g，溶解后将 SO_4^{2-} 沉淀为 $BaSO_4$，灼烧后质量为0.3218g，试计算试样中 Na_2SO_4 的含量。

11. 用沉淀重量法测定铝试样中的 Al，称取试样0.1001g，酸溶后用0.5mol/L NaOH 溶液沉淀成 $Al(OH)_3$，最终得称量形式 Al_2O_3 重0.1530g。试计算：①需0.5mol/L NaOH 溶液多少毫升？（以沉淀剂过量20%计）；②试样中铝的含量是多少？

12. 称取风干（空气干燥）的中药石膏试样1.2023g，经烘干后得吸附水分0.0208g。再经灼烧又得结晶水0.2424g，计算：①干燥失重（%）；②石膏试样换算成干燥物质时的 $CaSO_4 \cdot 2H_2O$ 含量。

13. 称取含磷化肥0.2620g，将磷转化为 PO_4^{3-} 后，在硝酸介质中与钼酸盐喹啉等作用后得到磷钼酸喹啉[$(C_9H_7N)_3H_3(PO_4 \cdot 12MoO_3) \cdot H_2O$]（$M=2230.7g/mol$）称量形式1.0008g，计算磷肥中 P_2O_5 含量。

14. 酒石酸试样0.1000g，制得钙盐后灼烧成碳酸钙，然后用过量的 HCl 液处理，所得溶液蒸发至干，残渣中的氯离子以氯化银形式测定，其质量为0.1199g，求样品中酒石酸的含量。

15. 今有纯的 CaO 和 BaO 的混合物2.2120g，转化为混合硫酸盐后质量为5.0230g，计算原混合物中 CaO 和 BaO 的含量。

书网融合……

思政导航　本章小结　微课1　微课2

微课3　微课4　题库

（贺吉香　高首勤）

第五章 滴定分析法概论

第一节 概 述

PPT

滴定分析法（titrimetric analysis），又称容量分析法（volumetric analysis），该法是将已知准确浓度的溶液（标准溶液），滴加到待测组分溶液中，直至所加的标准溶液与待测组分按化学计量关系定量反应为止，然后，根据标准溶液的浓度和所消耗的体积，计算待测组分的含量。

将标准溶液通过滴定管逐滴地加入盛有待测组分溶液的容器（通常为锥形瓶）中的操作过程称为滴定（titration）。

滴定分析中所使用的标准溶液也称为滴定剂（titrant）。

当加入的滴定剂的量与待测组分的量之间恰好符合化学反应式所表示的计量关系时，称反应到达了化学计量点（stoichiometric point），简称计量点，用 sp 表示。化学计量点时，大多数反应不能直接观察到外部特征变化，因此，需要适宜的方法指示化学计量点的到达。常用仪器方法（监测电位、电导、电流、光度等）和化学方法指示。化学方法是在待滴定溶液中加入一种辅助试剂，即指示剂，利用指示剂的颜色改变来指示计量点的到达。在滴定进行至指示剂的颜色突变或电位、电导、电流、光度等发生突变即停止，这点称为滴定终点（end point of the titration），简称"终点"，用 ep 表示。在实际分析中，滴定终点与化学计量点不一定恰好符合，它们之间存在一个很小的差别，由此所造成的分析误差称为终点误差（end point error）或滴定误差（titration error），用 TE 表示。滴定误差的大小，决定于滴定反应和指示剂的性能及用量等。

一、滴定分析法的特点和分类

滴定分析法是经典化学分析法之一，是很重要的一类定量分析方法。其测定结果准确度高，一般情况下，相对误差在 ±0.2% 以内，主要用于测定常量组分的含量，有时也用于测定半微量组分的含量。滴定分析法具有操作简便、快速，仪器简单、价廉，用途广泛的特点，在药品、食品的质量控制中均有广泛应用。如《中国药典》（2020 年版）山楂中有机酸的含量测定，维生素 C 注射液的含量测定等，均采用滴定分析法；在《中国药典》二部中原料药的含量测定，滴定分析法一直是首选方法。

根据标准溶液和待测组分间的反应类型，通常将滴定分析法分为以下几种。

（1）酸碱滴定法　以质子传递反应为基础的滴定分析方法。

（2）沉淀滴定法　以沉淀反应为基础的滴定分析方法。

（3）配位滴定法　以配位反应为基础的滴定分析方法。

（4）氧化还原滴定法　以氧化还原反应为基础的滴定分析方法。

各滴定分析方法的基本原理、方法等将在后续各章节中介绍，本章主要介绍滴定分析法的共性问题。

二、滴定分析对滴定反应的要求

各种类型的化学反应虽然很多，但不一定都能用于滴定分析，凡适用于滴定分析的化学反应必须满足以下基本要求。

（1）反应必须定量完成　待测组分与滴定剂之间的反应必须具有确定的化学计量关系，即反应要按一定的化学反应方程式进行，且无副反应发生；反应必须接近完全（完全程度通常要求达到 99.9% 以上）。这是滴定分析定量计算的基础。

（2）反应速度要快　待测组分与滴定剂之间的反应要求在瞬间完成，对于速度较慢的反应，有时可通过加热或加入催化剂等方法来加快反应速度。

（3）要有简便可靠的方法确定滴定终点　可用指示剂法或其他简便可靠的方法确定滴定终点。

三、滴定方式

根据化学反应的具体情况，可采用适宜的滴定方式。

（一）直接滴定法

直接滴定法（direct titration），是用滴定剂直接滴定待测组分的一种方法。凡是能同时满足滴定反应三个基本要求的化学反应，都可用于直接滴定法。例如用 HCl 滴定 NaOH，用 $K_2Cr_2O_7$ 滴定 Fe^{2+} 等。

直接滴定是最常用、最基本的滴定方式。简便、快速，引入误差的因素较少。

如果化学反应不能同时满足滴定反应的三个基本要求，这时可选用下列方式进行滴定。

（二）返滴定法

返滴定法（back titration）也称回滴定法或剩余滴定法，通常有以下问题存在时，可采用返滴定法。

（1）当试液中待测物质与滴定剂的反应较慢，如 EDTA 与 Al^{3+} 的反应，因 Al^{3+} 与 EDTA 配合反应较慢，且对指示剂有封闭现象，不能采用直接滴定法。

（2）用滴定剂直接滴定固体试样时，反应不能立即完成。如碳酸钙的含量测定，由于试样是固体且不溶于水，也不能采用直接滴定。

（3）某些反应没有合适的指示剂或待测物质对指示剂有封闭作用。如在酸性溶液中用 $AgNO_3$ 滴定 Cl^-，缺乏合适的指示剂。

返滴定法是在试液中先准确地加入一定量过量的标准溶液，使其与试液中的待测组分进行反应，待反应完成后，再用另一种滴定剂滴定剩余的标准溶液。

例如，对于 Al^{3+} 的滴定，可先加入已知过量的 EDTA（用 Y^{4-} 表示）标准溶液，待 Al^{3+} 与 EDTA 反应完成后，剩余的 EDTA 则利用 Zn^{2+} 标准溶液返滴定，其反应可表示为

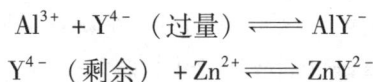

$$Al^{3+} + Y^{4-} \text{（过量）} \rightleftharpoons AlY^-$$

$$Y^{4-} \text{（剩余）} + Zn^{2+} \rightleftharpoons ZnY^{2-}$$

又如，对于固体 $CaCO_3$ 的测定，可先加入已知过量的 HCl 标准溶液，待反应完成后，再用 NaOH 标准溶液返滴定剩余的 HCl，其反应可表示为

$$2HCl（过量）+CaCO_3 \Longrightarrow CaCl_2 + H_2O + CO_2 \uparrow$$
$$HCl（剩余）+ NaOH \Longrightarrow NaCl + H_2O$$

再如，对于酸性溶液中 Br^- 的滴定，可先加入已知过量的 $AgNO_3$ 标准溶液使 Br^- 沉淀完全后，以三价铁盐作指示剂，用 NH_4SCN 标准溶液返滴定过量的 Ag^+，出现 $[Fe(SCN)]^{2+}$ 淡红色，即为终点。其反应可表示为

$$Br^- + Ag^+（过量）\rightleftharpoons AgBr \downarrow$$
$$Ag^+（剩余）+ SCN^- \rightleftharpoons AgSCN \downarrow$$

（三）置换滴定法

对于滴定剂与待测组分不按一定的反应式进行（如伴有副反应）的化学反应，可先加入适当的试剂与待测组分反应，定量置换出一种能被直接滴定的物质，然后再用适当的滴定剂进行滴定，此法称为置换滴定法（replacement titration）。

例如，硫代硫酸钠不能用于直接滴定重铬酸钾和其他强氧化剂，因为在酸性溶液中氧化剂可将 $S_2O_3^{2-}$ 氧化为 $S_4O_6^{2-}$、SO_4^{2-} 等的混合物，没有确定的化学计量关系。但若在酸性 $K_2Cr_2O_7$ 溶液中加入过量 KI，定量地置换出 I_2，即可用 $Na_2S_2O_3$ 进行滴定。反应式为

$$Cr_2O_7^{2-} + 6I^- + 14H^+ \rightleftharpoons 3I_2 + 2Cr^{3+} + 7H_2O$$
$$I_2 + 2S_2O_3^{2-} \rightleftharpoons 2I^- + S_4O_6^{2-}$$

（四）间接滴定法

间接滴定法（indirect titration）是通过化学反应转化关系及化学式中各元素之间的固有比例，间接测定待测组分含量的方法。对于不能与滴定剂直接进行化学反应的物质，可以通过另一化学反应，用滴定分析法进行间接测定。例如，高锰酸钾法测定钙就属于间接滴定法。由于 Ca^{2+} 没有还原性，所以不能直接用氧化剂进行滴定，但若先将 Ca^{2+} 沉淀为 CaC_2O_4，过滤洗涤后用 H_2SO_4 溶解，再用 $KMnO_4$ 标准溶液滴定与 Ca^{2+} 结合的 $C_2O_4^{2-}$，从而间接测定 Ca^{2+} 的含量。

由于返滴定法、置换滴定法、间接滴定法的应用，极大地扩展了滴定分析的应用范围。

第二节　基准物质与标准溶液 微课1

PPT

滴定分析法通过标准溶液的浓度和体积，计算待测组分的含量。因此，如何配制与标定、并妥善地保管标准溶液，对提高滴定分析结果的准确度具有十分重要的意义。

基准物质和标准溶液是滴定分析中必须具备的两种试剂。

一、基准物质

能用于直接配制标准溶液或标定标准溶液的物质称为基准物质（primary tandard）。

（一）基准物质应具备的条件

并非所有的化学试剂都可以作为基准物质，作为基准物质必须具备下列条件。

（1）具有足够的纯度（主成分含量在 99.9% 以上），杂质含量应小于滴定分析所允许的误差限度。通常是纯度在 99.95% ~ 100.05% 的基准试剂或优级纯试剂。

（2）组成要与化学式完全符合。若含结晶水，其结晶水含量也应与化学式相符。

（3）性质稳定。加热干燥时不分解，称量时不吸湿，不吸收 CO_2，不被空气氧化等。

（4）最好具有较大的摩尔质量。如有较大的摩尔质量，可减少称量误差。

（二）常用的基准物质

常用的基准物质及其干燥温度和应用范围如表 5-1 所示。

表 5-1　常用的基准物质及干燥方法和应用范围

基准物质	干燥或保存方法	干燥后的组成	标定对象
$Na_2B_4O_7 \cdot 10H_2O$	放入装有 NaCl 和蔗糖饱和溶液的干燥器中	$Na_2B_4O_7 \cdot 10H_2O$	酸
Na_2CO_3	270~300℃	Na_2CO_3	酸
$KHC_8H_4O_4$（邻苯二甲酸氢钾）	105~110℃	$KHC_8H_4O_4$	碱或 $HClO_4$
$H_2C_2O_4 \cdot 2H_2O$	室温，空气干燥	$H_2C_2O_4 \cdot 2H_2O$	碱或 $KMnO_4$
$Na_2C_2O_4$	130℃	$Na_2C_2O_4$	氧化剂
$K_2Cr_2O_7$	140~150℃	$K_2Cr_2O_7$	还原剂
As_2O_3	室温，干燥器中保存	As_2O_3	氧化剂
KIO_3	130℃	KIO_3	还原剂
ZnO	800℃	ZnO	EDTA
$CaCO_3$	110℃	$CaCO_3$	EDTA
Zn	室温，干燥器中保存	Zn	EDTA
NaCl	500~600℃	NaCl	$AgNO_3$
$AgNO_3$	280~290℃	$AgNO_3$	氯化物

二、标准溶液

标准溶液是浓度准确已知的溶液。标准溶液的浓度须稳定不变，否则会降低分析结果的准确度。

（一）标准溶液的配制

根据物质的性质和特点，标准溶液可采用直接法或间接法配制。

1. 直接配制法　准确称取一定量的物质（必须是基准物质），用适当溶剂溶解后定量转移至容量瓶中，加溶剂至刻度。根据称取物质的质量和容量瓶的体积即可计算出该标准溶液的准确浓度。

直接配制法的优点是操作简便，一经配好即可使用，无须标定，但仅适用于用基准物质配制。

2. 间接配制法　许多试剂不符合基准物质的要求，如 $KMnO_4$、$Na_2S_2O_3$ 等不易提纯，NaOH 容易吸收空气中的 CO_2 和 H_2O，其标准溶液不能采用直接配制法配制，而只能采用间接法配制。

该法先粗略地称取一定量物质或量取一定体积溶液，配制成接近所需浓度的溶液（简称待标液），再用基准物质或另一种标准溶液测定待标液的准确浓度。

这种利用基准物质或已知准确浓度的标准溶液来测定待标液浓度的操作过程称为标定。大多数标准溶液采用间接法配制。间接配制法又称为标定法。

（二）标准溶液的标定

1. 用基准物质标定　准确称取一定量的基准物质，溶解后用待标液滴定，根据基准物质的质量和待标液消耗的体积，即可计算出待标液的准确浓度。大多数标准溶液用基准物质来标定其准确浓度。例如，NaOH 标准溶液常用邻苯二甲酸氢钾、草酸等基准物质来标定。

2. 与标准溶液比较　准确吸取一定量的待标液，用已知准确浓度的标准溶液滴定，或准确吸取一定量标准溶液，用待标液滴定，根据两种溶液的体积和标准溶液的浓度来计算待标液浓度。这种用另一种标准溶液测定待标液准确浓度的方法称为比较法。

（三）标准溶液浓度的表示方法

1. 物质的量浓度　是指单位体积溶液中所含溶质的物质的量。即

$$c = \frac{n}{V} \tag{5-1}$$

式中，V 为溶液的体积（L 或 ml）；n 为溶液中溶质的物质的量（mol 或 mmol）；c 为物质的量浓度（mol/L 或 mmol/L），简称浓度。

物质的量 n 与物质的质量 m 是两个概念不同的物理量，它们之间的关系为

$$n = \frac{m}{M} \tag{5-2}$$

式中，M 为物质的摩尔质量（g/mol）。

根据式（5-1）、式（5-2）可得溶质的质量为

$$m = c \cdot V \cdot M \tag{5-3}$$

式（5-3）表明了溶液中溶质的质量、溶质的物质的量浓度、摩尔质量、溶液的体积之间的关系。

例 5-1　欲配制 0.01000mol/L 的 $K_2Cr_2O_7$ 标准溶液 500.0ml，应称取基准物质 $K_2Cr_2O_7$ 多少克？（$M_{K_2Cr_2O_7} = 294.18\text{g/mol}$）

解：由式（5-3）得

$$m_{K_2Cr_2O_7} = c \cdot V \cdot M = 0.01000 \times \frac{500.0}{1000} \times 294.18 = 1.471\text{g}$$

2. 滴定度　是指每毫升滴定剂相当于待测物质的质量（g 或 mg），用 $T_{T/A}$ 表示，下标 T 是滴定剂的化学式，A 是待测组分的化学式，单位为 g/ml 或 mg/ml。

例如，$T_{K_2Cr_2O_7/Fe} = 0.005000\text{g/ml}$，表示每 1ml $K_2Cr_2O_7$ 滴定剂相当于 0.005000g Fe。

在生产单位的例行分析中使用滴定度表示标准溶液的浓度比较方便，可使计算简便快速。滴定度在药典中经常出现，是药物分析中常用的计算方法。

例 5-2　用上述滴定度的 $K_2Cr_2O_7$ 滴定剂测定试样中铁的含量，如果消耗滴定剂 20.00ml，称取的固体试样质量为 0.4000g，计算待测物中铁的百分含量。

解：待测溶液中铁的质量为 $m_{Fe} = 0.005000 \times 20.00 = 0.1000\text{g}$

则待测物中铁的百分含量为 $\omega_{Fe} = (0.1000/0.4000) \times 100\% = 25.00\%$

>>> 知识链接 o--

滴定分析法的历史

滴定分析法的历史可以追溯到 18 世纪。1729 年，法国化学家日夫鲁瓦首次把酸碱反应用于滴定分析，以碳酸钾为基准物测定醋酸的相对浓度。1789 年，法国化学家贝托莱提出用靛蓝标准溶液滴定漂白液中氯含量的方法（氧化还原滴定法）。

19 世纪 30 ~ 50 年代，滴定分析法进入快速发展时期。1832 年，法国化学家盖·吕萨克提出用氯化钠滴定硝酸银，发明了著名的"银量法"（沉淀滴定法）。1835 年，他又提出以靛蓝为指示剂，亚砷酸为基准物，测定次氯酸盐的氧化还原滴定法。19 世纪 60 年代后，人工合成变色指示剂的出现，使酸碱滴定法也得到迅速发展。配位滴定法的发展则是在 20 世纪中期。1945 年，瑞士化学家施瓦岑·巴赫在对氨羧配合物进行广泛研究的基础上，提出以紫脲酸铵为指示剂，用乙二胺四乙酸（EDTA）滴定水硬度的方法，称为配位滴定法。之后他又提出以铬黑 T 作为指示剂，奠定了 EDTA 滴定法的基础。

◈ 第三节　滴定分析的计算 微课2

滴定分析中涉及一系列的计算，如标准溶液的配制和浓度的标定，标准溶液和待测物质之间的计量关系及分析结果的计算等。

一、滴定分析的计算基础

在滴定分析中，当滴定剂与待测组分反应完全到达计量点时，两者物质的量之间的关系应符合其化学反应式的化学计量关系，这是滴定分析计算的依据。根据滴定剂的浓度、用量及计量关系计算待测组分的量及含量。

滴定剂 T 与待测组分 A 的滴定反应可表示为

$$tT + aA \Longrightarrow bB + cC$$

当滴定到达化学计量点时，t mol T 恰好与 a mol A 反应完全，则有

$$n_T : n_A = t : a$$

即

$$n_T = \frac{t}{a} n_A \quad 或 \quad n_A = \frac{a}{t} n_T \qquad (5-4)$$

式（5-4）即为滴定剂与待测组分之间化学计量的基本关系式。

二、滴定分析中的计算

（一）滴定剂浓度与待测溶液浓度间的关系

若待测溶液体积为 V_A，浓度为 c_A，滴定反应到达化学计量点时，用去浓度为 c_T 的滴定剂体积为 V_T。

由式（5-1）及式（5-4）可得

$$c_A \cdot V_A = \frac{a}{t} c_T \cdot V_T \qquad (5-5)$$

式（5-5）是两种溶液相互滴定达到化学计量点时溶液浓度的计算式，可用于比较法中标定待标定溶液浓度的计算，也可用于溶液稀释、增浓后浓度的计算（这时 $\frac{a}{t} = 1$）。

例 5-3　取浓度约为 0.1mol/L H_2SO_4 溶液 20.00ml，用 0.2000mol/L NaOH 标准溶液滴定至终点时，消耗 NaOH 标准溶液 20.10ml，计算该 H_2SO_4 溶液的物质的量浓度。

解： H_2SO_4 与 NaOH 的化学反应为

$$2NaOH + H_2SO_4 \Longrightarrow Na_2SO_4 + 2H_2O$$

则

$$n_{H_2SO_4} : n_{NaOH} = 1 : 2$$

由式（5-5）得：$c_{H_2SO_4} \cdot V_{H_2SO_4} = \frac{1}{2} c_{NaOH} \cdot V_{NaOH}$

$$c_{H_2SO_4} = \frac{0.2000 \times 20.10}{2 \times 20.00} = 0.1005 \ (mol/L)$$

例 5-4　浓 H_2SO_4 的浓度约为 18mol/L，若配制 0.10mol/L 的 H_2SO_4 待标液 1000ml，应取浓 H_2SO_4 多少毫升？

解： 当溶液稀释或增浓时，溶液中溶质的物质的量没有改变，只是浓度和体积发生了变化，即

$$c_{浓} \cdot V_{浓} = c_{稀} \cdot V_{稀} \qquad (5-6)$$

根据式（5-6）得：$V_{浓} = \dfrac{c_{稀} \cdot V_{稀}}{c_{浓}} = \dfrac{0.10 \times 1000}{18} \approx 5.6\text{ml}$

（二）待测组分质量与滴定剂浓度的关系

若待测物质 A 是固体，溶解后滴定，到达计量点时，用去浓度为 c_T 的滴定剂体积为 V_T，由式（5-1）、式（5-2）和式（5-4）可得

$$m_A = \frac{a}{t} c_T \cdot V_T \cdot M_A \tag{5-7a}$$

式（5-7a）中，m_A 的单位为 g，M_A 的单位为 g/mol，V 的单位为 L，c 的单位为 mol/L。在滴定分析中，体积常以毫升（ml）计量，此时，式（5-7a）可写为

$$m_A = \frac{a}{t} c_T \cdot V_T \cdot \frac{M_A}{1000} \tag{5-7b}$$

式（5-7b）不仅可用于计算待测组分的质量，也适用于用基准物质标定待标液浓度，还可用于估计称取试样范围。

例 5-5 以基准物质硼砂标定 HCl 溶液的浓度，称取基准物质硼砂（$Na_2B_4O_7 \cdot 10H_2O$）0.4709g，用 HCl 溶液滴定至终点时，消耗 HCl 25.20ml，试计算 HCl 溶液的浓度。（$M_{Na_2B_4O_7 \cdot 10H_2O} = 381.37\text{g/mol}$）

解： 硼砂与盐酸的滴定反应为

$$Na_2B_4O_7 + 2HCl + 5H_2O \Longrightarrow 4H_3BO_3 + 2NaCl$$

则

$$n_{HCl} : n_{Na_2B_4O_7} = 2 : 1$$

根据式（5-7b）得：$c_{HCl} \cdot V_{HCl} = \dfrac{2}{1} \times \dfrac{m_{Na_2B_4O_7 \cdot 10H_2O}}{M_{Na_2B_4O_7 \cdot 10H_2O}} \times 1000$

$$c_{HCl} = \frac{2 \times 0.4709}{25.20 \times 381.37} \times 1000 = 0.09800\text{mol/L}$$

例 5-6 用基准物质草酸（$H_2C_2O_4 \cdot 2H_2O$）标定约 0.20mol/L NaOH 溶液的浓度，欲消耗 NaOH 溶液 20ml 左右，应称取基准物质草酸多少克？（$M_{H_2C_2O_4 \cdot 2H_2O} = 126.07\text{g/mol}$）

解： 草酸与氢氧化钠的反应为

$$2NaOH + H_2C_2O_4 \Longrightarrow Na_2C_2O_4 + 2H_2O$$

则：

$$n_{H_2C_2O_4} : n_{NaOH} = 1 : 2$$

根据式（5-7b）得：$m_{H_2C_2O_4 \cdot 2H_2O} = \dfrac{1}{2} c_{NaOH} \cdot V_{NaOH} \cdot \dfrac{M_{H_2C_2O_4 \cdot 2H_2O}}{1000}$

$$m_{H_2C_2O_4 \cdot 2H_2O} = \frac{0.20 \times 20 \times 126.07}{2 \times 1000} = 0.25\text{g}$$

故应称取基准物质草酸约 0.25g。

（三）滴定度与物质的量浓度之间的关系

根据滴定度（$T_{T/A}$）定义，将 $V_T = 1\text{ml}$，$T_{T/A} = m_A$ 代入式（5-7b）得

$$T_{T/A} = \frac{a}{t} \cdot c_T \cdot \frac{M_A}{1000} \tag{5-8}$$

式（5-8）即为滴定度与物质的量浓度之间的换算式。

例 5-7 试计算 0.1043mol/L HCl 滴定剂对 $CaCO_3$ 的滴定度。（$M_{CaCO_3} = 100.1\text{g/mol}$）

解： HCl 与 $CaCO_3$ 的滴定反应为

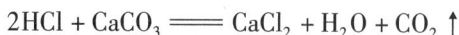

$$2HCl + CaCO_3 \Longrightarrow CaCl_2 + H_2O + CO_2\uparrow$$

则

$$n_{CaCO_3} : n_{HCl} = 1 : 2$$

由式（5-8）得

$$T_{HCl/CaCO_3} = \frac{1}{2} \times \frac{0.1043 \times 100.1}{1000} = 5.220 \times 10^{-3} \text{g/ml}$$

（四）待测物含量的计算

假设称取试样的质量为 m_s，测得待测物的质量为 m_A，待测物的百分含量 ω_A 为

$$\omega_A = \frac{m_A}{m_s} \times 100\% = \frac{a}{t} \cdot \frac{c_T \cdot V_T \cdot M_A}{m_s \times 1000} \times 100\% \tag{5-9}$$

式（5-9）为滴定分析中计算待测物质百分含量的一般通式。

用滴定度计算待测物质的百分含量较为方便，计算公式为

$$\omega_A = \frac{m_A}{m_s} \times 100\% = \frac{T_{T/A} \cdot V_T}{m_s} \times 100\% \tag{5-10}$$

若采用返滴定法，待测物质百分含量的计算公式为

$$\omega_A = \frac{a}{t_1} \cdot \frac{(c_{T_1} \cdot V_{T_1} - \frac{t_1}{t_2}c_{T_2} \cdot V_{T_2}) \cdot M_A}{m_s \times 1000} \times 100\% \tag{5-11}$$

T_1 为第一种标准溶液，T_2 为返滴定所用标准溶液。

例5-8　测定药用 Na_2CO_3 的含量时，称取试样 0.1250g，溶解后用 0.1000mol/L HCl 标准溶液滴定，用去 HCl 标准溶液 23.00ml，试计算纯碱中 Na_2CO_3 的百分含量。（$M_{Na_2CO_3} = 105.99$g/mol）

解：HCl 与 Na_2CO_3 的滴定反应为

$$2HCl + Na_2CO_3 = 2NaCl + H_2O + CO_2 \uparrow$$

则

$$n_{Na_2CO_3} : n_{HCl} = 1 : 2$$

根据式（5-9）得

$$\omega_{Na_2CO_3} = \frac{1}{2} \times \frac{0.1000 \times 23.00 \times 105.99}{0.1250 \times 1000} \times 100\% = 97.51\%$$

例5-9　称取某含硫药物 0.6501g，先使其中的 S 与 Na_2SO_3 作用定量生成 $Na_2S_2O_3$，再用 I_2 标准溶液滴定，消耗 I_2 溶液 21.60ml，已知 $T_{I_2/S} = 3.142$mg/ml，计算试样中硫的百分含量。

解：根据式（5-10）得

$$\omega_s = \frac{T_{I_2/S} \cdot V_{I_2}}{m_s} \times 100\% = \frac{3.142 \times 10^{-3} \times 21.60}{0.6501} \times 100\% = 10.44\%$$

例5-10　取碳酸钙试样 0.1983g，溶于 25.00ml 的 0.2010mol/L HCl 溶液中，过量的 HCl 用 0.2000mol/L NaOH 溶液回滴定，消耗 5.50ml，计算碳酸钙的含量。

解：滴定反应为　　$2HCl + CaCO_3 = CaCl_2 + H_2O + CO_2 \uparrow$

$$HCl + NaOH = NaCl + H_2O$$

则　　　　　　　　$n_{CaCO_3} : n_{HCl} = 1 : 2, \quad n_{NaOH} : n_{HCl} = 1 : 1$

根据式（5-11）得

$$\omega_{CaCO_3} = \frac{(0.2010 \times 25.00 - 0.2000 \times 5.50) \times \frac{1}{2} \times 100.1}{0.1983 \times 1000} \times 100\% = 99.1\%$$

例5-11　计算 0.02000mol/L $K_2Cr_2O_7$ 标准溶液对 Fe 与 Fe_2O_3 的滴定度。若用该 $K_2Cr_2O_7$ 标准溶液测定 0.4500g 含铁试样时，用去该标准溶液 23.45ml，计算试样中铁分别以 Fe 和 Fe_2O_3 表示的百分含量。（$M_{Fe} = 55.845$g/mol；$M_{Fe_2O_3} = 159.69$g/mol）

解：滴定反应为

$$Cr_2O_7^{2-} + 6Fe^{2+} + 14H^+ \Longrightarrow 2Cr^{3+} + 6Fe^{3+} + 7H_2O$$

$$n_{K_2Cr_2O_7} : n_{Fe^{2+}} = 1 : 6, \quad n_{Fe^{2+}} = n_{Fe}, \quad n_{Fe_2O_3} = 1/2 n_{Fe}$$

$$T_{K_2Cr_2O_7/Fe} = \frac{6 \times c_{K_2Cr_2O_7} M_{Fe}}{1000} = \frac{6 \times 0.02000 \times 55.845}{1000} = 0.006701\,g/ml$$

$$T_{K_2Cr_2O_7/Fe_2O_3} = \frac{6 \times c_{K_2Cr_2O_7} M_{Fe_2O_3}}{2 \times 1000} = \frac{6 \times 0.02000 \times 159.69}{2 \times 1000} = 0.009581\,g/ml$$

$$\omega_{Fe} = \frac{T_{K_2Cr_2O_7/Fe} \times V}{m_s} \times 100\% = \frac{0.006701 \times 23.45}{0.4500} \times 100\% = 34.92\%$$

$$\omega_{Fe_2O_3} = \frac{T_{K_2Cr_2O_7/Fe_2O_3} \times V}{m_s} \times 100\% = \frac{0.009581 \times 23.45}{0.4500} \times 100\% = 49.93\%$$

主要公式

1. 物质的量浓度	$c = \dfrac{n}{V}$
2. 物质的量与质量的关系	$n = \dfrac{m}{M}$
3. 溶质质量与浓度、体积及摩尔质量的关系	$m = c \cdot V \cdot M$
4. 滴定剂与待测组分之间物质的量的关系	$n_T = \dfrac{t}{a} n_A$ 或 $n_A = \dfrac{a}{t} n_T$
5. 滴定剂浓度与待测溶液浓度的关系	$c_A V_A = \dfrac{a}{t} c_T \cdot V_T$
6. 滴定剂浓度与待测组分质量的关系	$m_A = \dfrac{a}{t} c_T \cdot V_T \cdot \dfrac{M_A}{1000}$
7. 滴定度与物质的量浓度之间的关系	$T_{T/A} = \dfrac{a}{t} \cdot c_T \cdot \dfrac{M_A}{1000}$
8. 待测物的百分含量	$\omega_A = \dfrac{m_A}{m_s} \times 100\% = \dfrac{a}{t} \cdot \dfrac{c_T \cdot V_T \cdot M_A}{m_s \times 1000} \times 100\%$
	$\omega_A = \dfrac{m_A}{m_s} \times 100\% = \dfrac{T_{T/A} \cdot V_T}{m_s} \times 100\%$
	$\omega_A = \dfrac{\dfrac{a}{t_1}\left(c_{T_1} \cdot V_{T_1} - \dfrac{t_1}{t_2} c_{T_2} \cdot V_{T_2}\right) \cdot M_A}{m_s \times 1000} \times 100\%$

答案解析

◁ 目标检测 ▷

1. 名词解释：滴定分析法、滴定、滴定度、滴定剂、化学计量点、滴定终点、终点误差、物质的量浓度。

2. 什么是基准物质？基准物质应具备哪些条件？

3. 滴定分析对滴定反应有什么要求？

4. 什么是标准溶液？其配制方法有哪些？

5. 下列物质中哪些可以直接配制标准溶液？哪些只能用间接法配制？为什么？

NaOH，HCl，$K_2Cr_2O_7$，H_2SO_4，$KMnO_4$，$AgNO_3$，$H_2C_2O_4 \cdot 2H_2O$，NaCl

6. 配制 0.1mol/L NaOH 溶液 500ml，需称取 NaOH 固体多少克？（$M_{NaOH} = 40.00g/mol$）

7. 已知浓盐酸的相对密度 ρ 为 1.19kg/L，其中含 HCl 为 37%（m/m），计算其物质的量浓度。如配制 0.10mol/L HCl 溶液 1L，应取这种浓盐酸多少毫升？

8. 用 98%（m/m）的 H_2SO_4 溶液（相对密度 ρ 为 1.84kg/L）配制下列溶液，需要此 H_2SO_4 溶液各约多少毫升？

（1）25% 的稀 H_2SO_4 溶液（相对密度为 1.18）500ml。

（2）6mol/L 的 H_2SO_4 溶液 500ml。

9. 计算 0.1034mol/L HCl 溶液对 Na_2CO_3 的滴定度 T_{HCl/Na_2CO_3}。（$M_{Na_2CO_3}=105.99$g/mol）

10. 称取 0.1705g 草酸样品，加水溶解后，用 0.1102mol/L NaOH 滴定至终点时消耗 NaOH 溶液 23.68ml。求样品中草酸（$H_2C_2O_4 \cdot 2H_2O$）的含量。（$M_{H_2C_2O_4} \cdot 2H_2O = 126.07$g/mol）

11. $K_2Cr_2O_7$ 标准溶液对铁的滴定度为 $T_{K_2Cr_2O_7/Fe}=0.006032$g/ml，测定 0.3500g 含铁试样时，用去该标准溶液 22.28ml。计算试样中铁以 Fe 和 Fe_3O_4 表示时的百分含量。（$M_{Fe}=55.85$g/mol，$M_{Fe_3O_4}=231.5$g/mol）

12. 已知 ZnO 试样中杂质不干扰测定。称取该试样 0.1490g，溶解于 25.00ml 的 0.2005mol/L HCl 溶液中，过量的 HCl 用 0.1458mol/L NaOH 溶液返滴定，消耗 9.62ml。求试样中 ZnO 的百分含量。（$M_{ZnO}=81.4$g/mol）

书网融合……

思政导航	本章小结	微课1	微课2	题库

（李　琦）

第六章　酸碱滴定法

学习目标

知识目标

1. 掌握　酸碱质子理论，巩固酸碱平衡知识；酸碱指示剂变色原理、变色范围、选择原则与常用指示剂及其在酸碱滴定中的应用；酸碱标准溶液的配制与标定方法及其应用。

2. 熟悉　酸碱滴定曲线的特点、pH 突跃范围及影响因素；弱酸（碱）能被准确滴定的条件、多元酸碱能分步滴定的条件。

3. 了解　非水酸碱滴定法的基本原理及应用。

能力目标　通过本章的学习，能够掌握酸碱质子理论、酸碱滴定的基本原理、酸碱指示剂的变色原理、变色范围及选择依据，并能够应用酸碱滴定的方法解决实际问题。

以酸碱反应为基础的滴定分析方法称为酸碱滴定法（acid – base titration）。该法既可测定许多具有酸碱性的物质，也可间接测定一些能与酸碱发生反应的不具有酸碱性的物质。具有操作简便、快速、准确及应用广泛等特点，在药品、食品质量控制中应用较为普遍。

PPT

第一节　水溶液中的酸碱平衡

一、酸碱质子理论 微课1

（一）酸碱定义

不同于酸碱电离理论（acid – base ionization theory），1923 年丹麦物理化学家布朗斯特（Brönsted）和英国化学家劳里（Lowrey）提出的酸碱质子理论（acid – base proton theory），或称 Brönsted – Lowrey 质子理论，是处理溶液中酸碱平衡的基础。

酸碱质子理论指出凡是能给出质子（H^+）的物质是酸，能接受质子的物质是碱。酸失去质子变成碱、碱接受质子变成酸，这种相互依存又相互转化的性质称为共轭性，以酸碱半反应表示。

$$HA（酸）\rightleftharpoons A^-（碱）+ H^+（质子）$$

共轭

其中，HA 与 A^- 称为共轭酸碱对（conjugate acid – base pair），彼此只相差一个 H^+。

在酸碱质子理论中，酸和碱可以是中性分子、阳离子或阴离子，例如 HCl、NH_4^+、HCO_3^- 是酸，可失去一个 H^+；相应生成的 Cl^-、NH_3、CO_3^{2-} 是碱，可接受一个 H^+。

此外，在酸碱质子理论中，有些物质既能给出 H^+ 又能接受 H^+，则被称为两性物质（amphoteric substance），如 NH_4Ac、HCO_3^-、HPO_4^{2-} 等。

（二）溶剂合质子概念及酸碱反应实质

H^+ 半径很小，电荷密度很高，游离 H^+ 不能在溶液中单独存在，易与极性溶剂结合形成溶剂合质子。若溶剂为水（H_2O），水溶液中 H^+ 与 H_2O 形成水合质子（H_3O^+）。

　　酸碱半反应不能独立存在，酸在给出 H^+ 时，必须有另一能接受 H^+ 的物质，酸、碱离解的实质是质子的转移过程，溶剂在酸的离解过程中起碱的作用，在碱的离解过程中起酸的作用。

　　酸碱反应实质是通过溶剂合质子实现的质子转移过程，是两个共轭酸碱对共同作用的结果，反应所生成的产物"盐"是酸、碱或两性物质。同理，"盐"水解的实质也是质子的转移过程。例如 HAc 与 NH_3 分别在 H_2O 中的离解，以及两者在水溶液中的反应：

半反应1　　　　　HAc（酸$_1$）$\rightleftharpoons$ H^+ + Ac^-（碱$_1$）

半反应2　　　　　H^+ + H_2O（碱$_2$）$\rightleftharpoons$ H_3O^+（酸$_2$）

───────────────────────────────────

总反应　　　HAc（酸$_1$）+ H_2O（碱$_2$）$\rightleftharpoons$ H_3O^+（酸$_2$）+ Ac^-（碱$_1$）

共轭

共轭

半反应1　　　　　H_2O（酸$_2$）$\rightleftharpoons$ OH^-（碱$_2$）+ H^+

半反应2　　　　　NH_3（碱$_1$）+ H^+ $\rightleftharpoons$ NH_4^+（酸$_1$）

───────────────────────────────────

总反应　　　NH_3（碱$_1$）+ H_2O（酸$_2$）$\rightleftharpoons$ OH^-（碱$_2$）+ NH_4^+（酸$_1$）

共轭

共轭

HAc（酸$_1$）+ H_2O $\rightleftharpoons$ H_3O^+ + Ac^-（碱$_1$）

H_3O^+ + NH_3（碱$_2$）$\rightleftharpoons$ NH_4^+（酸$_2$）+ H_2O

───────────────────────────────────

HAc（酸$_1$）+ NH_3（碱$_2$）$\rightleftharpoons$ NH_4^+（酸$_2$）+ Ac^-（碱$_1$）

共轭

共轭

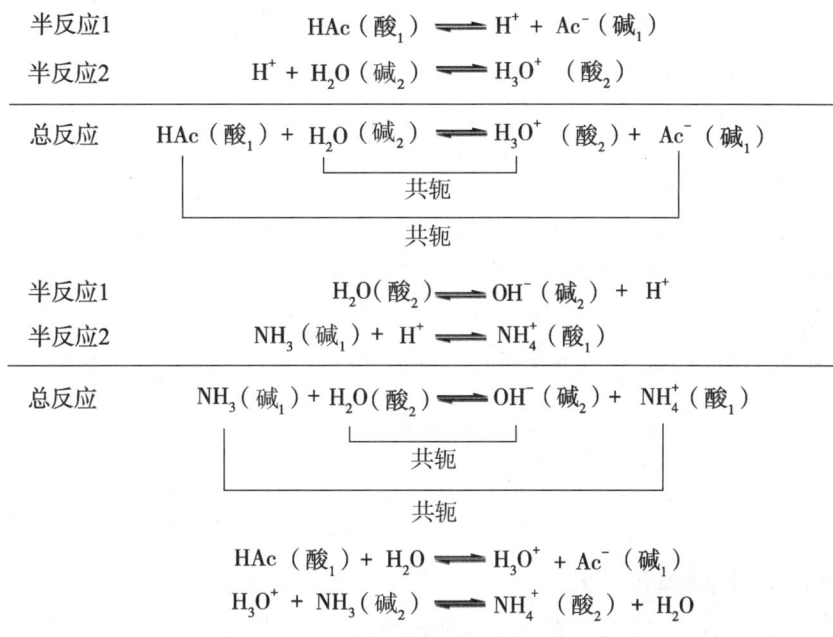

（三）溶剂的质子自递

　　对于离解性溶剂（SH）均存在下列平衡。

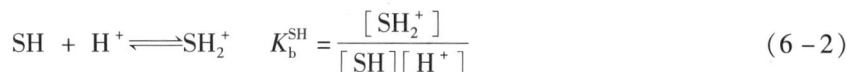

$$SH \rightleftharpoons H^+ + S^- \qquad K_a^{SH} = \frac{[H^+][S^-]}{[SH]} \qquad\qquad (6-1)$$

$$SH + H^+ \rightleftharpoons SH_2^+ \qquad K_b^{SH} = \frac{[SH_2^+]}{[SH][H^+]} \qquad\qquad (6-2)$$

　　式（6-1）中 K_a^{SH} 为溶剂的固有酸度常数，反映溶剂给出质子的能力；式（6-2）中 K_b^{SH} 为溶剂的固有碱度常数，反映溶剂接受质子的能力。

　　两分子的溶剂自身发生质子转移反应，称为质子自递反应（autoprotolysis reaction），其中一分子起酸的作用，另一分子起碱的作用。反应通式为

$$2SH \rightleftharpoons SH_2^+ + S^-$$

　　反应式中 SH_2^+ 为溶剂合质子，S^- 为溶剂阴离子。其反应平衡常数为

$$K = \frac{[SH_2^+][S^-]}{[SH]^2} = K_a^{SH} \cdot K_b^{SH} \qquad\qquad (6-3)$$

由于溶剂自身离解甚微，[SH] 可视为定值，故式（6-3）可改写为

$$K_s = [SH_2^+][S^-] = K_a^{SH} \cdot K_b^{SH} \qquad (6-4)$$

式（6-4）中 K_s 称为溶剂的自身离解常数或称离子积。

例如，乙醇的质子自递反应为：$C_2H_5OH + C_2H_5OH \Longleftrightarrow C_2H_5OH_2^+ + C_2H_5O^-$，乙醇的自身离解常数为 $K_s = [C_2H_5OH_2^+][C_2H_5O^-] = 7.9 \times 10^{-20}$。

在 H_2O 分子之间发生的质子转移反应，其结果生成共轭酸 H_3O^+ 和共轭碱 OH^-，反应式为

$$H_2O + H_2O \Longleftrightarrow H_3O^+ + OH^-$$

水的质子自递常数（autoprotolysis constant）又称为水的离子积，用 K_w 表示。

$$K_w = [H_3O^+][OH^-] = 1.0 \times 10^{-14} \quad (25℃) \qquad (6-5)$$

（四）共轭酸碱对离解常数及相互关系

为了比较不同类酸或碱的强弱，把化学平衡理论引入酸碱离解平衡，通过酸或碱的离解常数（dissociation constant）的大小来表征酸碱的强弱，进而评价酸碱反应进行的程度，考察某酸或碱能否用酸碱滴定法直接滴定。

例如，对于某弱酸 HA、弱碱 A^- 在水溶液中存在的离解反应，依据化学平衡理论有

$$HA + H_2O \Longleftrightarrow H_3O^+ + A^- \qquad K_a = \frac{[A^-][H_3O^+]}{[HA]} \qquad (6-6)$$

$$A^- + H_2O \Longleftrightarrow HA + OH^- \qquad K_b = \frac{[HA][OH^-]}{[A^-]} \qquad (6-7)$$

式（6-6）中的 K_a 称为酸离解常数，式（6-7）中的 K_b 称为碱离解常数。在水溶液中，酸的强度取决于它给出质子的能力，其 K_a 值越大表示该酸的强度越强。同理，碱的强度取决于它接受质子的能力，其 K_b 值越大表示该碱的强度越强。

酸（碱）离解常数在一定温度下为定值，与酸（碱）的浓度无关。由于在水溶液中酸碱滴定一般在稀溶液中进行，本章一律以浓度代替活度计算离解常数。

综合式（6-5）、式（6-6）和式（6-7）可得

$$K_a \cdot K_b = \frac{[A^-][H_3O^+]}{[HA]} \cdot \frac{[HA][OH^-]}{[A^-]} = [H_3O^+] \cdot [OH^-] = K_w \qquad (6-8)$$

或

$$pK_a + pK_b = pK_w \qquad (6-9)$$

由此可见，酸、碱的强度与其共轭碱、酸的强度成反比关系，共轭酸碱对的 K_a 和 K_b 可以通过 K_w 进行相互换算。

对于多元酸、碱，在水溶液中逐级离解，存在多个共轭酸碱对，并且各级离解常数的关系为：$K_{a_1} > K_{a_2} > K_{a_3}$ 或 $K_{b_1} > K_{b_2} > K_{b_3}$。根据式（6-8）的关系，每一个共轭酸碱对则有：$K_{a_1}K_{b_3} = K_{a_2}K_{b_2} = K_{a_3}K_{b_1} = K_w$。

（五）酸碱滴定反应常数

以 K_t 表示滴定反应常数，其大小反映滴定反应的完全程度，K_t 越大滴定反应越完全。

（1）强酸碱之间的滴定

$$H^+ + OH^- \Longleftrightarrow H_2O \qquad K_t = \frac{1}{[H^+][OH^-]} = \frac{1}{K_w} = 1.0 \times 10^{14}$$

（2）强酸滴定一元弱碱

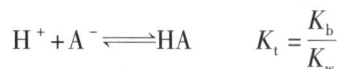

$$H^+ + A^- \Longleftrightarrow HA \qquad K_t = \frac{K_b}{K_w}$$

例如，HCl 溶液滴定 $NH_3 \cdot H_2O$ 溶液 （$K_b = 1.8 \times 10^{-5}$）：$K_t = 1.8 \times 10^9$。

（3）强碱滴定一元弱酸

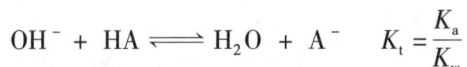

$$OH^- + HA \Longrightarrow H_2O + A^- \qquad K_t = \frac{K_a}{K_w}$$

例如，NaOH 溶液滴定 HAc 溶液 （$K_a = 1.8 \times 10^{-5}$）：$K_t = 1.8 \times 10^9$。

（4）一元弱酸与弱碱之间的反应

$$HA + B^- \Longrightarrow A^- + HB \qquad K_t = \frac{[A^-][HB]}{[HA][B^-]} = \frac{K_{a(HA)}}{K_{a(HB)}}$$

例如，HAc 溶液和 $NH_3 \cdot H_2O$ 溶液的反应：$K_t = 3.2 \times 10^4$。

显然，酸碱滴定平衡常数与其离解平衡常数 K_a 或 K_b 有关，酸、碱性越弱，反应的完全程度越低。弱酸与弱碱之间反应的平衡常数较小，不适宜用于滴定分析。

二、水溶液中酸碱各型体的分布 📱微课2

（一）有关浓度的概念

溶液中 H^+（OH^-）的平衡浓度（严格地说是指活度）为酸（碱）度，常以 pH（pOH）表示，pH（pOH）的大小与酸（碱）的强度及其浓度有关。

单位体积溶液中所含某酸（碱）的物质的量为酸（碱）的浓度，包括已离解的和未离解的浓度，即酸（碱）的总浓度，也称酸（碱）的分析浓度，常用符号 c 表示，单位为 mol/L。

在平衡状态时溶液中某酸碱存在的各型体的浓度为平衡浓度，常用符号 $[M_i]$ 表示。

例如，0.1mol/L HAc 水溶液：总浓度 c_{HAc} 为 0.1mol/L，部分离解，在平衡状态时溶液中有 HAc 和 Ac^- 两种型体，平衡浓度分别为 $[HAc]$ 和 $[Ac^-]$，二者之和为分析浓度，即 $c_{HAc} = [HAc] + [Ac^-]$。

（二）分布系数

在酸碱水溶液平衡体系中，往往存在多种型体，其浓度随溶液酸度而变。定义溶液中某种型体的平衡浓度占分析浓度的分数为分布分数（distribution fraction），又称分布系数，用 δ 表示。

例如：$\delta_i = [M_i] / c$ 即表示第 i 种型体的平衡浓度占分析浓度的分数。

一元弱酸以醋酸为例讨论：在水溶液中达到离解平衡后，存在型体 HAc 和 Ac^-。设其分析浓度为 c mol/L，根据 $c = [HAc] + [Ac^-]$，及式（6-6），则有

$$\delta_{HAc} = \frac{[HAc]}{c} = \frac{[HAc]}{[HAc] + [Ac^-]} = \frac{1}{1 + \dfrac{K_a}{[H^+]}} = \frac{[H^+]}{[H^+] + K_a} \qquad (6-10)$$

同理

$$\delta_{Ac^-} = \frac{[Ac^-]}{c} = \frac{[Ac^-]}{[HAc] + [Ac^-]} = \frac{K_a}{[H^+] + K_a} \qquad (6-11)$$

且有

$$\delta_{HAc} + \delta_{Ac^-} = 1$$

二元弱酸以草酸为例讨论：在水溶液中达到平衡时存在 $H_2C_2O_4$、$HC_2O_4^-$、$C_2O_4^{2-}$ 三种型体，设其分析浓度为 c mol/L，以 A 代表 C_2O_4，根据 $c = [H_2A] + [HA^-] + [A^{2-}]$，则有

$$\delta_{H_2A} = \frac{[H_2A]}{c} = \frac{[H^+]^2}{[H^+]^2 + [H^+]K_{a_1} + K_{a_1}K_{a_2}} \qquad (6-12)$$

同理

$$\delta_{HA^-} = \frac{[HA^-]}{c} = \frac{[H^+]K_{a_1}}{[H^+]^2 + [H^+]K_{a_1} + K_{a_1}K_{a_2}} \qquad (6-13)$$

$$\delta_{A^{2-}} = \frac{[A^{2-}]}{c} = \frac{K_{a_1}K_{a_2}}{[H^+]^2 + [H^+]K_{a_1} + K_{a_1}K_{a_2}} \qquad (6-14)$$

$$\delta_{H_2A} + \delta_{HA^-} + \delta_{A^{2-}} = 1$$

由式（6-10）~式（6-14）可知，弱酸的分布系数是溶液中 $[H]^+$ 的函数，其大小仅与该弱酸的离解常数和溶液的酸度有关，而与其总浓度无关。分布系数的大小能够定量地说明溶液中各型体的分布情况，由分布系数可以计算溶液中各种型体的平衡浓度。

若将式（6-10）~式（6-14）中的 $[H]^+$ 换成 $[OH^-]$、K_a 换成 K_b 即可得到一元弱碱和二元弱碱的分布系数。

（三）分布曲线

各型体的分布系数 δ 与溶液 pH 间的关系曲线称为分布曲线，可以直观地给出不同 pH 时溶液中各型体的分布状况。利用分布曲线可了解酸碱滴定过程中各组分的变化情况和分步滴定的可能性。例如，图6-1和图6-2分别为 HAc 和 $H_2C_2O_4$ 的 δ - pH 曲线。

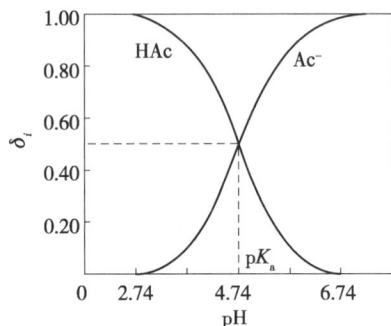

图 6-1　HAc 的 δ - pH 曲线　　　　图 6-2　$H_2C_2O_4$ 的 δ - pH 曲线

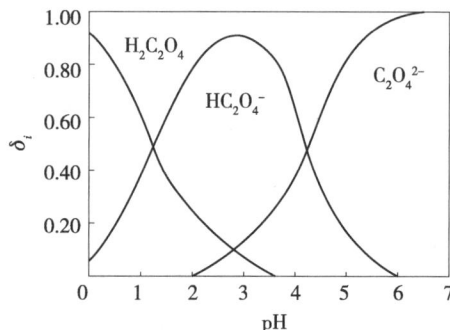

图6-1显示，δ_{HAc} 随 pH 升高而减小，δ_{Ac^-} 随 pH 升高而增大。在两条曲线交点处，pH = pK_a = 4.74 时，$\delta_{HAc} = \delta_{Ac^-} = 0.50$，即 $[HAc] = [Ac^-]$。当溶液 pH > pK_a 时，主要存在 Ac^-，当溶液 pH < pK_a 时，以 HAc 为主；当 pH ≥ pK_a + 2 时，δ_{Ac^-} 趋近于1。当 pH ≤ pK_a - 2 时，δ_{HAc} 趋近于1。

图6-2显示，pH 在 2.5 ~ 3.3 范围内有三种型体共存。当溶液 pH < pK_{a_1} 时，以 $H_2C_2O_4$ 为主存在；pH > pK_{a_2} 时，以 $C_2O_4^{2-}$ 为主；而当 pK_{a_1} < pH < pK_{a_2} 时，$HC_2O_4^-$ 的浓度明显高于其他两者。

观察图6-2，对于一个二元酸 H_2A，若 pK_{a_1} 与 pK_{a_2} 越接近，则以 HA^- 型体为主的 pH 范围就越窄，δ_{HA^-} 的最大值将小于1，在滴定分析时将不能被分别滴定。

三、酸碱水溶液中 $[H^+]$ 的计算 🄴 微课3

（一）质子条件式

根据酸碱质子理论，当酸碱反应达到平衡时，酸失去的质子数与碱得到的质子数相等，这种关系称为质子平衡（proton balance），也称质子条件（proton condition），其数学表达式称为质子条件式，又称质子平衡式（proton balance equation），简写为 PBE。

由酸碱反应得失质子的等衡关系可以直接写出质子条件式，有关要点如下。

（1）选取质子参考水准（又称零水准），通常选起始酸（碱）组分和溶剂。

（2）根据质子参考水准判断得失质子产物及其得失质子物质的量。

（3）根据得失质子量相等的原则写出质子条件式。

例如，$(NH_4)_2HPO_4$ 水溶液的质子条件式，选择 NH_4^+、HPO_4^{2-} 和 H_2O 作为零水准，零水准、得及失

质子产物分别为：

得质子产物		零水准	失质子产物	
$H_2PO_4^-$ ← $+1H^+$				
		HPO_4^{2-}	$-1H^+$ →	PO_4^{3-}
H_3PO_4 ← $+2H^+$				
		NH_4^+	$-1H^+$ →	NH_3
$H^+ (H_3O^+)$ ← $+1H^+$		H_2O	$-1H^+$ →	OH^-

则 PBE 式为

$$[H^+] + [H_2PO_4^-] + 2[H_3PO_4] = [PO_4^{3-}] + [NH_3] + [OH^-]$$

在实际应用中为简单起见，以 $[H^+]$ 表示 $[H_3O^+]$。

由于在平衡状态时，同一体系中质量平衡（MBE）和电荷平衡（CBE）的关系必然同时成立，因此，也可以先列出该体系的 MBE 和 CBE，然后消去非质子转移反应的产物项，即得 PBE。

例如，根据 c mol/L Na_2CO_3 溶液的 MBE 和 CBE 可得

$$2[H_2CO_3] + 2[HCO_3^-] + 2[CO_3^{2-}] + [H^+] = [OH^-] + [HCO_3^-] + 2[CO_3^{2-}]$$

整理可得质子条件式为

$$2[H_2CO_3] + [HCO_3^-] + [H^+] = [OH^-]$$

（二）一元酸（碱）溶液 $[H]^+$ 的计算

设酸浓度为 c_a，一元酸 HA 溶液的质子条件式为

$$[H]^+ = [A^-] + [OH^-] \tag{6-15}$$

（1）若 HA 为强酸，则 $\delta_{A^-} = 1$，$[A^-] = c_a$，结合式（6-1），代入式（6-15）可得

$$[H^+] = c_a + \frac{K_w}{[H^+]} \quad 或 \quad [H^+]^2 - c_a[H^+] - K_w = 0$$

解之，得一元强酸溶液 $[H]^+$ 计算精确式

$$[H^+] = \frac{c_a + \sqrt{c_a^2 + 4K_w}}{2} \tag{6-16}$$

当 $c_a \geq 1.0 \times 10^{-6}$ mol/L 时，可忽略水的离解，则由式（6-16）得最简式

$$[H^+] = c_a \tag{6-17}$$

同理，一元强碱溶液 $[OH^-]$ 计算精确式

$$[OH^-] = \frac{c_b + \sqrt{c_b^2 + 4K_w}}{2} \tag{6-18}$$

当 $c_b \geq 1.0 \times 10^{-6}$ mol/L 时，得最简式

$$[OH^-] = c_b \tag{6-19}$$

（2）若 HA 为弱酸，由式（6-15）结合式（6-1）和式（6-11）可得一元弱酸溶液 $[H]^+$ 计算精确式

$$[H^+] = \frac{c_a K_a}{[H^+] + K_a} + \frac{K_w}{[H^+]} \tag{6-20}$$

当 $c_a K_a \geq 20K_w$ 时，水的离解影响很小，可忽略式（6-20）中的 K_w 项，则得

$$[H^+] = \frac{c_a K_a}{[H^+] + K_a} \quad 或 \quad [H^+]^2 = K_a(c_a - [H^+])$$

解之，得一元弱酸溶液 $[H]^+$ 计算近似式

$$[H^+] = \frac{-K_a + \sqrt{K_a^2 + 4K_a c_a}}{2} \tag{6-21}$$

当 $c_a K_a \geqslant 20 K_w$，且 $c_a / K_a \geqslant 500$ 时，可忽略弱酸离解对总浓度的影响，即 $c_a - [H]^+ \approx c_a$，则可得一元弱酸溶液 $[H]^+$ 计算最简式

$$[H^+] = \sqrt{K_a c_a} \tag{6-22}$$

同理，当 $c_b K_b \geqslant 20 K_w$ 时，一元弱碱溶液 $[OH^-]$ 计算近似式

$$[OH^-] = \frac{-K_b + \sqrt{K_b^2 + 4K_b c_a}}{2} \tag{6-23}$$

当 $c_b K_b \geqslant 20 K_w$，且 $c_b / K_b \geqslant 500$ 时，可得最简式为

$$[OH^-] = \sqrt{K_b c_b} \tag{6-24}$$

（三）多元酸（碱）溶液 $[H]^+$ 的计算

若以某二元酸 H_2A 为例，其溶液的质子条件式为

$$[H]^+ = [HA^-] + 2[A^{2-}] + [OH^-]$$

设 H_2A 的浓度为 c_a mol/L，应用式（6-13）、式（6-14）及式（6-1），整理后可得多元酸溶液 $[H]^+$ 计算精确式为

$$[H^+] = \sqrt{[H_2A]K_{a_1}\left(1 + \frac{2K_{a_2}}{[H^+]}\right) + K_w} \tag{6-25}$$

与处理一元弱酸的方法相似，当 $c_a K_{a_1} \geqslant 20 K_w$ 时，忽略水的离解，略去 K_w 项，通常 $K_{a_1} \gg K_{a_2}$，若 $\dfrac{2K_{a_2}}{[H^+]} \approx \dfrac{2K_{a_2}}{\sqrt{c_a K_{a_1}}} < 0.05$，可再忽略酸的二级离解，用 K_{a_1} 替代 K_a，且 $c_a/K_{a_1} \geqslant 500$ 时，则多元酸便简化成一元弱酸，$[H]^+$ 计算最简式为

$$[H^+] = \sqrt{K_{a_1} c_a} \tag{6-26}$$

同理，可得多元碱溶液 $[OH^-]$ 计算的最简式为

$$[OH^-] = \sqrt{K_{b_1} c_b} \tag{6-27}$$

（四）两性物质溶液 $[H]^+$ 的计算

以某两性物质 NaHA 为例，溶液的质子条件式为

$$[H]^+ + [H_2A] = [A^{2-}] + [OH^-]$$

设其浓度为 c_a mol/L，而 K_{a_1}、K_{a_2} 别为 H_2A 的一级和二级离解常数，以计算分布系数的公式代入，得计算 $[H]^+$ 的精确式为

$$[H^+] + \frac{c_a[H^+]^2}{[H^+]^2 + K_{a_1}[H^+] + K_{a_1}K_{a_2}} = \frac{c_a K_{a_1} K_{a_2}}{[H^+]^2 + K_{a_1}[H^+] + K_{a_1}K_{a_2}} + \frac{K_w}{[H^+]}$$

通常两性物质给出质子和接受质子能力都比较弱；可认为 $[HA^-] \approx c_a$，简化近似为

$$[H^+] + \frac{c_a[H^+]}{K_{a_1}} = \frac{c_a K_{a_2}}{[H^+]} + \frac{K_w}{[H^+]} \quad \text{或} \quad [H^+] = \sqrt{\frac{K_{a_2} c_a + K_w}{1 + \dfrac{c_a}{K_{a_1}}}} \tag{6-28}$$

若 $c_a/K_{a_1} \geqslant 20$，且 $c_a K_{a_2} \geqslant 20 K_w$，忽略 K_w 项及式（6-28）分母中的 1，则有最简式

$$[H^+] = \sqrt{K_{a_1} K_{a_2}} \tag{6-29}$$

由此可见，两性物质溶液的 pH 在一定条件下与浓度无关。因此，在允许范围内，两性物质溶液可以起缓冲溶液的作用。

（五）缓冲溶液的计算

缓冲溶液（buffer solution）能够抵抗少量强酸、强碱或一定程度的稀释而保持溶液 pH 的基本不变。一般由浓度较大的弱酸 HA 与其共轭碱 A^- 组成，如 $HAc - Ac^-$、$NH_4^+ - NH_3$ 等。缓冲溶液所能控制的酸度范围由组成缓冲体系的共轭酸碱对的离解常数以及它们的浓度所决定。

以缓冲溶液 $HA - A^-$ 为例，设浓度分别为 $c_a \text{mol/L}$ 和 $c_b \text{mol/L}$，在溶液中存在质子转移平衡

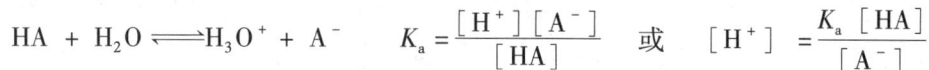

$$HA + H_2O \rightleftharpoons H_3O^+ + A^- \qquad K_a = \frac{[H^+][A^-]}{[HA]} \qquad 或 \qquad [H^+] = \frac{K_a[HA]}{[A^-]}$$

求负对数，则有

$$pH = pK_a + \lg \frac{[A^-]}{[HA]} \tag{6-30}$$

缓冲溶液中，共轭酸碱对的浓度都较大，$[HA] \approx c_a$，$[A^-] \approx c_b$，即有

$$pH = pK_a + \lg \frac{c_b}{c_a} \tag{6-31}$$

PPT

▶ 第二节　酸碱指示剂

滴定分析的关键是滴定进行至化学计量点时，指示剂能敏锐变色，及时指示终点达到。因此，根据不同分析对象，合理选择指示剂是滴定分析设计的重要内容。

一、酸碱指示剂的变色原理　微课 4

酸碱指示剂（acid-base indicator）通常是一些有机弱酸或弱碱，由于它们的共轭酸与共轭碱的结构不同而具有不同的颜色。当溶液的 pH 发生改变时，指示剂失去质子由酸式转变为共轭碱式，或接受质子由碱式转变为共轭酸式，从而能引起溶液颜色的变化。

酸式或碱式为无色的指示剂称为单色指示剂，如酚酞（phenolphthalein，PP）；酸式与碱式各具有不同颜色的指示剂称为双色指示剂，如甲基橙（methyl orange，MO）。

酚酞是一种有机弱酸，其 $K_a = 6.0 \times 10^{-10}$（$pK_a = 9.10$）。一般当 $pH \leqslant 8.0$ 时，溶液呈无色；当 $pH \geqslant 10$ 时，溶液显红色。在水溶液中的离解平衡可表示为

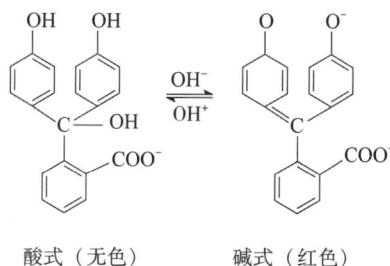

酸式（无色）　　　碱式（红色）

甲基橙是一种有机弱碱，其 $K_a = 3.5 \times 10^{-4}$（$pK_{In} = 3.45$）。当 $pH \leqslant 3.1$ 时，甲基橙主要以酸式结构（醌型）存在，溶液显红色；当 $pH \geqslant 4.4$ 时，主要以碱式（偶氮）结构存在，溶液呈黄色。在水溶液中的离解平衡可表示为

碱式（黄色）　　　　　　酸式（红色）

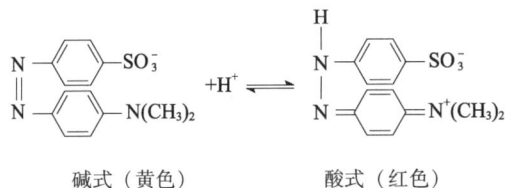

若以 HIn 表示指示剂酸式，以 In^- 表示指示剂碱式，则其离解平衡可表示为

$$HIn（酸色）\rightleftharpoons In^-（碱色）+ H^+$$

根据化学反应平衡原理，当溶液 pH 升高时，上述反应将利于生成碱式，平衡将向生成碱式方向移动，酸式逐渐转变为其碱式，在主要以碱式存在时，溶液呈碱色；反之，当溶液 pH 降低时，平衡将向生成酸式方向移动，碱式逐渐转变为其酸式，当以酸式存在为主时，溶液呈酸色。

综上所述，酸碱指示剂的变色与溶液的 pH 有关。在酸碱滴定过程中，溶液的 pH 逐渐改变，从而可以使溶液中的指示剂颜色发生变化，关键在于指示剂变色时应能指示滴定反应的终点。

二、指示剂变色范围

指示剂的变色范围与指示剂本身的酸碱性有关，了解指示剂的变色与溶液 pH 之间的关系，有助于准确选择指示剂。

在此以弱酸指示剂 HIn 为例讨论。根据 HIn 在溶液中的离解平衡，可得

$$K_{HIn} = \frac{[H^+][In^-]}{[HIn]} \quad 或 \quad \frac{[In^-]}{[HIn]} = \frac{K_{HIn}}{[H^+]} \qquad (6-32)$$

式中，K_{HIn} 为指示剂离解平衡常数，称为指示剂常数（indicator constant），在一定温度下为定值，In^- 和 HIn 是具有不同颜色的两种型体，其比值大小决定于 K_{HIn} 和溶液 $[H^+]$。因此，在一定条件下，指示剂在溶液中的颜色取决于溶液的 pH。

通常认为，当两种颜色物质的浓度之比达到 10 倍时，就仅能看到浓度较大的那种物质的颜色。因此指示剂在溶液中的呈色情况可分为四种。

（1）溶液呈酸色（HIn）　$\frac{[In^-]}{[HIn]} \leqslant \frac{1}{10}$，溶液 pH $\leqslant pK_{HIn} - 1$。

（2）溶液呈碱色（In^-）　$\frac{[In^-]}{[HIn]} \geqslant 10$，溶液 pH $\geqslant pK_{HIn} + 1$。

（3）溶液呈混合色　$\frac{1}{10} < \frac{[In^-]}{[HIn]} < 10$ 即 pH 在 $pK_{HIn} - 1$ 和 $pK_{HIn} + 1$ 之间时，溶液显示出的是两种颜色的混合色。当 pH 由 $pK_{HIn} - 1$ 变化到 $pK_{HIn} + 1$ 时，可明显看到指示剂从酸式色变到碱式色的这一过程。pH = $pK_{HIn} \pm 1$ 成为酸碱指示剂的理论变色范围。

（4）溶液呈过渡色　$\frac{[In^-]}{[HIn]} = 1$，溶液 pH = pK_{HIn}，该点称为指示剂的理论变色点。

不同的指示剂，有不同的 K_{HIn}，因此，各指示剂具有不同的理论变色点、理论变色范围。表 6-1 为一些常用酸碱指示剂。

虽然理论变色范围为 2 个 pH 单位，但实际上由于人的眼睛观察不同颜色的灵敏点不同，实际测得的指示剂变色范围并不都在 2 个 pH 单位。

例如，表 6-1 中，甲基红指示剂的 $pK_{HIn} = 5.10$（$K_{HIn} = 7.9 \times 10^{-6}$），实际变色范围的 pH 为 4.4~6.2。通过计算实际变色范围 pH 的 $\frac{[In^-]}{[HIn]}$ 可以进行说明。根据式（6-32）

当 pH = 4.40 （ $[H^+]$ = 4.0×10^{-5} mol/L） 时， $\dfrac{[In^-]}{[HIn]} = \dfrac{7.9 \times 10^{-6}}{4.0 \times 10^{-5}} = \dfrac{1}{5}$

当 pH = 6.20 （ $[H^+]$ = 6.3×10^{-7} mol/L） 时， $\dfrac{[In^-]}{[HIn]} = \dfrac{7.9 \times 10^{-6}}{6.3 \times 10^{-7}} = 12.5$

上述计算结果显示，指示剂的变色范围在深色（红色）端要窄些（浓度比只要 5 倍），在浅色（黄色）端要宽些（浓度比需 12.5 倍）。这是因为人眼对深色较之对浅色更为敏感的缘故。

表 6 - 1　常用酸碱指示剂

指示剂	变色范围 pH	颜色		pK_{HIn}	指示剂组成		用量 （滴/10ml）
		酸色	碱色		浓度（%）	溶剂	
百里酚蓝	1.2 ~ 2.8	红	黄	1.65	0.1	20% 乙醇溶液	1 ~ 2
甲基黄	2.9 ~ 4.0	红	黄	3.25	0.1	90% 乙醇溶液	1
甲基橙	3.1 ~ 4.4	红	黄	3.45	0.05	水溶液	1
溴酚蓝	3.0 ~ 4.6	黄	紫	4.10	0.1	20% 乙醇溶液或其钠盐水溶液	1
溴甲酚绿	3.8 ~ 5.4	黄	蓝	4.90	0.1	20% 乙醇溶液	1
甲基红	4.4 ~ 6.2	红	黄	5.10	0.1	60% 乙醇溶液或其钠盐水溶液	1
溴百里酚蓝	6.2 ~ 7.6	黄	蓝	7.30	0.1	20% 乙醇溶液或其钠盐水溶液	1
中性红	6.8 ~ 8.0	红	黄橙	7.40	0.1	60% 乙醇溶液	1
酚红	6.7 ~ 8.4	黄	红	8.00	0.1	60% 乙醇溶液或其钠盐水溶液	1
酚酞	8.0 ~ 10.0	无	红	9.10	0.5	90% 乙醇溶液	1 ~ 3
百里酚酞	9.4 ~ 10.6	无	蓝	10.00	0.1	90% 乙醇溶液	1 ~ 2

此外，不同的人对同一颜色的敏感程度会有所不同，同一个人在观察同一个颜色变化过程时也会有所差异。一般而言，人们观察指示剂颜色的变化为 0.2 ~ 0.5ΔpH 单位的误差，称之为观测终点的不确定性，以 ΔpH 表示。通常以 ΔpH = ±0.3 作为目视滴定分辨终点的极限。

三、影响指示剂变色范围的因素

影响指示剂变色范围的因素众多，其作用路径主要有两个方面：其一是影响指示剂常数 K_{HIn}，从而使指示剂变色范围发生移动，如温度、中性电解质、溶剂极性等，其中温度影响较大。其二是影响变色范围的宽度，如指示剂用量、滴定程序等。

（1）温度　指示剂变色范围与其 K_{HIn} 有关，而温度变化可使 K_{HIn} 和 K_w 发生变化，因此，指示剂变色范围也发生变化，尤其对弱碱指示剂影响更为明显。

（2）中性电解质　一方面由于中性电解质的存在增大了溶液的离子强度，使指示剂的 K_{HIn} 发生变化，从而影响其变色范围。另一方面电解质的存在可能影响指示剂对光的吸收，使其颜色的强度发生变化，影响变色的敏锐性，从而影响其变色范围。

（3）指示剂用量　对于双色指示剂，用量多少理论上不会影响指示剂的变色范围，但用量太多会使色调变化不明显，从而影响对终点的准确判断，并且指示剂本身也会消耗滴定剂，会带来滴定误差。但对于单色指示剂，用量的多少会影响其变色范围。

（4）滴定程序　指示剂变色范围具有在深色端窄的特点，因此，滴定程序宜由浅色至深色，可使变色敏锐，利于观察颜色变化。例如，酚酞由酸式变为碱式，颜色从无色到红色，变化十分明显，易于辨别，适宜强碱作滴定剂时使用。同理，在强酸滴定强碱时，用甲基橙比酚酞较适宜。

四、混合酸碱指示剂

选择酸碱指示剂时，理想情况是指示剂理论变色点与滴定反应化学计量点的 pH 一致，但实际有困难。如果使指示剂的变色范围变窄，则可在计量点时，pH 稍有变化，指示剂颜色即刻就能发生改变，使终点观测明显。

混合指示剂以颜色互补的原理，通常采用两种配制方法。一是在某种指示剂中加入惰性染料，使颜色变化敏锐；二是用 pK_a 比较接近的两种或两种以上的指示剂按一定比例混合，可使变色范围变窄、颜色变化敏锐。表 6-2 是一些常用混合指示剂。

表 6-2　常用混合酸碱指示剂

指示剂组成	比例	变色时 pH	颜色 酸色	颜色 碱色	变色范围 pH
0.1%甲基黄乙醇溶液-0.1%次甲基蓝乙醇溶液	1:1	3.25	蓝紫	绿	3.2~3.4
0.1%溴甲酚绿钠盐水溶液-0.2%甲基橙水溶液	1:1	4.3	橙	蓝绿	3.5~4.3
0.2%甲基红乙醇溶液-0.1%溴甲酚绿乙醇溶液	1:3	5.1	酒红	绿	5.0~5.2
0.2%甲基红乙醇溶液-0.1%亚甲基蓝乙醇溶液	1:1	5.4	红紫	绿	5.2~5.6
0.1%溴甲酚紫钠盐水溶液-0.1%溴百里酚蓝钠盐水溶液	1:1	6.7	黄	紫蓝	6.2~6.8
0.1%中性红乙醇溶液-0.1%次甲基蓝乙醇溶液	1:1	7.0	蓝紫	绿	6.9~7.1
0.1%中性红乙醇溶液-0.1%溴百里酚蓝乙醇溶液	1:1	7.2	玫瑰	绿	7.0~7.4
0.1%溴百里酚蓝钠盐水溶液-0.1%酚红钠盐水溶液	1:1	7.5	黄	紫	7.2~7.6
0.1%甲酚红钠盐水溶液-0.1%百里酚蓝钠盐水溶液	1:3	8.3	黄	紫	8.2~8.4
0.1%酚酞乙醇溶液-0.1%甲基绿乙醇溶液	1:1	8.9	绿	紫	8.8~9.0
0.1%百里酚蓝50%乙醇溶液-0.1%酚酞50%乙醇溶液	1:3	9.0	黄	紫	8.9~9.1
0.1%酚酞乙醇溶液-0.1%百里酚酞乙醇溶液	1:1	9.9	无	紫	9.6~10.0

例如，甲基橙（$pK_{HIn} = 3.45$）与可溶靛蓝组成的混合指示剂：可溶靛蓝作为底色（蓝色），不随 pH 变化而变色。混合指示剂在 pH≤3.1 的溶液中显紫色，在 pH ≥4.4 的溶液中显绿色，在 pH =4.0 的溶液中显浅灰色，变色敏锐。

例如，溴甲酚绿指示剂理论变色点 $pK_{HIn} = 4.9$，变色范围 3.8~5.4，颜色变化为黄—绿—蓝，甲基红指示剂理论变色点 $pK_{HIn} = 5.1$，变色范围 4.4~6.2，颜色变化为红—橙—黄。而 0.1%溴甲酚绿乙醇溶液和 0.2%甲基红乙醇溶液以 3:1 组成的混合指示剂，变色点 pH =5.1，变色范围 5.0~5.2，颜色变化为酒红—浅灰—绿，变色范围变窄变色敏锐。

PPT

⊗ 第三节　酸碱滴定曲线

以 pH 为纵坐标，所加入滴定剂体积（或体积的百分比）为横坐标所绘制的曲线称为酸碱滴定曲线（pH-V 曲线）。了解滴定过程中溶液 pH 变化，尤其是化学计量点附近 pH 变化，可指导确定滴定终点。根据滴定曲线上的 pH 突跃范围，可以指导选择酸碱指示剂，同时，pH 突跃范围的大小可以指导判断是否可以准确滴定。

pH-V 曲线可以通过实验测定滴定过程中溶液的 pH 变化得到，也可以借助酸碱平衡原理通过计算得到，其中后者更具有理论上的指导意义。

一、强酸（碱）的滴定 🄔 微课5

强酸、强碱在溶液中完全离解，互滴定的基本反应为：$H^+ + OH^- \rightleftharpoons H_2O$

以 0.1000mol/L NaOH 溶液滴定 0.1000mol/L HCl 溶液 20.00ml 为例进行讨论。

设 c_1、V_1 分别表示 HCl 的浓度和体积，c_2、V_2 分别表示加入 NaOH 的浓度和体积。整个滴定过程可分为 4 个阶段。

1. 滴定前（$V_2 = 0$）　溶液的 pH 取决于 HCl 的起始浓度。

$[H^+] = 0.1000 mol/L$　　即 pH = 1.00

2. 滴定开始至化学计量点之前（$V_2 < V_1$）　溶液的 pH 取决于剩余 HCl 的浓度。

$$[H^+] = \frac{c_1 V_1 - c_2 V_2}{V_1 + V_2} = \frac{c_1 (V_1 - V_2)}{V_1 + V_2}$$

例如，当消耗 NaOH 标准溶液 19.98 ml，溶液中 99.9% HCl 被反应（计量点前 0.1%）时

$$[H^+] = \frac{0.1000 \times (20.00 - 19.98)}{20.00 + 19.98} \approx 5.0 \times 10^{-5} mol/L$$

即 pH = 4.30

3. 计量点时（$V_2 = V_1$）　NaOH 与 HCl 恰好反应完全，溶液 $[H^+]$ 由溶剂的离解决定。

$[H^+] = [OH^-] = \sqrt{K_w} = 1.0 \times 10^{-7} mol/L$　即 pH = 7.00

4. 计量点后（$V_2 > V_1$）　溶液的 $[OH^-]$ 由过量的 NaOH 的量决定。

$$[OH^-] = \frac{c_2 V_2 - c_1 V_1}{V_1 + V_2} = \frac{c_2 (V_2 - V_1)}{V_1 + V_2}$$

例如，当消耗 NaOH 标准溶液 20.02ml，即超过计量点 0.1% 时

$$[OH^-] = \frac{0.1000 \times (20.02 - 20.00)}{20.02 + 20.00} \approx 5.0 \times 10^{-5} mol/L$$　即 pOH = 4.30

则 pH = 9.70

用相应方法可以计算出测定过程中不同滴定体积对应的 pH，绘制 pH – V 曲线，即得滴定曲线，如图 6 – 3 所示。一些主要数据如表 6 – 3 所示。

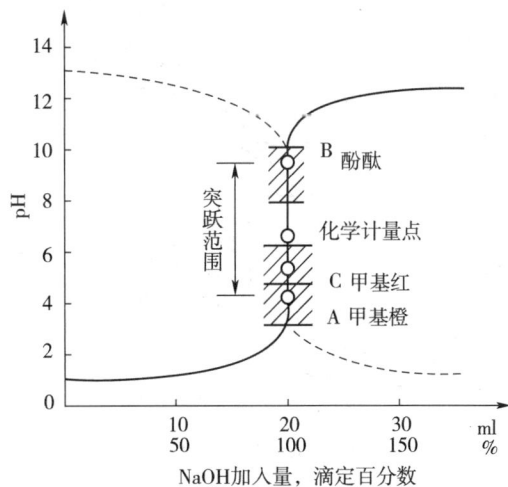

图 6 – 3　0.1000mol/L NaOH 溶液滴定 0.1000mol/L HCl 溶液的滴定曲线

表 6 – 3　0.1000mol/L NaOH 溶液滴定 0.1000mol/L HCl 溶液 pH 变化（25℃）

加入的 NaOH		剩余的 HCl		$[H^+]$	pH
%	ml	%	ml	mol/L	
0.0	0.00	100.0	20.00	1.0×10^{-1}	1.00
90.0	18.00	10.0	2.00	5.0×10^{-3}	2.30
99.0	19.80	1.0	0.20	5.0×10^{-4}	3.30

续表

加入的 NaOH		剩余的 HCl		[H⁺]	pH
%	ml	%	ml	mol/L	
99.9	19.98	0.1	0.02	5.0×10^{-5}	
100.0	20.00	0.0	0.00	1.0×10^{-7}	4.30
		过量的 NaOH		[OH⁻]	计量点 7.00 }突跃范围
		%	ml	mol/L	9.70
100.1	20.02	0.1	0.02	5.0×10^{-5}	
101.0	20.20	1.0	0.20	5.0×10^{-4}	10.70

由表 6-3 和图 6-3 可知，从滴定开始到加入 NaOH 溶液 19.98ml 时，HCl 被滴定了 99.9%，溶液 pH 仅改变了 3.30 个 pH 单位，但在化学计量点前后 ±0.1% 范围内，仅加入 0.04ml（约 1 滴），溶液的 pH 由 4.30 急剧增至 9.70，增加了 5.40 个 pH 单位（[H⁺] 降低了 25 万倍），溶液的 pH 发生了突变。此后，再继续加入 NaOH 溶液，溶液 pH 的变化又逐渐减缓，曲线又比较平坦。

上述这种在滴定过程中化学计量点前后 ±0.1% 范围内 pH 突变的现象称为 pH 突跃，突跃所在的 pH 范围称为 pH 突跃范围，即滴定突跃范围。在滴定分析时，只要将滴定终点控制在滴定突跃范围内，就可以保证测定结果符合常量分析的准确性要求。例如图 6-3 中：pH 突跃范围在 4.30~9.70，若选择甲基橙、酚酞和甲基红，虽然指示剂的理论变色点与滴定反应计量点并不一致，终点指示并非在计量点，但由此产生的误差都不大于 ±0.1%。

因此，为保证测定结果准确，应合理选择指示剂，了解影响 pH 突跃的因素。图 6-4 为不同浓度的 NaOH 溶液滴定相应浓度 HCl 溶液的滴定曲线，酸碱浓度分别为 1.0、0.1、0.01mol/L 时，通过计算可以得到，pH 突跃范围依次为 3.3~10.7、4.3~9.7、5.3~8.7。

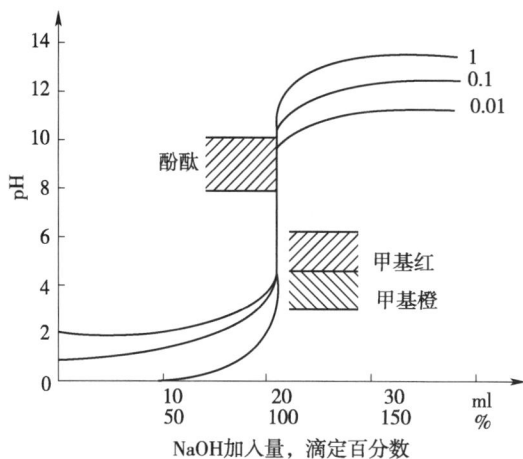

图 6-4 不同浓度 NaOH 溶液滴定不同浓度 HCl 溶液的滴定曲线

由此可见，pH 突跃范围的大小与滴定剂和待滴定物的浓度有关。溶液浓度越大，滴定突跃范围亦越大。而滴定突跃范围越大，可供选用的指示剂亦越多；反之，指示剂的选用则受限制。例如浓度为 0.01mol/L 时，欲使终点误差不超过 0.1%，采用甲基红为指示剂最适宜，酚酞略差一些，甲基橙则不可使用。

综上所述，酸碱滴定的 pH 突跃范围是选择指示剂的依据。选择酸碱指示剂的原则为凡是变色范围全部或者部分处于滴定突跃范围内的酸碱指示剂，都可以用来指示酸碱滴定的终点。

同理，若用 0.1000mol/L HCl 溶液滴定 0.1000mol/L NaOH 溶液，其滴定曲线与上述曲线互相对称，但溶液 pH 变化的方向相反，如图 6-3 中的虚线部分。

二、一元弱酸（碱）的滴定 微课6

一元弱酸（碱）的滴定是指用强碱（酸）为滴定剂进行的滴定，以 0.1000mol/L NaOH 溶液滴定 0.1000mol/L HAc 溶液 20.00ml 为例，讨论强碱滴定一元弱酸的滴定曲线。同样可分为 4 个阶段讨论。

1. 滴定之前（$V_2 = 0$）　　溶液的 $[H^+]$ 根据 HAc 在水中的离解平衡计算，由于 $c \cdot K_a > 20K_w$，$c/K_a > 500$，因而可以用最简式计算。

$$[H^+] = \sqrt{K_a \cdot c} = \sqrt{1.8 \times 10^{-5} \times 0.1000} = 1.3 \times 10^{-3}\ (mol/L)\quad 即 pH = 2.89$$

2. 滴定开始至化学计量点之前（$V_2 < V_1$）　　随着 NaOH 溶液的不断加入，溶液中逐渐产生 Ac^-，与未反应的 HAc 组成 $HAc - Ac^-$ 缓冲溶液，溶液的 pH 可根据缓冲溶液 pH 计算公式求得。

例如，当滴定消耗 NaOH 溶液 19.98ml，即 99.9% HAc 被滴定时

$$c_{HAc} = \frac{0.1000 \times (20.00 - 19.98)}{20.00 + 19.98} = 5.0 \times 10^{-5}\ mol/L$$

$$c_{Ac^-} = \frac{0.1000 \times 19.98}{20.00 + 19.98} = 5.0 \times 10^{-2}\ mol/L$$

$$pH = pK_a + \lg\frac{c_b}{c_a} = -\lg 1.8 \times 10^{-5} + \lg\frac{5.0 \times 10^{-2}}{5.0 \times 10^{-5}} = 7.74$$

3. 化学计量点时（$V_2 = V_1$）　　HAc 全部与 NaOH 反应生成 NaAc，此时溶液的 pH 由生成产物 Ac^- 的离解决定，可根据一元弱碱计算 $[OH^-]$，然后由 pOH 得到 pH。

$$K_b = \frac{K_w}{K_a} = 5.6 \times 10^{-10}$$

$$[OH^-] = \sqrt{K_b \cdot c} = \sqrt{5.6 \times 10^{-10} \times \frac{0.1000}{2}} = 5.3 \times 10^{-6} mol/L\quad 即 pOH = 5.28$$

$$pH = 14 - 5.28 = 8.72$$

4. 计量点后（$V_2 > V_1$）　　溶液中过量的 NaOH 抑制了 Ac^- 的离解，溶液的 pH 由过量 NaOH 的量决定，其计算方法与强碱滴定强酸相同。

如此逐一计算即可以得到滴定过程中各阶段溶液 pH 变化的情况，以 NaOH 加入量为横坐标，以溶液的 pH 为纵坐标，绘制 pH - V 滴定曲线，如图 6-5 所示。一些主要计算结果列于表 6-5。

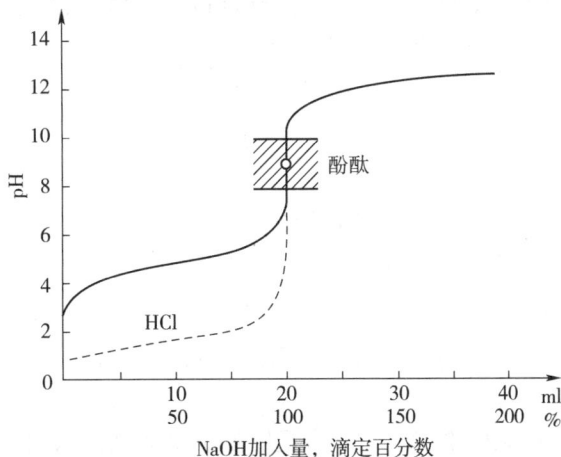

图 6-5　0.1000mol/L NaOH 溶液滴定 0.1000mol/L HAc 的滴定曲线

表 6 - 4　0.1000mol/L NaOH 溶液滴定 0.1000mol/L HAc 溶液 pH 变化（25℃）

加入的 NaOH		剩余的 HAc		计算式	pH
%	ml	%	ml		
0.0	0.00	100.0	20.00	$[H^+] = \sqrt{K_a \times c_{HAc}}$	2.89
90.0	18.00	10.0	2.00		5.71
99.0	19.80	1.0	0.20	$[H^+] = K_a \dfrac{[HAc]}{[Ac^-]}$	6.75
99.9	19.98	0.1	0.02		7.74
100.0	20.00	0.0	0.00	$[OH^-] = \sqrt{\dfrac{K_w}{K_a} \times c}$	计量点 8.72 } 突跃范围
		过量的 NaOH			
100.1	20.02	0.1	0.02	$[OH^-] = 10^{-4.3}$, $[H^+] = 10^{-9.7}$	9.70
101.0	20.20	1.0	0.20	$[OH^-] = 10^{-3.3}$, $[H^+] = 10^{-10.7}$	10.70

分析图 6 - 3 与图 6 - 5，与滴定强酸曲线进行比较，一元弱酸滴定曲线具有以下特点。

（1）滴定曲线起点高　由于 HAc 是弱酸，部分离解，滴定曲线的起点 pH 为 2.89，比滴定相同浓度 HCl 溶液高约 2 个 pH 单位。

（2）pH 变化速率不同　滴定开始时，由于生成少量的 Ac⁻，抑制了 HAc 的离解，$[H^+]$ 降低较快，曲线斜率较大。随着滴定的继续进行，HAc 浓度不断降低，Ac⁻ 的浓度逐渐增大，HAc - Ac⁻ 的缓冲作用使溶液 pH 的增加速度减慢。10% ~ 90% 的 HAc 被滴定，pH 从 3.80 增加到 5.70，只改变了 2 个 pH 单位，曲线斜率很小。接近化学计量点时，HAc 浓度越来越低，缓冲作用减弱，溶液碱性增强，pH 又增加较快，曲线斜率又迅速增大。

（3）pH 突跃范围小　滴定弱酸的滴定突跃范围为 7.74 ~ 9.70，滴定强酸的滴定突跃在 4.30 ~ 9.70。

（4）化学计量点处于碱性区域　滴定产物 NaAc 为弱碱，使化学计量点处于碱性区域。显然，在酸性区域变色的指示剂如甲基橙、甲基红等都不能用，而应选用在碱性区域内变色的指示剂，如酚酞或百里酚酞等指示滴定终点。

对于强酸滴定弱碱，如 0.1mol/L HCl 滴定 0.1mol/L NH₃ 溶液，其滴定曲线与 NaOH 滴定 HAc 的相似，但 pH 变化的方向相反，滴定曲线的起点较低，反应产物是共轭酸 NH₄⁺，滴定突跃位于酸性范围（pH = 6.3 ~ 4.3），计量点时溶液呈酸性，可以选择甲基红或甲基橙为指示剂。同理，由于反应的完全程度低于强酸与强碱的反应，因此滴定突跃范围较小。

影响一元弱酸碱滴定的 pH 突跃范围的因素主要有两个方面，其一是酸、碱的强度，即 K_a、K_b 的大小，其二是溶液的浓度 c。

（1）酸碱强度　已知 K_a（K_b）愈小，酸（碱）的强度愈弱。在一定浓度滴定时，滴定反应常数 K_t 愈小，pH 突跃范围愈小。图 6 - 6 为 0.1mol/L NaOH 溶液滴定浓度相同、强度不同酸的滴定曲线。显然，随着 K_a 的降低，pH 突跃范围减小。当弱酸的 $K_a \leq 10^{-9}$ 时，滴定曲线上已无明显滴定突跃。

（2）酸碱溶液浓度　当待滴定弱酸（碱）的 K_a（K_b）一定时，溶液浓度越大，滴定突跃范围也越大，终点越明显。但对于 K_a（K_b）$\leq 10^{-9}$ 的弱酸（碱），即使溶液浓度为 1mol/L 也无明显的滴定突跃，不能被直接准确滴定。

在滴定分析时，为了保证结果的准确性，需有足够的观察酸碱指示剂变色的 pH 范围，滴定曲线需具有一定的 pH 突跃范围，一般以 $\Delta pH = \pm 0.3$ 为极限，相应产生的相对误差在 $\pm 0.1\%$ 以内。据此可推导出，在水溶液中弱酸、弱碱能直接被准确滴定的条件是 $K_a \cdot c_a \geq 10^{-8}$、$K_b \cdot c_b \geq 10^{-8}$。

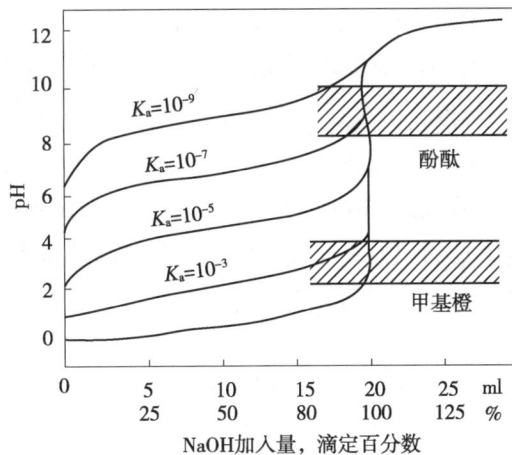

图 6 - 6　0.1000mol/L NaOH 溶液滴定不同强度
0.1000mol/L 一元酸的滴定曲线

三、多元酸（碱）的滴定 📱微课7

多元酸、碱在水溶液中分步离解，故在滴定过程中情况较复杂，需要考虑：①能否准确滴定；②能否分步滴定；③各步滴定应选择何种指示剂等。

1. 多元酸的滴定　以 0.1mol/L NaOH 溶液滴定 0.1mol/L H_3PO_4 溶液为例讨论。

H_3PO_4 为三元酸，在水溶液中，H_3PO_4 分三步离解。

$$H_3PO_4 \Longrightarrow H^+ + H_2PO_4^- \qquad K_{a_1} = 7.6 \times 10^{-3}$$
$$H_2PO_4^- \Longrightarrow H^+ + HPO_4^{2-} \qquad K_{a_2} = 6.3 \times 10^{-8}$$
$$HPO_4^{2-} \Longrightarrow H^+ + PO_4^{3-} \qquad K_{a_3} = 4.4 \times 10^{-13}$$

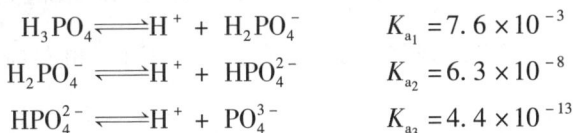

以弱酸在水溶液中准确滴定的条件 $K_a \cdot c_a \geqslant 10^{-8}$，可见，$H_3PO_4$ 的三步离解分别为 $K_{a_1} c_a > 10^{-8}$，$K_{a_2} c_a \approx 10^{-8}$，$K_{a_3} c_a < 10^{-8}$，所以，前两步的离解能被准确滴定，而第三步的离解则不能被准确滴定。

实现分步滴定的条件为：$K_i / K_{i+1} > 10^4$。

H_3PO_4 相邻离解常数的比值得：$K_{a_1}/K_{a_2} > 10^4$，$K_{a_2}/K_{a_3} > 10^4$，因此 NaOH 滴定 H_3PO_4 有 2 个突跃，第三步离解的 H^+ 不能被准确滴定。滴定反应为

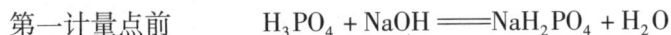

第一计量点前　　　$H_3PO_4 + NaOH \Longrightarrow NaH_2PO_4 + H_2O$
第二计量点前　　　$NaH_2PO_4 + NaOH \Longrightarrow Na_2HPO_4 + H_2O$

指示剂可以通过计算计量点的 pH 进行选择，或通过仪器测定突跃所在 pH 范围进行选择。在此讨论通过计算进行选择。

第一计量点：生成的产物 NaH_2PO_4 是两性物质，以两性物质的最简式进行计算。

$$[H^+] = \sqrt{K_{a_1}K_{a_2}}, \quad pH = \frac{1}{2}(pK_{a_1} + pK_{a_2}) = \frac{1}{2}(2.12 + 7.20) = 4.66$$

第二计量点：生成的产物 Na_2HPO_4 仍是两性物质，同法计算。

$$[H^+] = \sqrt{K_{a_2}K_{a_3}}, \quad pH = \frac{1}{2}(pK_{a_2} + pK_{a_3}) = \frac{1}{2}(7.20 + 12.36) = 9.78$$

选择变色范围在计量点附近的指示剂，因此，第一计量点可选用甲基橙指示剂。第二计量点可选用酚酞或百里酚酞（无色→浅蓝色）指示剂，也可选用酚酞与百里酚酞的混合指示剂。滴定曲线如图 6-7所示，曲线显示有 2 个滴定突跃。

$H_2C_2O_4$ 在水溶液中分两步离解。

$$H_2C_2O_4 \rightleftharpoons H^+ + HC_2O_4^- \qquad K_{a_1} = 5.9 \times 10^{-2}$$

$$HC_2O_4^- \rightleftharpoons H^+ + C_2O_4^{2-} \qquad K_{a_2} = 6.4 \times 10^{-5}$$

若用 NaOH 溶液滴定 $H_2C_2O_4$ 溶液，$H_2C_2O_4$ 两步的离解均符合 $K_a \cdot c_a > 10^{-8}$，均能被准确滴定。但 $H_2C_2O_4$ 的 $K_{a_1}/K_{a_2} \approx 10^3 < 10^4$，只有 1 个滴定突跃，不能被分步滴定。滴定反应为

$$H_2C_2O_4 + 2NaOH \rightleftharpoons Na_2C_2O_4 + 2H_2O$$

计量点时生成的产物 $Na_2C_2O_4$ 是弱酸的共轭碱，可用计算弱碱最简式计算 $[OH^-]$。

$$[OH^-] = \sqrt{\frac{K_w}{K_{a_2}}c_b} = \sqrt{\frac{1.0 \times 10^{-14}}{6.4 \times 10^{-5}} \times \frac{0.1}{3}} = 2.28 \times 10^{-6} \qquad pOH = 5.64$$

$$pH = 14.0 - pOH = 14.0 - 5.64 = 8.36$$

因此，可以选用酚酞作指示剂。

对于一元酸混合物，分步滴定的条件应为：$K_{a_1}c_{a_1}/K_{a_2}c_{a_2} > 10^4$。事实上，多元酸的分步滴定可看作是不同强度的一元酸混合物的滴定。

2. 多元碱的滴定 以 0.1000mol/L HCl 溶液滴定 0.1000mol/L Na_2CO_3 溶液为例讨论（图 6 - 8）。

Na_2CO_3 是二元弱碱，在水溶液中存在离解平衡为

$$CO_3^{2-} + H_2O \rightleftharpoons HCO_3^- + OH^- \qquad K_{b_1} = 1.8 \times 10^{-4}$$

$$HCO_3^- + H_2O \rightleftharpoons H_2CO_3 + OH^- \qquad K_{b_2} = 2.4 \times 10^{-8}$$

同理，因 $K_{b_1}c_b > 10^{-8}$，$K_{b_2}c_b \approx 10^{-8}$，$K_{b_1}/K_{b_2} \approx 10^4$，故可用 HCl 分别直接准确滴定。

在第一计量点产物为 $NaHCO_3$，按 $[OH^-] = \sqrt{K_{b_1}K_{b_2}}$ 或 $[H^+] = \sqrt{K_{a_1}K_{a_2}}$ 进行计算溶液 pH。

由 $K_{a_1}K_{b_2} = K_{a_2}K_{b_1} = K_w$，得 $pH = \frac{1}{2}(pK_{a_1} + pK_{a_2}) = \frac{1}{2}(6.38 + 10.25) = 8.32$

因此可选用酚酞作指示剂，但终点由红色变至无色，若采用甲酚红与酚酞混合指示剂（粉红色变至紫色），终点变色更为明显。

滴定至第二计量点时溶液是 CO_2 的饱和溶液，H_2CO_3 的浓度约为 0.040mol/L，则

$$[H^+] = \sqrt{K_{a_1}c} = \sqrt{4.2 \times 10^{-7} \times 0.040} = 1.3 \times 10^{-4}mol/L \quad 即 pH = 3.89$$

所以可用甲基橙作指示剂。为防止近计量点时形成 CO_2 的过饱和溶液，使溶液的酸度稍有增大，终点过早出现，在滴定到终点附近时，可煮沸溶液，以加速 H_2CO_3 分解，除去 CO_2，使终点明显。

同理，对于一元弱碱混合物，分步滴定的条件应为：$K_{b_1}c_{b_1}/K_{b_2}c_{b_2} > 10^4$。而多元碱的滴定可以看作是混合一元弱碱的滴定。

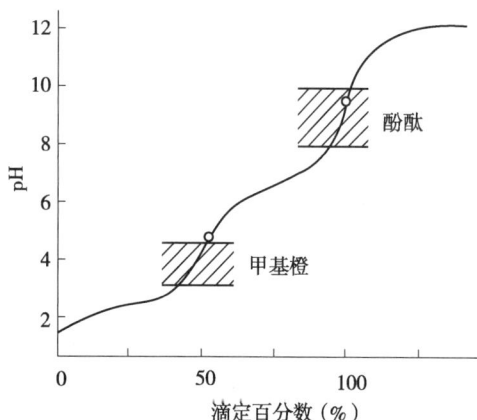

图 6 - 7 NaOH 溶液滴定 H_3PO_4 溶液滴定曲线

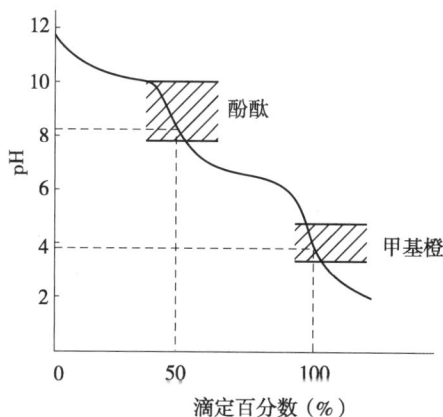

图 6 - 8 HCl 溶液滴定 Na_2CO_3 溶液滴定曲线

四、滴定终点误差 e 微课8

滴定终点误差（*TE*）是因指示剂的变色不是恰好在化学计量点，滴定终点与化学计量点不一致所引起的相对误差，也称为终点误差、滴定误差。终点误差是一种方法误差，其大小由被滴定溶液中剩余酸（或碱）或多加碱（或酸）滴定剂的量所决定，可表示为

$$TE(\%) = \frac{\text{滴定剂的过量或不足的物质的量}}{\text{被测物质的物质的量}} \times 100\%$$

在此仅讨论滴定一元酸碱的滴定终点误差。

（一）强酸（碱）的滴定终点误差

以强碱（NaOH）滴定强酸（HCl）为例，滴定终点误差为

$$TE = \frac{(c_{NaOH} - c_{HCl}) V_{ep}}{c_{sp} V_{sp}} \times 100\% \tag{6-33}$$

式中，c_{NaOH} 和 c_{HCl} 分别是 NaOH 和 HCl 滴定的原始浓度，c_{sp}、V_{sp} 为化学计量点时待测酸的实际浓度和体积，V_{ep} 为滴定终点时溶液的体积，因 $V_{sp} \approx V_{ep}$，代入式（6-33）得：$TE = \frac{(c_{NaOH} - c_{HCl})}{c_{sp}} \times 100\%$，滴定中溶液的质子条件式为

$$[H^+] + c_{NaOH} = [OH^-] + c_{HCl}, \text{ 即 } c_{NaOH} - c_{HCl} = [OH^-] - [H^+]$$

因此，强碱滴定强酸时的终点误差公式为

$$TE = \frac{([OH^-]_{ep} - [H^+]_{ep})}{c_{sp}} \times 100\% \tag{6-34}$$

若滴定终点在化学计量点处变色，$[OH^-]_{ep} = [H^+]_{ep}$，则 $TE = 0$；

若指示剂在化学计量点以后变色，$[OH^-]_{ep} > [H^+]_{ep}$，则 $TE > 0$（终点误差为正值）；

若指示剂在化学计量点以前变色，$[OH^-]_{ep} < [H^+]_{ep}$，则 $TE < 0$（终点误差为负值）。

同理，强酸滴定强碱时的终点误差为

$$TE = \frac{([H^+]_{ep} - [OH^-]_{ep})}{c_{sp}} \times 100\% \tag{6-35}$$

滴定至终点时，溶液的体积增加近一倍，$c_{sp} \approx c_a/2$

例如，0.1000mol/L NaOH 溶液滴定 0.1000mol/L HCl 溶液至 pH 4.4（甲基橙指示终点）、pH 9.0（酚酞指示终点）时的滴定终点误差。

（1）滴定终点 pH 4.4 时，$[H^+] = 10^{-4.4}$mol/L，$[OH^-] = 10^{-9.6}$mol/L，$c_{sp} = 0.1000/2 = 0.0500$mol/L，按式（6-34）计算得

$$TE = \frac{(10^{-9.6} - 10^{-4.4})}{0.05} \times 100\% = -0.08\%$$

（2）滴定终点 pH 9.0 时，$[H^+] = 10^{-9.0}$mol/L，$[OH^-] = 10^{-5.0}$mol/L，$c_{sp} = 0.1000/2 = 0.0500$mol/L，按式（6-34）计算得

$$TE = \frac{(10^{-5.0} - 10^{-9.0})}{0.05} \times 100\% = 0.02\%$$

（二）一元弱酸（碱）的滴定终点误差

以强碱 NaOH 滴定一元弱酸 HA（离解常数为 K_a）为例，其滴定终点误差为

$$TE = \frac{(c_{NaOH} - c_{HA})}{c_{sp}} \times 100\%$$

滴定中溶液的质子条件式为 $[H^+] + c_{NaOH} = [A^-] + [OH^-]$，由于 $[A^-] = c_{HA} - [HA]$，所

以 $[H^+] + c_{NaOH} = c_{HA} - [HA] + [OH^-]$。

因为强碱滴定弱酸，终点附近溶液呈碱性，即 $[OH^-]_{ep} \gg [H^+]_{ep}$，因而 $[H^+]$ 可忽略，即 $c_{NaOH} - c_{HA} = [OH^-] - [HA]$，则有：$TE = \dfrac{([OH^-]_{ep} - [HA]_{ep})}{c_{sp}} \times 100\%$。

终点时 $[HA]$ 可用分布系数表示，得一元弱酸的滴定终点误差公式为

$$TE = \left[\dfrac{[OH^-]_{ep}}{c_{sp}} - \delta_{HA} \right] \times 100\% \tag{6-36}$$

同理，一元弱碱（B）的滴定终点误差用类似方法处理得

$$TE = \left[\dfrac{[H^+]_{ep}}{c_{sp}} - \delta_{B} \right] \times 100\% \tag{6-37}$$

在分析化学中，化学计量点和滴定终点都是用 pH 而不用 $[H^+]$ 表示。而酸碱指示剂的变色点和变色范围也都是用 pH 和 pH 范围表示。因此滴定终点误差也可用 pH 按林邦（Ringbon）误差公式直接计算。

⊙ 第四节　酸碱滴定的应用

PPT

一、酸碱标准溶液的配制与标定

水溶液中酸碱滴定最常用的标准溶液是 HCl 溶液和 NaOH 溶液，也可用 H_2SO_4、HNO_3、KOH 等其他强酸、强碱，浓度一般在 0.01~1mol/L，最常用的浓度是 0.1mol/L 左右。

（一）酸标准溶液的配制与标定

酸标准溶液都采用间接法配制。常用 HCl 标准溶液，以市售分析纯浓 HCl（比重为 1.19，浓度约为 12mol/L）配制。常用基准物质是无水碳酸钠或硼砂。

1. 无水碳酸钠　化学式 Na_2CO_3，容易获得纯品，一般可用市售基准试剂作基准物。由于无水碳酸钠易吸收空气中水分，在使用前应在 270~300℃干燥 1 小时，然后封闭于瓶内，保存在干燥器中备用。标定产物为 H_2CO_3（pH = 3.9），采用酸性区域变色的指示剂，通常选用甲基红 - 溴甲酚绿混合指示剂，也可用甲基橙作指示剂。标定反应为：$CO_3^{2-} + 2H^+ \Longrightarrow H_2O + CO_2\uparrow$

无水碳酸钠作基准物的缺点是易吸水，摩尔质量小，终点时指示剂变色不够敏锐。

2. 硼砂　化学式 $Na_2B_4O_7 \cdot 10H_2O$，易制得纯品，不易吸水，摩尔质量较大。当空气中相对湿度低于 39% 时，易失结晶水，故应将硼砂基准物保存于相对湿度为 60% 的恒湿器中（如装有食盐及蔗糖饱和溶液的干燥器中）。产物为极弱的硼酸（H_3BO_3），选甲基红指示剂。标定反应为：$B_4O_7^{2-} + 2H^+ + 5H_2O \Longrightarrow 4H_3BO_3$

3. 与已知浓度的碱标准溶液比较　如以 NaOH 标准溶液滴定，可用酚酞指示剂指示终点。标定反应为：$OH^- + H^+ \Longrightarrow H_2O$

（二）碱标准溶液的配制和标定

碱标准溶液都采用间接法配制。最常用碱标准溶液是氢氧化钠（NaOH）溶液。NaOH 易吸潮，也易吸空气中的 CO_2 生成 Na_2CO_3。标定碱标准溶液的基准物有邻苯二甲酸氢钾（KHP）、草酸（$H_2C_2O_4 \cdot 2H_2O$）等。

1. 邻苯二甲酸氢钾　化学式为 $C_8H_5O_4K$，可用重结晶法制得纯品，具有不含结晶水、不吸潮、容易保存、摩尔质量大等优点。使用前应在 105~110℃下干燥，保存于干燥器中。反应产物为邻苯二甲酸氢钾

的共轭碱，计量点时溶液呈微碱性，可选酚酞作指示剂。标定反应为：$p - Ar（COOK）COOH + NaOH$ $\rule{0.5cm}{0.4pt}$ $p - Ar（COOK）COONa + H_2O$

2. 草酸　化学式为 $H_2C_2O_4 \cdot 2H_2O$，具有稳定性好，相对湿度在 5%~95% 时不风化、不失水等优点，可保存于密闭容器内备用。反应产物为 $H_2C_2O_4$ 的共轭碱，计量点时溶液呈微碱性，可选酚酞作指示剂。标定反应为：$H_2C_2O_4 + 2OH^- \rule{0.5cm}{0.4pt} C_2O_4^{2-} + 2H_2O$

此外，为了配制不含 CO_3^{2-} 的 NaOH 标准溶液，通常先将 NaOH 配制成饱和溶液（比重为 1.56，浓度为 52%，约 20mol/L），贮于塑料瓶中，使不溶的 Na_2CO_3 沉于底部，然后取上层清液稀释成所需配制的浓度，再进行标定。稀释用水应使用不含 CO_2 的新煮沸冷却的蒸馏水。

二、应用示例

凡能溶于水，或其中酸或碱组分可用水溶解，且 $K_a c_a \geqslant 10^{-8}$ 或 $K_b c_b \geqslant 10^{-8}$ 的物质，均可采用碱或酸标准溶液直接滴定；若酸（碱）为固体或反应速度较慢，可采用返滴定法滴定；若酸（碱）强度较弱，可采用适当反应增强其酸（碱）性，使 $Kc \geqslant 10^{-8}$，以便可以进行酸碱滴定。

（一）直接滴定法

1. 有机弱酸类的测定　《中国药典》中有许多有机弱酸类药物如水杨酸系列制剂、食品中总酸度的测定等，均采用 NaOH 标准溶液直接滴定。例如，阿司匹林中乙酰水杨酸的含量测定，乙酰水杨酸属芳酸酯类结构，在水溶液中可离解出 H^+（$pK_a = 3.49$），以酚酞为指示剂，滴定反应为：$p - Ar（OCOCH_3）COOH + NaOH \rule{0.5cm}{0.4pt} p - Ar（OCOCH_3）COONa + H_2O$

≫≫ 知识链接 ◦--

阿司匹林的含量测定

《中国药典》（2020 年版）二部阿司匹林的含量测定使用酸碱滴定的方法。含量测定步骤：取阿司匹林样品约 0.4g，精密称定，加中性乙醇（对酚酞指示液显中性）20ml 溶解后，加酚酞指示液 3 滴，用氢氧化钠滴定液（0.1mol/L）滴定。每 1ml 氢氧化钠滴定液（0.1mol/L）相当于 18.02mg 的 2 -（乙酰氧基）苯甲酸（$C_9H_8O_4$）。按干燥品计算，含 $C_9H_8O_4$ 不得少于 99.5%。

--◦

2. 药用 NaOH 的测定　药用 NaOH 在生产和贮存中因吸收空气中的 CO_2 而成为 NaOH 和 Na_2CO_3 的混合碱。采用酸碱滴定法可以分别测定 NaOH 和 Na_2CO_3 的含量，常用有两种方法。

（1）氯化钡法　准确称取一定量样品，溶解定容后，精密吸取两份。一份以甲基橙作指示剂，用 HCl 标准溶液滴定至橙色，消耗 HCl 溶液的体积为 V_1 ml，可测得总碱量。另一份加入过量的 $BaCl_2$ 溶液，使全部碳酸盐转变为 $BaCO_3$ 沉淀，以酚酞作指示剂，用 HCl 标准溶液滴定至红色消失，消耗 HCl 溶液的体积为 V_2 ml，可以测定得到试样中的 NaOH。应该 $V_1 > V_2$。滴定 NaOH 消耗的体积为 V_2，滴定 Na_2CO_3 用去体积为 $V_1 - V_2$。

（2）双指示剂法　根据溶液中达到分步滴定条件的混合酸碱的关联性，分次加入两种具有不同变色范围的指示剂，一般先加的选择用单色指示剂。在测定时，先在混合碱试液中加入酚酞，用浓度为 c 的 HCl 标准溶液滴定至终点；再加入甲基橙并继续滴定至第二终点，前后消耗 HCl 溶液的体积分别为 V_1 和 V_2。滴定过程图解如图 6 - 9 所示。

由图 6 - 9 可知，滴定 NaOH 用去 HCl 溶液的体积为 $V_1 - V_2$，滴定 Na_2CO_3 用去的 HCl 体积为 $2V_2$。若混合碱试样称量为 m_s，则 NaOH 和 Na_2CO_3 的含量分别为

$$\omega_{NaOH} = \frac{m_{NaOH}}{m_s} \times 100\% = \frac{c_{HCl}（V_1 - V_2）M_{NaOH}}{m_s \times 1000} \times 100\%$$

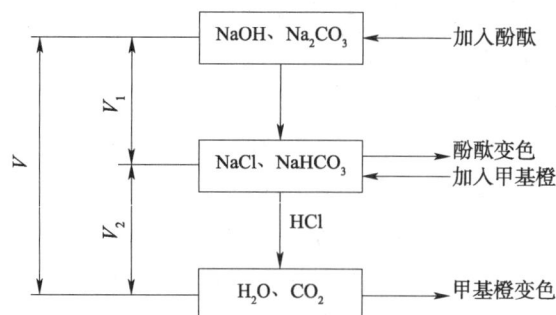

图 6-9　混合碱双指示剂滴定法示意图

$$\omega_{Na_2CO_3} = \frac{m_{Na_2CO_3}}{m_s} \times 100\% = \frac{c_{HCl}V_2M_{Na_2CO_3}}{m_s \times 1000} \times 100\%$$

双指示剂法不仅用于混合酸碱的定量分析，也可用于混合酸碱样组成的判断。以 HCl 滴定混合碱为例，若 V_1 为滴定至酚酞变色时消耗标准酸的体积，V_2 为继续滴定至甲基橙变色时消耗标准酸的体积。根据 V_1、V_2 大小可判断样品的组成（表 6-5）。

表 6-5　样品组成判断

	碱样组分	Na_2CO_3	$NaHCO_3$	NaOH	Na_2CO_3 + NaOH	Na_2CO_3 + $NaHCO_3$
第一计量点	产物	$NaHCO_3$、NaCl	—	NaCl	$NaHCO_3$、NaCl	$NaHCO_3$
（酚酞）	消耗 V_{HCl}	V_1	0	V_1	V_1	V_1
第二计量点	产物	CO_2 + H_2O	CO_2 + H_2O	—	CO_2 + H_2O	CO_2 + H_2O
（基酞）	消耗 V_{HCl}	V_2	V_2	0	V_2	V_2
V_1 和 V_2 的关系		$V_1 = V_2 > 0$	$V_1 = 0$ $V_2 > 0$	$V_1 > 0$ $V_2 = 0$	$V_1 > V_2 > 0$	$V_2 > V_1 > 0$

（二）间接滴定法

1. 氮含量测定　铵盐或含 N 化合物，产生的 NH_4^+ 是弱酸（$K_a = 5.6 \times 10^{-10}$），如（$NH_4$）$_2SO_4$、$NH_4Cl$ 等，不能直接用碱滴定。

（1）蒸馏法　在铵盐溶液中加入过量 NaOH，加热煮沸将 NH_3 蒸出后，用过量的 H_2SO_4 或 HCl 标准溶液吸收，过量的酸用 NaOH 标准溶液回滴定；也可用 H_3BO_3 溶液吸收，生成的 $H_2BO_3^-$ 是较强碱，可用酸标准溶液滴定。反应为

$$NH_4^+ + OH^- = NH_3\uparrow + H_2O$$
$$NH_3 + H_3BO_3 = NH_4^+ + H_2BO_3^-$$
$$H^+ + H_2BO_3^- = H_3BO_3$$

终点产物是 H_3BO_3 和 NH_4^+（混合弱酸），pH≈5，可用甲基红作指示剂。

此法的优点是只需一种酸标准溶液。吸收剂 H_3BO_3 的浓度和体积无需准确。但要确保过量。蒸馏法准确，但比较繁琐费时。

（2）凯氏（Kjeldahl）定氮法　对于有机含氮化合物，通常加入 K_2SO_4、$CuSO_4$ 作催化剂，用浓硫酸煮沸分解以破坏有机物（称为消化），试样消化分解完全后，有机物中的氮转化为 NH_4^+，其余操作同上述蒸馏法，用过量的 H_2SO_4 或 HCl 标准溶液吸收蒸出 NH_3，过量的酸用 NaOH 标准溶液回滴定；凯氏定氮法适用于蛋白质、胺类、酰胺类及尿素等有机化合物中氮含量的测定。

含 N 有机物

$$C，H，N \xrightarrow{H_2SO_4，K_2SO_4} NH_4^+ + CO_2 + H_2O$$

2. 硼酸的测定 H_3BO_3 为极弱酸（ $K_{a_1} = 5.4 \times 10^{-10}$ ），不能用 NaOH 直接准确滴定。但 H_3BO_3 与甘露醇或甘油等多元醇生成配合物后能增加酸的强度，如与甘油按下列反应生成的配合物的 $pK_a = 4.26$ ，可用 NaOH 标准溶液直接滴定。

◎ 第五节 非水酸碱滴定法 ▣ 微课9

在非水溶剂中进行的滴定分析方法统称为非水滴定法（nonaqueous titrations）。有机溶剂与不含水的无机溶剂统称为非水溶剂（nonaqueous solvent）。

非水滴定法可用于酸碱滴定、沉淀滴定、氧化还原滴定及配位滴定等。在药物分析中，以非水酸碱滴定法应用最为广泛，故本节将重点讨论非水酸碱滴定法。

非水滴定除溶剂较为特殊外，具有一般滴定分析所具有的优点，如准确、快速、无需特殊设备等。以非水溶剂作为滴定介质，不仅能增大有机化合物的溶解度，而且能改变物质的化学性质（如酸碱度及强度），使在水中不能进行完全的滴定反应能够顺利进行，扩大了滴定分析的应用范围。

一、非水酸碱滴定基本原理

（一）溶剂的分类

根据酸碱质子理论，可将非水滴定中常用溶剂分为质子与无质子溶剂两大类。

1. 质子溶剂 能给出质子或接受质子的溶剂。其特点是在溶剂分子间有质子转移。根据其给出、接受质子的能力大小，可分为酸性溶剂、碱性溶剂和两性溶剂三类。

（1）酸性溶剂 给出质子能力较强的溶剂，冰醋酸、丙酸等是常用的酸性溶剂。酸性溶剂适于作为滴定弱碱性物质的介质。

（2）碱性溶剂 接受质子能力较强的溶剂，乙二胺、液氨、乙醇胺等是常用的碱性溶剂。碱性溶剂适于作为滴定弱酸性物质的介质。

（3）两性溶剂 既易接受质子又易给出质子的溶剂，又称为中性溶剂，其酸碱性与水相似。醇类一般属于两性溶剂，如甲醇、乙醇、乙二醇等。两性溶剂适于作为滴定不太弱的酸、碱的介质。

2. 无质子溶剂 指分子中无转移性质子的溶剂。这类溶剂可分为偶极亲质子溶剂和惰性溶剂。

（1）偶极亲质子溶剂 分子中无转移性质子，与水比较几乎无酸性，亦无两性特征，但却有较弱的接受质子倾向和程度不同的形成氢键能力，如酰胺类、酮类、腈类、二甲亚砜、吡啶等。其中二甲基甲酰胺、吡啶等碱性较明显，形成氢键能力亦较强。该类溶剂适于作弱酸或某些混合物的滴定介质。

（2）惰性溶剂 溶剂分子不参与酸碱反应，也无形成氢键的能力，如苯、三氯甲烷、二氧六环等。惰性溶剂常与质子溶剂混合使用，以改善试样的溶解性能，增大滴定突跃。

（二）非水溶剂的性质及作用

1. 溶剂的离解性及作用 除惰性溶剂外，非水溶剂均有不同程度的离解，几种常见溶剂的 K_s 列于

表6-6。

表6-6 常用溶剂的自身离解常数及介电常数（25℃）

溶剂	pK_s	E	溶剂	pK_s	E
水	14.00	78.5	乙腈	28.5	36.6
甲醇	16.7	31.5	甲基异丁酮	>30	13.1
乙醇	19.1	24.0	二甲基甲酰胺	—	36.7
甲酸	6.22	58.5	吡啶	—	12.3
冰醋酸	14.45	6.13	二氧六环	—	2.21
醋酐	14.5	20.5	苯	—	2.3
乙二胺	15.3	14.2	三氯甲烷	—	4.81

溶剂自身离解常数 K_s 的大小对滴定突跃的范围具有一定影响，以水和乙醇两种溶剂为例讨论。

在水溶液中以 0.1mol/L NaOH 标准溶液滴定同浓度的一元强酸，在本章第三节已讨论，滴定突跃的 pH 变化范围有 5.4 个 pH 单位。

在乙醇溶液中，乙醇合质子 $C_2H_5OH_2^+$ 相当于水中水合质子 H_3O^+，而乙醇阴离子 $C_2H_5O^-$ 则相当于 OH^-，若同样以 0.1mol/L C_2H_5ONa 标准溶液滴定酸，以相同的方法处理，可以得到滴定至计量点前 0.1% 时，$pH^* = 4.3$（pH^* 代表 $-lg[C_2H_5OH_2^+]$）；而滴定到计量点后 0.1% 时，$pH^* = 19.1 - 4.3 = 14.8$，在乙醇介质中 pH^* 变化范围有 10.5 个 pH^* 单位，显然比水溶液中突跃范围大。

一般而言，溶剂的自身离解常数越小，滴定突跃范围越大。因此，使原本在水中不能准确滴定的酸碱，在非水溶剂中就有可能被滴定。

表6-6中的醋酐虽然能够离解，但并不产生溶剂合质子。离解生成的醋酐合乙酰阳离子具有比醋酸合质子更强的酸性，因此在冰醋酸中显极弱碱性的化合物在醋酐中仍可能被滴定。

2. 溶剂的酸碱性及作用 根据酸碱质子理论，溶剂的酸碱性对溶质的酸碱度有很大的影响。以 HA 代表酸，B 代表碱，若将酸 HA 溶于质子溶剂 SH 中，发生质子转移反应。

$$HA + SH \rightleftharpoons SH_2^+ + A^-$$

反应的平衡常数 K_{HA}，即溶质 HA 在溶剂 SH 中的表观离解常数为

$$K_{HA} = \frac{[A^-][SH_2^+]}{[HA][SH]} = K_a^{HA} \cdot K_b^{SH} \tag{6-38}$$

式（6-38）表明，酸 HA 在溶剂 SH 的表观酸强度决定于 HA 的固有酸度和溶剂 SH 的碱度，即决定于酸给出质子的能力和溶剂接受质子的能力。

同理，碱 B 溶于溶剂 SH 中，质子转移的反应式为

$$B + SH \rightleftharpoons BH^+ + S^-$$

反应的平衡常数 K_B 为

$$K_B = \frac{[BH^+][S^-]}{[B][SH]} = K_b^B \cdot K_a^{SH} \tag{6-39}$$

因此，碱 B 在溶剂 SH 中的表观碱强度决定于 B 的固有碱度和 SH 溶剂的酸度，即决定于碱接受质子的能力和溶剂给出质子的能力。

例如，某酸 HA 的固有酸度常数 $K_n^{HA} = 1.0 \times 10^{-3}$，在介电常数相近而固有碱度常数不同的溶剂 SH^1（$K_a^{SH} = 1.0 \times 10^{-5}$）和 SH^2（$K_a^{SH} = 1.0 \times 10^5$）中，其酸强度分别为

在 SH^1 中： $K_a^1 = K_a^{HA} \cdot K_b^{SH1} = 1.0 \times 10^{-8}$

在 SH^2 中： $K_a^2 = K_a^{HA} \cdot K_b^{SH2} = 1.0 \times 10^2$

显然，在不同的质子性溶剂中，酸碱离解常数不同。HA 在碱强度小的溶剂 SH^1 中显更弱的酸性，而在碱强度大的溶剂 SH^2 中，则显更强的酸性。

例如邻苯二甲酸氢钾（KHP），在水溶液中，用以标定 NaOH 标准溶液；而在醋酸溶剂中，用以标定 $HClO_4$。KHP 在两种不同溶剂中分别起酸、碱角色的作用是因为两种溶剂的酸碱性不同。

液氨在水中表现为弱碱，而在醋酸中则为强碱，是由于醋酸的酸性比水强，给出质子的能力比水的强，从而使平衡向生成更弱酸 NH_4^+ 和更弱碱 Ac^- 的方向移动。

这种溶剂的酸碱性影响酸碱固有酸碱性的性质，对酸碱滴定有着重要的影响。弱酸溶于碱性溶剂，可以使酸的强度提高；弱碱溶于酸性溶剂，可以使碱的强度提高。因此，选择合适的溶剂，可以使在水溶液中不能滴定的弱酸（碱）能采用滴定法进行定量分析。

3. 溶剂的极性及作用 溶剂极性与其介电常数 ε 有关，ε 值大的溶剂极性强，ε 值小的溶剂极性弱。同一溶质，在其他性质相同而介电常数不同的溶剂中，由于离解难易不同而表现出不同的酸碱度。

例如，醋酸溶于水和乙醇这两个碱强度相近的溶剂时，在高介电常数水中，部分醋酸分子电离和离解，形成溶剂合质子（H_3O^+）与共轭碱（Ac^-），而在低介电常数的乙醇（$\varepsilon = 24.30$）中，则只有很少的醋酸分子离解成离子，绝大多数以离子对形式存在。因此，在水中醋酸的酸度比在乙醇中大。

溶剂的介电常数对带不同电荷的酸和碱的离解作用影响不同。根据库仑定律两个电荷之间势能的近似关系为

$$E = \frac{Z^+ Z^- e^2}{\varepsilon r} \tag{6-40}$$

式中，E 表示势能，Z^+、Z^- 分别是正负离子价数，e 为单位离子电荷数，r 是两离子电荷中心距离，ε 为溶剂介电常数。可见，溶质在介电常数大的溶剂中离解所需能量小，有利于离解。

电中性分子酸和碱、阴离子酸及一价阳离子碱等在离解时伴随正负电荷离子对的分离，其离解作用随溶剂 ε 值增大而增强。胺类在乙醇中的离解常数较水中减小约 10^4 倍，一价阳离子酸和一价阴离子碱的离解作用不包含不同电荷离子对的分离，故对 ε 值变化不敏感。

在酸碱滴定中，常利用溶剂介电常数对某些酸或碱强度影响程度不同的性质来消除共存离子的干扰，以提高滴定的选择性。

例如，H_3BO_3 与 NH_4^+ 在水溶液中两者酸强度相差不大，不能用酸碱滴定法直接滴定。若在介电常数较水低的乙醇中，H_3BO_3 的离解常数减少约 10^6 倍，NH_4^+ 在乙醇中的离解常数与水中相近，另外乙醇溶剂的自身离解常数较水小，使酸碱反应比在水中进行得完全，因此能在有 H_3BO_3 存在的情况下准确滴定 NH_4^+。

（三）均化效应和区分效应及其作用

1. 均化效应 又称拉平效应（leveling effect），是指酸或碱固有强度的区别，由于溶剂的作用，其强度统统被均化（拉平）到溶剂合质子或溶剂阴离子水平的现象。其溶剂称为均化（拉平）性溶剂。

例如常见矿酸的固有酸强度为：$HClO_4 > H_2SO_4 > HCl > HNO_3$，在水中几乎全部离解，都是强酸。

$$HClO_4 + H_2O \Longrightarrow H_3O^+ + ClO_4^-$$

$$H_2SO_4 + H_2O \Longrightarrow H_3O^+ + HSO_4^-$$

$$HCl + H_2O \Longrightarrow H_3O^+ + Cl^-$$

$$HNO_3 + H_2O \Longrightarrow H_3O^+ + NO_3^-$$

根据酸碱质子理论，上述反应中水为碱，水接受了矿酸的质子形成其共轭酸（水合质子 H_3O^+），而酸给出质子成为其共轭碱（ClO_4^-、HSO_4^-、Cl^-、NO_3^-）。通常水是强酸、强碱的均化性溶剂，比 OH^- 强的碱溶解在水里，使水分子失去质子生成 OH^-；在水中能够存在的最强酸是 H_3O^+，最强碱是 OH^-。

若用比水的碱性更强的液氨作为溶剂，则可将盐酸和醋酸也可均化到 NH_4^+ 的强度水平，所以液氨是盐酸和醋酸的均化性溶剂。

在均化性溶剂中，溶剂合质子 SH_2^+（如 H_3O^+、NH_4^+）是溶液中能够存在的最强酸，即共存酸都被均化到溶剂合质子的强度水平。同理，共存碱在酸性溶剂中都被均化到溶剂阴离子的强度水平，溶剂阴离子 S^-（如 OH^-、Ac^-等）是溶液中的最强碱。

2. 区分效应　由于溶剂的作用，使酸或碱离解度发生变化，从而使酸或碱的强度能区分的现象称为区分效应（differentiating effect）。具有该作用的溶剂称为区分性溶剂。

例如常见矿酸的固有酸强度为：$HClO_4 > H_2SO_4 > HCl > HNO_3$，在醋酸中显示其酸度不同，溶解于冰醋酸时，存在离解平衡为

$$HClO_4 + HAc \rightleftharpoons H_2Ac^+ + ClO_4^- \qquad K_a = 2.0 \times 10^7$$

$$H_2SO_4 + HAc \rightleftharpoons H_2Ac^+ + HSO_4^- \qquad K_a = 1.3 \times 10^6$$

$$HCl + HAc \rightleftharpoons H_2Ac^+ + Cl^- \qquad K_a = 1.0 \times 10^3$$

$$HNO_3 + HAc \rightleftharpoons H_2Ac^+ + NO_3^- \qquad K_a = 2.9 \times 10$$

由于 HAc 碱性比 H_2O 弱，$HClO_4$、H_2SO_4、HCl 和 HNO_3 不能被均化到相同的程度。K_a 值显示在冰醋酸中 $HClO_4$ 是比 HCl 更强的酸。显然，冰醋酸是 $HClO_4$ 和 HCl 的区分性溶剂。同样，水是盐酸和醋酸的区分性溶剂。

3. 均化与区分的作用　一般说来，酸性溶剂是碱的均化性溶剂，是酸的区分性溶剂；碱性溶剂是碱的区分性溶剂，是酸的均化性溶剂。因此往往可以利用均化效应测定酸（碱）的总含量，利用区分效应测定混合酸（碱）中各组分的含量。

惰性溶剂没有质子转移，是一种很好的区分性溶剂。如图 6 – 10 显示了 5 种不同强度的酸在甲基异丁酮中用四丁基氢氧化铵滴定所得的滴定曲线，可以观察到 $HClO_4$ 是比 HCl 更强的酸，5 种酸的混合物，包括最强的高氯酸和极弱的苯酚（$K_a = 1.1 \times 10^{-10}$）都明显地被区分滴定。

（四）溶剂的选择

在非水酸碱滴定中，溶剂的选择十分重要。所选溶剂应有利于滴定反应完全，终点明显，而又不引起副反应。此外，选择溶剂时，还应考虑以下要求。

（1）溶剂应有一定的纯度，黏度小，挥发性低，易于精制、回收，价廉，安全。

（2）溶剂应能溶解试样及滴定反应的产物，一种溶剂不能溶解时，可采用混合溶剂。

（3）常用的混合溶剂一般由惰性溶剂与质子溶剂结合而成，混合溶剂能改善试样溶解性，并且能增大滴定突跃，使终点时指示剂变色敏锐。

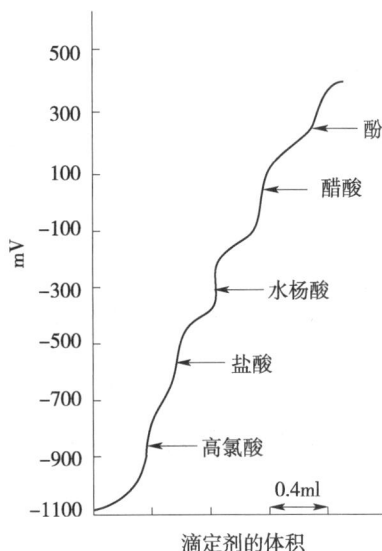

图 6 – 10　五种混合酸的区分滴定曲线

常用的混合溶剂如：冰醋酸 – 醋酐、冰醋酸 – 苯、冰醋酸 – 三氯甲烷及冰醋酸 – 四氯化碳等，适于弱碱性物质的滴定；苯 – 甲醇、苯 – 异丙醇、甲醇 – 丙酮、二甲基甲酰胺 – 三氯甲烷等，适于弱酸性物质的滴定。

（4）溶剂应不引起副反应，存在于溶剂中的水会严重干扰滴定终点，应采用精制的方法或加入能和水作用的试剂将其除去。

二、非水溶液中酸和碱的滴定

（一）碱的滴定

1. 溶剂　冰醋酸是最常用的酸性试剂。市售冰醋酸含有少量水分，为避免水分存在对滴定的影响，

一般需加入一定量的醋酐，使其与水反应转变成醋酸。

$$(CH_3CO)_2O + H_2O \Longrightarrow 2CH_3COOH$$

根据反应式应有 $n_{水} = n_{酐}$，因此有

$$\frac{\rho_{酸} \times V_{酸} \times \omega_{H_2O}\%}{M_{H_2O}} = \frac{\rho_{酐} \times V_{酐} \times \omega_{酐}\%}{M_{酐}} \tag{6-41}$$

2. 标准溶液　滴定碱的标准溶液常采用高氯酸的冰醋酸溶液（$HClO_4$ – HAc）。$HClO_4$ 在 HAc 中稳定性、酸性最强，且绝大多数有机碱的高氯酸盐易溶于有机溶剂，对滴定反应有利。市售高氯酸为含 70% ~ 72% $HClO_4$ 的水溶液，故需加入醋酐除去水分。

冰醋酸在低于 16℃ 时会凝固，可采用冰醋酸 – 醋酐（9∶1）的混合试剂配制 $HClO_4$ 标准溶液，能防止凝固，且吸湿性小；也可在冰醋酸中加入 10% ~ 15% 丙酸防冻。

标定 $HClO_4$ 标准溶液常用邻苯二甲酸氢钾为基准物质，结晶紫为指示剂，其标定反应为

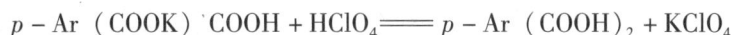

$$p - Ar(COOK)\ COOH + HClO_4 \Longrightarrow p - Ar(COOH)_2 + KClO_4$$

非水溶剂膨胀系数较大，若测定时温度与标定时有显著差别，应重新标定或校正。

$$c_1 = \frac{c_0}{1 + \alpha(t_1 - t_0)} \tag{6-42}$$

式中，α 为溶剂膨胀系数，t_0 为标定时的温度，t_1 为测定时的温度，c_0 为标定时的浓度，c_1 为测定时的浓度。

3. 指示剂　非水酸碱滴定法常见指示剂有结晶紫、α – 萘酚苯甲酸、喹哪啶红等。

（1）结晶紫　常用于以冰醋酸作滴定介质，$HClO_4$ – HAc 作滴定剂滴定碱。结晶紫分子中的氮原子能结合多个质子而表现为多元碱性，在滴定中，随着滴定酸度的增加，结晶紫的颜色变化过程为：紫色（碱式色）→蓝紫→蓝→蓝绿→黄绿→黄色（酸式色）。

在滴定不同强度的碱时，终点的颜色不同。滴定较强碱时应以蓝色或蓝绿色为终点，滴定极弱碱则应以蓝绿色或绿色为终点。

（2）α – 萘酚苯甲醇　适用于在冰醋酸 – 四氯化碳、酸酐等溶剂中使用，常用 0.5% 冰醋酸溶液，其酸式色为绿色，碱式色为黄色。

（3）喹哪啶红　适用于在冰醋酸中滴定大多数胺类化合物，常用 0.1% 甲醇溶液，其酸式色为无色，碱式色为红色。

4. 应用示例　具有碱性基团的化合物，如胺类、氨基酸类、含氮杂环类、某些有机弱碱及有机酸盐等，大都可用 $HClO_4$ 标准溶液进行滴定。各国药典中应用 $HClO_4$ – HAc 测定的药物包括有机弱碱、有机酸的碱金属盐、有机碱的氢卤酸盐及有机酸盐等。

（1）有机弱碱　如黄杨科植物小叶黄杨中生物碱环维黄杨星 D（$C_{26}H_{46}N_2O$）的含量测定：以结晶紫为指示剂，用 $HClO_4$ – HAc 滴定液（0.1mol/L）滴定至溶液显纯蓝色（《中国药典》2020 年版）。

（2）有机酸的碱金属盐　如乳酸钠（$C_3H_5NaO_3$）的含量测定：以结晶紫为指示剂，用 $HClO_4$ – HAc 滴定液（0.1mol/L）滴定至溶液显蓝绿色（《中国药典》2020 年版）。

（3）有机碱的氢卤酸盐　大多数有机碱均难溶于水，且不太稳定，故常用有机碱与酸成盐后作为药用，其中多数为氢卤酸盐。例如，盐酸麻黄碱、氢溴酸东莨菪碱等，用 $HClO_4$ – HAc 滴定液（0.1mol/L）滴定，结晶紫指示终点。

（4）有机碱的有机酸盐　如氯苯那敏、重酒石酸去甲肾上腺素、枸橼酸喷托维林等常见药物都属于有机碱的有机酸盐，其通式为 B·HA。冰醋酸或冰醋酸 – 酸酐混合溶剂能增强该类物质的碱性，可以结晶紫为指示剂，用 $HClO_4$ – HAc 滴定液（0.1mol/L）滴定。

（二）酸的滴定

1. 溶剂 可用醇类、乙二胺或偶极亲质子溶剂二甲基甲酰胺作溶剂，混合酸的区分滴定以甲基异丁酮为区分性溶剂。也常使用混合溶剂甲醇 – 苯、甲醇 – 丙酮。

2. 标准溶液 常用的滴定剂为甲醇钠的苯 – 甲醇溶液。0.1mol/L 甲醇钠溶液的配制：取无水甲醇150ml，置于冷水冷却的容器中，分次少量加入新切的金属钠2.5g，完全溶解后加适量无水苯，使成1000ml 即得。标定碱标准溶液常用的基准物质为苯甲酸。

3. 指示剂 常用指示剂有百里酚蓝、偶氮紫、溴酚蓝等。

（1）**百里酚蓝** 适宜于在苯、丁胺、二甲基甲酰胺、吡啶和叔丁醇溶剂中滴定羧酸和中等强度酸时作指示剂，变色敏锐，终点清楚，其碱式色为蓝色，酸式色为黄色。

（2）**偶氮紫** 用于在碱性溶剂或偶极亲质子溶剂中滴定较弱酸，其碱式色为蓝色，酸式色为红色。

（3）**溴酚蓝** 用于在甲醇、苯和三氯甲烷等溶剂中滴定羧酸、磺胺类和巴比妥类等，其碱式色为蓝色，酸式色为红色。

4. 应用示例

（1）酚类、磺酰胺类、巴比妥酸、氨基酸和某些铵盐及烯醇类化合物等可在碱性溶剂中用标准碱溶液滴定。

（2）羧酸可在醇中以酚酞作指示剂，用氢氧化钾滴定，一些高级羧酸在水中 pK_a 为 5～6，由于滴定时产生泡沫，使终点模糊，在水中无法滴定，可在苯 – 甲醇混合溶剂中用甲醇钠滴定。

（3）更弱的羧酸可以用二甲基甲酰胺为溶剂，以百里酚蓝为指示剂，用甲醇钠标准溶液滴定。

主要公式

水溶液中 pH	酸碱类型	最简式	使用条件
	强酸/碱溶液	$[H^+] = c_a$ （$[OH^-] = c_b$）	$[H^+] \geq 10^{-6}$ （$[OH^-] \geq 10^{-6}$）
	一元弱酸/碱溶液	$[H^+] = \sqrt{K_a c_a}$ （$[OH^-] = \sqrt{K_b c_b}$）	$c_a K_a \geq 20K_w$，且 $c_a / K_a \geq 500$ （$c_b K_b \geq 20K_w$，且 $c_b / K_b \geq 500$）
	多元弱酸/碱溶液	$[H^+] = \sqrt{K_{a_1} c_a}$ （$[OH^-] = \sqrt{K_{b_1} c_b}$）	当 $c K_1 \geq 20K_w$， $\dfrac{2K_2}{[H^+]} \approx \dfrac{2K_2}{\sqrt{c_a K_1}} < 0.05$， 且 $c / K_1 \geq 500$
	两性物质溶液	$[H^+] = \sqrt{K_{a_1} K_{a_2}}$ 或 $[OH^-] = \sqrt{K_{b_1} K_{b_2}}$	$K_1 >> K_2$，$c/K_1 \geq 20$，且 $c \cdot K_2 \geq 20K_w$
	缓冲溶液	$pH = pK_a + \lg \dfrac{c_b}{c_a}$	$c_a \geq 20 [H^+]$，$c_b \geq 20 [OH^-]$
双指示剂法		$\omega_{NaOH} = \dfrac{m_{NaOH}}{m_s} \times 100\% = \dfrac{c_{HCl} (V_1 - V_2) M_{NaOH}}{m_s \times 1000} \times 100\%$	
		$\omega_{Na_2CO_3} = \dfrac{m_{Na_2CO_3}}{m_a} \times 100\% = \dfrac{c_{HCl} V_2 M_{Na_2CO_3}}{m_s \times 1000} \times 100\%$	
醋酐除水体积		$\dfrac{p_{酸} \times V_{酸} \times \omega_{H_2O}\%}{M_{H_2O}} = \dfrac{p_{酐} \times V_{酐} \times \omega_{酐}\%}{M_{酐}}$	

目标检测

答案解析

1. 何为酸碱质子理论？何为共轭酸碱对？简述共轭酸碱对 K_a 与 K_b 的关系。

2. 简述酸碱指示剂的变色原理。何为酸碱指示剂的理论变色点及理论变色范围？选择酸碱指示剂的依据及原则是什么？

3. 有人说："酸碱滴定法，当达到化学计量点时，溶液的 pH 一定等于7"，这种说法是否正确？滴定突跃范围与哪些因素有关？其有何作用？

4. 一元弱酸（碱）能准确滴定的条件是什么？多元弱酸（碱）能准确滴定和分步滴定的条件是什么？

5. 若要对苯酚、乙酸、水杨酸、盐酸、高氯酸进行区分滴定，应选择什么溶剂和滴定剂？

6. 计算在 pH = 5.00 时，醋酸水溶液（c_{HAc} = 0.10mol/L）中 HAc 和 Ac^- 的平衡浓度。当 $\delta_{HAc} = \delta_{A^-}$ 时，其溶液 pH 为多少？

7. 写出化合物水溶液的质子条件式（PBE）：①$NaHCO_3$；②H_2S；③NH_4Ac；④Na_2HPO_4。

8. 计算下列水溶液的 pH

（1）0.10mol/L　NaAc　　　　　　（2）2.0×10^{-7}mol/L　HCl

（3）0.10mol/L　H_2S　　　　　　（4）0.10mol/L　Na_3PO_4

（5）0.10mol/L　NH_4Ac　　　　　（6）0.10mol/L　Na_2HPO_4

9. 下列酸（碱）水溶液（c = 0.1mol/L）能否用同浓度的强碱或强酸标准溶液滴定？如能滴定，有几个滴定终点？计算计量点的 pH，并选择合适的指示剂。

（1）甲酸（HCOOH）　　（2）硼酸（H_3BO_3）　　（3）酒石酸

（4）草酸（$H_2C_2O_4$）　　（5）柠檬酸　　　　（6）邻苯二甲酸

（7）醋酸钠（NaAc）　　（8）乙二胺

10. 为什么用盐酸可以滴定硼砂而不能直接滴定醋酸钠？为什么用氢氧化钠可以滴定醋酸，而不能直接滴定硼酸？

11. 试设计测定下列混合物中各组分的方法原理、指示剂、操作步骤及计算含量的公式。

（1）$HCl + H_3PO_4$　　　（2）$HCl + NH_4Cl$　　　（3）$NH_3 \cdot H_2O + NH_4Cl$

（4）NaAc + NaOH　　　（5）KHP + 邻苯二甲酸　（6）苯胺和盐酸苯胺

（7）HCl + HAc　　　　（8）水杨酸 + 苯甲酸

12. 用硼砂（$Na_2B_4O_7 \cdot 10H_2O$）标定 HCl 溶液的浓度。称取硼砂 0.5722g，溶于水后加入甲基橙指示剂，以 HCl 溶液滴定，消耗 HCl 25.30ml，计算 HCl 溶液的浓度。如欲将其浓度改变为 0.1000mol/L，问需将此酸 1000ml 稀释到多少毫升？

13. 取一混合碱（Na_2CO_3 与 NaOH 或 $NaHCO_3$）样品 1.179g，用 0.3000mol/L HCl 滴定至酚酞终点，耗去酸 48.16ml，继续滴定至甲基橙终点，又耗去酸 24.08ml，试判断其组成，并计算各组分含量。

14. 有一含纯 Na_2CO_3 及纯 K_2CO_3 的试样，取此试样 1.000g，溶于水后以甲基橙为指示剂，终点时计耗去 0.5000mol/L HCl 30.00ml，试计算试样中 Na_2CO_3 及 K_2CO_3 的百分含量。

15. 称取某一元弱酸 HA（纯物质）1.250g，用 50ml 水溶解后，可用 0.0900mol/L NaOH 溶液 41.20ml 滴定至计量点。当加入 8.24ml NaOH 时，溶液的 pH = 4.30。求：①HA 的摩尔质量；②计算 HA 的 K_a；③计算计量点时溶液的 pH；④选择哪种指示剂？

16. 用 0.1000mol/L HCl 溶液滴定 0.1000mol/L NaOH 溶液 20.00ml。①甲基橙为指示剂，滴定至 pH 4.0 为终点；②用酚酞为指示剂，滴定至 pH 8.0 为终点，分别计算滴定终点误差，并指出哪种指示剂更为合适。

17. 采用氯化钡法测定混合碱试样，称取含 NaOH 和 Na₂CO₃ 的样品 2.5460g，溶解后全部转移至 250ml 量瓶中。移取 25.00ml 的试样两份，一份以甲基橙为指示剂，用 24.86ml HCl 滴至终点；另一份加入过量的 BaCl₂，再以酚酞为指示剂，用 23.74ml HCl 滴至终点。已知该 HCl 溶液 24.37ml 需要 0.4852g 硼砂完全中和，计算样品中 NaOH 和 Na₂CO₃ 的百分含量。

18. 药物中总氮测定，称取试样 0.2000g，将其中的 N 全部转化为 NH₃，并用 0.1000mol/L HCl 溶液 25.00 ml 吸收，过量的 HCl 用 0.1200mol/L NaOH 回滴，消耗 8.10 ml，计算该药物中 N 的百分含量。

19. 配制 HClO₄ - HAc 溶液（0.05000mol/L）1000ml，需用相对密度为 1.75 70% HClO₄ 4.2ml，所用的冰醋酸含量 99.8%，相对密度 1.05，应加含量为 98%、相对密度 1.087 的醋酐多少毫升才能完全除去其中的水分？

20. 枸橼酸钠注射液含枸橼酸钠（Na₃C₆H₅O₇·2H₂O）应为 2.35% ~ 2.65%，精密量取某批号注射液 3ml，置于水浴上蒸干后，加冰醋酸 5ml，加醋酐 10ml，结晶紫指示剂 1 滴，用0.1000mol/L HClO₄滴定，用去 7.32ml，空白用去 0.03ml，已知每 1 毫升 HClO₄（0.1mol/L）相当于 8.602mg Na₃C₆H₅O₇，试计算注射液的含量（以 Na₃C₆H₅O₇ 计）。

21. 如 NaOH 标准溶液保存不当，吸收了空气中的 CO₂，用该标准溶液滴定草酸，以酚酞作指示剂，对结果有何影响？若使用该标准溶液滴定盐酸，以甲基橙做指示剂，对结果有何影响？为什么？

书网融合……

思政导航	本章小结	微课1	微课2
微课3	微课4	微课5	微课6
微课7	微课8	微课9	题库

（高晓燕 罗 赣）

第七章　沉淀滴定法

学习目标

知识目标

1. **掌握**　银量法三种指示剂法的基本原理、滴定条件和标准溶液的配制与标定。
2. **熟悉**　沉淀滴定法滴定曲线的绘制。
3. **了解**　沉淀滴定法在药物分析中的应用。

能力目标　通过本章的学习，能够全面理解沉淀滴定法基本原理，在实际分析过程中能够运用所学知识选择合适的沉淀滴定分析方法，正确判断沉淀滴定终点。

▷ 第一节　概　述 微课1

PPT

沉淀滴定法（precipitation titration）是基于沉淀反应为基础的一种滴定分析方法。沉淀反应很多，但用于滴定分析的沉淀反应必须符合条件：①沉淀的溶解度必须足够小，以保证沉淀反应进行完全；②生成的沉淀应组成恒定；③沉淀反应须能快速达到平衡；④必须有指示滴定终点的适当方法。

目前应用较多的沉淀滴定反应主要是生成难溶性银盐的反应。如

$$Ag^+ + X^- \rightleftharpoons AgX\downarrow \qquad (X^-：Cl^-、Br^-、I^-、SCN^- 等)$$

以上述反应为基础的滴定分析法称为银量法（aregentometric method），可用于测定含 Cl^-、Br^-、I^-、SCN^- 和 Ag^+ 等离子的化合物，也可测定经处理后转化为这些离子的有机物。

除银量法外，其他沉淀反应如 $NaB(C_6H_5)_4$ 与 K^+，$K_4[Fe(CN)_6]$ 与 Zn^{2+}、Ba^{2+}（Pb^{2+}）与 SO_4^{2-} 等形成沉淀的反应也可用于沉淀滴定分析，但实际应用不及银量法普遍，故本章主要讨论银量法的基本原理及其应用。

▷ 第二节　沉淀滴定原理

PPT

一、滴定曲线

在沉淀滴定中，随着滴定剂的加入，溶液中离子浓度的变化可用滴定曲线表示。以 0.1000mol/L $AgNO_3$ 溶液滴定 20.00ml 0.1000mol/L NaCl 溶液为例。

$$Ag^+ + Cl^- \rightleftharpoons AgCl\downarrow$$

1. 滴定开始前　溶液中 ［Cl^-］为溶液的原始浓度

$$［Cl^-］=0.1000mol/L \qquad pCl = -\lg 0.1000 = 1.00$$

2. 滴定至化学计量点前　溶液中的 ［Cl^-］取决于剩余的氯化钠的浓度。若加入 $AgNO_3$ 溶液 Vml 时，溶液中 ［Cl^-］为

$$[Cl^-] = \frac{(20.00 - V) \times 0.1000}{(20.00 + V)}$$

当加入 $AgNO_3$ 溶液 19.98ml 时，即滴定到化学计量点前 0.1%，溶液中剩余的 $[Cl^-]$ 为

$$[Cl^-] = \frac{(20.00 - 19.98) \times 0.1000}{(20.00 + 19.98)} = 5.0 \times 10^{-5} mol/L \qquad pCl = 4.30$$

因为 $[Ag^+][Cl^-] = K_{sp} = 1.8 \times 10^{-10}$ $\qquad pAg + pCl = -lgK_{sp} = 9.74$

$pAg = 9.74 - 4.3 = 5.44$

3. 化学计量点时　溶液是 AgCl 的饱和溶液

$$[Ag^+] = [Cl^-] = \sqrt{K_{sp}} = \sqrt{1.8 \times 10^{-10}} = 1.34 \times 10^{-5} mol/L$$

$$pCl = pAg = \frac{1}{2}pK_{sp} = 4.89$$

4. 化学计量点后　当滴入 $AgNO_3$ 溶液 20.02ml 时，即滴定到化学计量点后 0.1%，溶液中的 $[Ag^+]$ 由过量的 $AgNO_3$ 浓度决定，则

$$[Ag^+] = \frac{(20.02 - 20.00) \times 0.1000}{(20.02 + 20.00)} = 5.0 \times 10^{-5} mol/L$$

$pAg = 4.30$ $\quad pCl = 9.74 - 4.30 = 5.44$

采用相同方法可计算用 $AgNO_3$ 溶液滴定 Br^-、I^- 过程中 pBr、pI 的变化情况。加入不同体积滴定剂的 pCl、pBr、pI 及 pAg 计算数据如表 7-1 所示。由表 7-1 数据绘制的滴定曲线如图 7-1、图 7-2 所示。

表 7-1　$AgNO_3$ 溶液滴定 20.00ml NaX 溶液的 pAg 及 pX 变化（浓度 0.1000mol/L）

$AgNO_3$ 溶液的加入量		滴定 Cl^-		滴定 Br^-		滴定 I^-	
ml	%	pCl	pAg	pBr	pAg	pI	pAg
0.00	0	1.00		1.00		1.00	
18.00	90	2.28	7.46	2.28	10.02	2.28	13.75
19.60	98	3.00	6.74	3.00	9.30	3.00	13.03
19.80	99	3.30	6.44	3.30	9.00	3.30	12.73
19.96	99.8	4.00	5.74	4.00	8.30	4.00	12.03
19.98	99.9	4.30	5.44	4.30	8.00	4.30	11.73
20.00	100	4.87	4.87	6.15	6.15	8.02	8.02
20.02	100.1	5.44	4.30	8.00	4.30	11.73	4.30
20.04	100.2	5.74	4.00	8.30	4.00	12.03	4.00
20.20	101	6.44	3.30	9.00	3.30	12.73	3.30
20.40	102	6.74	3.00	9.30	3.00	13.03	3.00
22.00	110	7.42	2.32	9.98	2.32	13.71	2.32
40.00	200	8.27	1.48	10.82	1.48	14.55	1.48

沉淀滴定的滴定曲线有以下特点。

（1）pX 与 pAg 两条曲线以化学计量点对称。随着滴定的进行，溶液中 $[Ag^+]$ 增加时，$[X^-]$ 以相同的比例减小，两条曲线在化学计量点相交，即 $[Ag^+] = [X^-]$。

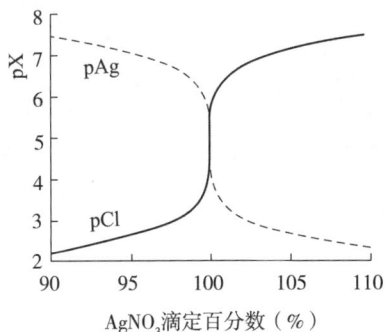

图 7-1 AgNO₃溶液滴定 NaCl 溶液的滴定
曲线（浓度 0.1000mol/L）

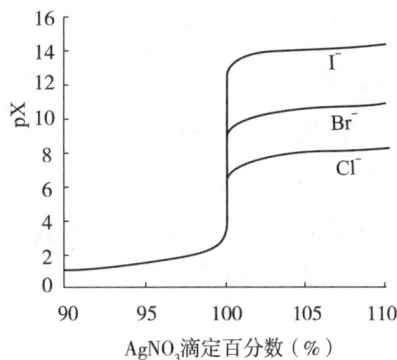

图 7-2 AgNO₃溶液滴定 Cl⁻、Br⁻、I⁻溶液
的滴定曲线（浓度 0.1000mol/L）

（2）与酸碱滴定曲线相似，滴定开始时溶液中 X^- 浓度较大，滴入 Ag^+ 所引起的 X^- 浓度变化不大，曲线比较平坦；接近化学计量点时，溶液中 X^- 浓度已很小，再滴入少量 Ag^+ 即引起 X^- 浓度发生很大变化而形成突跃。

（3）突跃范围的大小，取决于沉淀的溶度积常数 K_{sp} 和溶液的浓度 c。K_{sp} 越小，突跃范围越大，如 $K_{sp(AgI)} < K_{sp(AgBr)} < K_{sp(AgCl)}$，所以相同浓度的 I^-、Br^- 和 Cl^- 与 Ag^+ 的滴定曲线，突跃范围的顺序是 $\Delta pI > \Delta pBr > \Delta pCl$。若溶液的浓度较低，则突跃范围变小，这与酸碱滴定法相同。

二、分步滴定

当溶液中 Cl^-、Br^- 和 I^- 共存，用 AgNO₃标准溶液可同时滴定 Cl^-、Br^- 和 I^-，当浓度相差不大时，由于 AgI、AgBr、AgCl 的溶度积差别较大，可利用分步滴定的原理，用 AgNO₃溶液连续滴定，分别测定各自的含量。溶度积最小的 AgI 将最先沉淀出来，AgCl 最后析出，在滴定曲线上显示三个突跃。但是由于卤化银沉淀的吸附和生成混晶的作用，测定结果误差较大，实际应用较少。

第三节 银量法 微课2

PPT

根据确定终点所用指示剂的不同，银量法可分为以下三种：铬酸钾指示剂法，又称为莫尔（Mohr）法；铁铵矾指示剂法，又称为佛尔哈德（Volhard）法；吸附指示剂法，又称为法扬司（Fajans）法。

一、铬酸钾指示剂法（莫尔法）

（一）原理

在中性或弱碱性溶液中以 K_2CrO_4 为指示剂，用 AgNO₃标准溶液直接滴定氯化物或溴化物，利用稍过量的 Ag^+ 与 K_2CrO_4 生成砖红色的 Ag_2CrO_4 沉淀以指示终点。

以滴定氯化物为例，讨论本方法的测定原理如下。

终点前　　　$Ag^+ + Cl^- \rightleftharpoons AgCl\downarrow$（白色）　　　　　$K_{sp} = 1.8 \times 10^{-10}$

终点时　　　$2Ag^+ + CrO_4^{2-} \rightleftharpoons Ag_2CrO_4\downarrow$（砖红色）　　　$K_{sp} = 2.0 \times 10^{-12}$

由于 AgCl（$s_{AgCl} = 1.34 \times 10^{-5}$ mol/L）的溶解度小于 Ag_2CrO_4（$s_{Ag_2CrO_4} = 7.94 \times 10^{-5}$ mol/L）的溶解度，根据分步沉淀原理，在滴定过程中，Ag^+ 首先和 Cl^- 反应生成 AgCl 沉淀。计量点后，稍过量的 Ag^+

与 CrO_4^{2-} 反应，产生砖红色 Ag_2CrO_4 沉淀，指示滴定终点到达。

（二）滴定条件

1. 指示剂的用量 溶液中指示剂 $[CrO_4^{2-}]$ 的大小直接影响分析结果的准确度。若指示剂的用量过多，Cl^- 尚未沉淀完全，即有砖红色的铬酸银沉淀生成，使终点提前，造成负误差，同时指示剂本身的黄色也会影响终点观察；若指示剂的用量过少，滴定至化学计量点后，稍加入过量 $AgNO_3$ 仍不能形成铬酸银沉淀，使终点推迟，造成正误差。

因此要求指示剂 K_2CrO_4 溶液的浓度在一合适范围。例如，滴定到达终点时溶液总体积约 50ml，所消耗的 $AgNO_3$ 溶液（0.1mol/L）约 20ml，若显示终点时允许有 0.05% 的滴定剂过量，即多加入 $AgNO_3$ 溶液 0.01ml，此时过量 $[Ag^+]$ 为

$$\frac{0.1 \times 0.01}{50} = 2.0 \times 10^{-5} \text{mol/L}$$

如果此时恰能生成 Ag_2CrO_4 沉淀，则所需 $[CrO_4^{2-}]$ 为

$$[CrO_4^{2-}] = \frac{K_{sp(Ag_2CrO_4)}}{[Ag^+]^2} = \frac{2.0 \times 10^{-12}}{(2.0 \times 10^{-5})^2} = 5.0 \times 10^{-3} \text{mol/L}$$

从计算可知，只要控制被测溶液中 $[CrO_4^{2-}]$ 为 5.0×10^{-3} mol/L，到达计量点时，稍过量的 $AgNO_3$ 溶液恰好能与 CrO_4^{2-} 作用产生砖红色 Ag_2CrO_4 沉淀。一般是在反应液的总体积为 $50 \sim 100$ml 溶液中，加入 5%（g/ml）铬酸钾指示剂 $1 \sim 2$ml 即可，此时 CrO_4^{2-} 的浓度为 $2.6 \times 10^{-3} \sim 5.2 \times 10^{-3}$ mol/L。

2. 溶液的酸度 滴定应在中性或弱碱性溶液中进行，pH 为 $6.5 \sim 10.5$。若酸度过高，CrO_4^{2-} 与 H^+ 结合，使 $[CrO_4^{2-}]$ 降低，导致 Ag_2CrO_4 沉淀出现过迟甚至于不沉淀。

$$Ag_2CrO_4 + H^+ \rightleftharpoons 2Ag^+ + HCrO_4^-$$

$HCrO_4^-$ 不易电离，但存在下列转化关系。

$$2CrO_4^{2-} + 2H^+ \rightleftharpoons 2HCrO_4^- \rightleftharpoons Cr_2O_7^{2-} + H_2O$$

若酸度过低，Ag^+ 在碱性溶液中将形成 Ag_2O 黑色沉淀析出。

$$2Ag^+ + 2OH^- \rightleftharpoons 2AgOH \rightleftharpoons Ag_2O \downarrow （黑色） + H_2O$$

滴定也不能在氨性溶液中进行。$AgCl$ 和 Ag_2CrO_4 均可形成 $[Ag(NH_3)_2]^+$ 配离子而溶解。如果溶液中有氨存在，必须用酸先中和；当有铵盐存在时，若溶液酸度过低，会使 NH_3 的浓度增大，因此，以控制溶液 pH 在 $6.5 \sim 7.2$ 为宜。若溶液的酸度过高，可用 Na_2CO_3、$CaCO_3$ 或 $Na_2B_4O_7 \cdot 10H_2O$ 中和；若酸度过低，可用稀 HNO_3 调节。

3. 滴定时应充分振摇 因 $AgCl$、$AgBr$ 沉淀能分别吸附 Cl^-、Br^-，且吸附力较强，吸附的 Cl^- 和 Br^- 不易和 Ag^+ 作用，致使在计量点前溶液中的 Cl^- 或 Br^- 尚未作用完，Ag^+ 即和 CrO_4^{2-} 反应产生 Ag_2CrO_4 沉淀，使滴定终点过早出现，测定结果偏低。因此在滴定过程中必须充分振摇，使被吸附的 Cl^- 或 Br^- 释放出来。

4. 预先分离干扰离子 凡能与 CrO_4^{2-} 反应生成沉淀的阳离子，如 Ba^{2+}、Pb^{2+}、Bi^{3+} 等，与 Ag^+ 生成沉淀的阴离子如 PO_4^{3-}、S^{2-}、CO_3^{2-}、AsO_4^{3-} 等，大量有色离子如 Cu^{2+}、Co^{2+}、Ni^{2+} 等，以及在中性或微碱性溶液中易发生水解的离子如 Fe^{3+}、Al^{3+} 等均干扰滴定，应预先分离排除。

（三）应用范围

本法主要用于直接法测定 Cl^- 和 Br^-，在弱碱性溶液中也可测定 CN^-。不宜测定 I^- 和 SCN^-，因为 AgI、$AgSCN$ 沉淀对 I^- 和 SCN^- 有强烈吸附作用，使终点提前，造成较大误差。

二、铁铵矾指示剂法（佛尔哈德法）

（一）原理

在酸性溶液中以铁铵矾〔$NH_4Fe(SO_4)_2 \cdot 12H_2O$〕为指示剂，用 NH_4SCN 或 KSCN 为标准溶液测定银盐和卤化物，按测定对象不同，可分为直接法和返滴定法。

1. 直接法测定 Ag^+　在酸性溶液中，以铁铵矾作指示剂，用 NH_4SCN 或 KSCN 为标准溶液滴定 Ag^+。滴定反应为

终点前　　　　　　　　　　$Ag^+ + SCN^- \Longrightarrow AgSCN \downarrow$（白色）

终点时　　　　　　　　　　$Fe^{3+} + SCN^- \Longrightarrow Fe(SCN)^{2+}$（红色）

在滴定过程中 SCN^- 首先与 Ag^+ 反应生成 AgSCN 沉淀，滴定至终点时，稍过量的 SCN^- 与铁铵矾中的 Fe^{3+} 反应，生成 $Fe(SCN)^{2+}$ 配离子使溶液呈红色，指示滴定终点到达。

2. 返滴定法测定卤化物　先向样品溶液中准确加入过量的 $AgNO_3$ 滴定液，使卤素离子生成银盐沉淀，然后再加入铁铵矾作指示剂，用 NH_4SCN 滴定液滴定剩余的 $AgNO_3$，反应如下。

终点前　　　　　　　　　Ag^+（过量）$+ X^- \Longrightarrow AgX \downarrow$

　　　　　　　　　　　　Ag^+（剩余）$+ SCN^- \Longrightarrow AgSCN \downarrow$（白色）

终点时　　　　　　　　　　　$Fe^{3+} + SCN^- \Longrightarrow Fe(SCN)^{2+}$（红色）

用返滴定法测定 Cl^- 时，必须注意：溶液中同时有 AgCl 和 AgSCN 两种难溶银盐存在，因 s_{AgCl}（1.34×10^{-5} mol/L）大于 s_{AgSCN}（1.0×10^{-6} mol/L），若用力振摇，将使已生成的 $Fe(SCN)^{2+}$ 配位离子的红色消失。当剩余的 Ag^+ 被滴定完后，SCN^- 会将 AgCl 沉淀中的 Ag^+ 转化为 AgSCN 沉淀而使 Cl^- 重新释放出，沉淀转化反应为

$$SCN^- + AgCl \Longrightarrow AgSCN + Cl^-$$

由于沉淀的转化过多消耗 NH_4SCN 标准溶液，将造成一定的滴定误差。为了避免上述转化反应的进行，可以采取下列措施。

（1）方法一：将 AgCl 沉淀先滤出　试液中加入一定量过量的 $AgNO_3$ 标准溶液后，将溶液煮沸，使 AgCl 沉淀凝聚，以减少 AgCl 对 Ag^+ 的吸附作用，然后将 AgCl 沉淀滤出并用 HNO_3 洗涤沉淀，再用 NH_4SCN 标准溶液滴定滤液。这一方法需要过滤、洗涤等操作，手续较繁琐，且如操作不当，将造成较大误差。

（2）方法二：加有机溶剂包裹 AgCl 沉淀　试液中加入一定量过量的 $AgNO_3$ 标准溶液后，在溶液中加入 1～3ml 有机溶剂硝基苯，并用力振摇，使硝基苯包裹在 AgCl 的表面上，减少 AgCl 与 SCN^- 的接触，防止转化。

采用本法测定 Br^- 和 I^- 时，由于 AgBr 和 AgI 的溶解度均比 AgSCN 的溶解度小，所以不会发生沉淀转化现象。

（二）滴定条件

（1）应在强酸性（0.1～1.0mol/L）溶液中进行滴定。在酸性溶液中进行滴定可防止 Fe^{3+} 水解，也可防止其他阴离子的干扰，因而选择性较高。

（2）用直接法测定 Ag^+ 时要充分振摇。由于 AgSCN 沉淀对 Ag^+ 有强烈的吸附作用，充分振摇可使被沉淀吸附的 Ag^+ 释放出来，防止终点提前。

（3）避免发生沉淀的转化。用间接法测定 Cl^- 时，由于易发生沉淀的转化，应采取一定的保护措施，以减少滴定误差。

（4）测定不宜在较高温度下进行，否则红色配合物褪色不能指示终点。

（5）返滴定法测定 I^- 时必须先加入过量的 $AgNO_3$ 标准溶液后，再加入铁铵矾指示剂，以防止 Fe^{3+} 氧化 I^- 影响分析结果。

（三）应用范围

由于本法在酸性溶液中进行滴定，许多弱酸根离子如 PO_4^{3-}、CO_3^{2-}、AsO_4^{3-} 等都难与 Ag^+ 生成沉淀，干扰离子少，选择性高，因此应用范围比较广。采用直接滴定法可测定 Ag^+ 等，采用返滴定或间接滴定法可测定 Cl^-、Br^-、I^-、SCN^-、PO_4^{3-}、AsO_4^{3-} 等离子。

三、吸附指示剂法（法扬司法）

（一）原理

吸附指示剂法是以 $AgNO_3$ 为标准溶液测定卤化物含量，以吸附指示剂指示终点的银量法。

吸附指示剂是一类有机染料，在溶液中发生离解呈现某种颜色，当它被沉淀胶粒表面吸附后，指示剂结构发生变化从而引起颜色的变化以指示终点。吸附指示剂可分为两类：一类是酸性染料，如荧光黄及其衍生物等有机弱酸，可离解出指示剂阴离子；另一类是碱性染料，如甲基紫、罗丹明6G等，离解出指示剂阳离子。现以荧光黄（$K_a \approx 10^{-7}$）为指示剂，以硝酸银标准溶液滴定 Cl^- 为例，说明吸附指示剂的滴定原理。

在化学计量点前，溶液中 Cl^- 过量，AgCl胶粒沉淀优先吸附 Cl^- 使胶粒带上负电荷（AgCl）· Cl^-，由于同种电荷相斥，因此荧光黄指示剂离解的阴离子（FI^-），不能被胶粒吸附，溶液呈荧光黄阴离子的黄绿色。化学计量点后，溶液中有过量的 Ag^+，AgCl沉淀优先吸附 Ag^+ 使沉淀胶粒带上正电荷（AgCl）· Ag^+，带正电荷的胶粒立即吸附荧光黄的阴离子 FI^-，引起指示剂离子结构变化，生成淡红色吸附化合物。此时溶液由黄绿色转变为淡红色而指示终点。其反应为

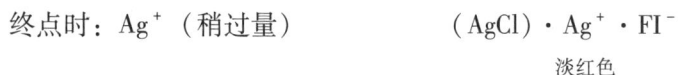

$$HFI \rightleftharpoons H^+ + FI^-$$
黄绿色

终点前：Cl^-（剩余）　　　　　　（AgCl）· $Cl^- + FI^-$
黄绿色

终点时：Ag^+（稍过量）　　　　　（AgCl）· Ag^+ · FI^-
淡红色

（二）滴定条件

（1）沉淀的比表面积要尽可能大。因吸附指示剂的颜色变化发生在沉淀的表面，沉淀比表面积越大，终点变色越明显。因此，在滴定前应将溶液稀释并加入糊精、淀粉等亲水性高分子化合物以保护胶体，同时应避免大量中性盐存在，防止胶体凝聚。

（2）沉淀对指示剂的吸附力应适当。沉淀对指示剂的吸附力应略小于对被测离子的吸附力，否则指示剂将在计量点前变色，但对指示剂离子的吸附力也不能太小，否则计量点后也不能立即变色。滴定卤化物时，卤化银对卤离子和几种常用吸附指示剂吸附力的大小顺序为：I^- > 二甲基二碘荧光黄 > Br^- > 曙红 > Cl^- > 荧光黄。

因此，在测定 Cl^- 时应选用荧光黄为指示剂，在测定 Br^- 时，选用曙红作指示剂。

（3）溶液的pH要适当。$pK_a < pH < 10$。常用吸附指示剂多为有机弱酸，而起指示剂作用是其阴离子，因此，溶液的pH应有利于吸附指示剂阴离子的存在。离解常数小的吸附指示剂，溶液pH需偏高些；而 K_a 较大的吸附指示剂，溶液pH可低些。例如，荧光黄的 K_a 为 10^{-7}，可在pH为7~10的中性或

弱碱性条件下使用；曙红的 K_a 为 10^{-2}，则可在 pH 为 $2\sim10$ 的溶液中使用。

（4）指示剂的呈色离子与加入标准溶液离子应带相反电荷。如用 Cl^- 滴定 Ag^+ 时，可用甲基紫（MV^+Cl^-）作吸附指示剂，甲基紫为阳离子指示剂。

（5）滴定应避免在强光照射下进行。卤化银胶体对光较为敏感，遇光易分解析出金属银，使沉淀变灰或变黑，影响终点观察。

常用的吸附指示剂及其适用范围和条件如表 7-2 所示。

表 7-2　常用的吸附指示剂

指示剂名称	待测离子	滴定剂	适用的 pH 范围
荧光黄	Cl^-	Ag^+	pH $7\sim10$
二氯荧光黄	Cl^-	Ag^+	pH $4\sim10$
曙红	Br^-、I^-、SCN^-	Ag^+	pH $2\sim10$
甲基紫	SO_4^{2-}、Ag^+	Ba^{2+}、Cl^-	pH $1.5\sim3.5$ 酸性溶液
橙黄素Ⅳ			
氨基苯磺酸	Cl^-、I^- 混合液及生物碱盐	Ag^+	微酸性
溴酚蓝			
二甲基二碘荧光黄	I^-	Ag^+	中性

（三）应用范围

本法可用于测定 Cl^-、Br^-、I^-、SCN^- 和 Ag^+ 等。

◈ 第四节　标准溶液和基准物质 🅴 微课3

PPT

一、0.1mol/L AgNO₃标准溶液的配制与标定

1. 配制　硝酸银有市售的一级纯试剂，可作为基准物直接配制。纯度不够的试剂也可在稀硝酸中重结晶纯化。大多数情况下使用分析纯 $AgNO_3$ 间接配制。

称取分析纯 $AgNO_3$ 17g 溶于 1000ml 的蒸馏水中，贮存于带玻璃塞的棕色试剂瓶中，摇匀，置于暗处，密闭保存。

2. 标定　以氯化钠为基准物质进行标定。氯化钠有基准试剂出售，亦可用一般试剂规格的氯化钠精制。氯化钠极易吸潮，应置于干燥器中保存。

准确称取基准试剂 NaCl 0.12～0.15g，置于锥形瓶中，加 50ml 蒸馏水溶解，加入 K_2CrO_4 指示液 1ml，在充分摇动下，用 $AgNO_3$ 待标液滴定至溶液呈微红色即为终点。

硝酸银溶液见光易分解，应置于棕色瓶中避光保存。滴定液存放时间过长，应重新标定。

二、0.1mol/L NH₄SCN 标准溶液的配制与标定

1. 配制　取 NH_4SCN 8g，加蒸馏水使溶解成 1000ml，摇匀。

2. 标定　精密量取 0.1000mol/L $AgNO_3$ 标准溶液 25.00ml，置锥形瓶中，加蒸馏水 50ml、硝酸 2ml 与铁铵矾指示剂 2ml，用待标定 0.1mol/L NH_4SCN 溶液滴定至溶液呈淡棕红色，剧烈振摇后仍不褪色即为终点。根据 NH_4SCN 溶液的消耗量计算其浓度。

PPT

◎ 第五节　应用示例

一、无机卤化物和有机氢卤酸盐的测定

1. 氯化钠注射液中氯化物的含量测定（铬酸钾指示剂法）　精密量取本品 20.00ml，以铬酸钾为指示剂，用 0.1000mol/L AgNO₃ 标准溶液滴定至浑浊液由淡黄色变黄橙色为滴定终点。（氯化钠的含量以 g/100ml 表示）（$M_{NaCl} = 58.443g/mol$）

$$\omega_{NaCl} = \frac{c_{AgNO_3} \times V_{AgNO_3} \times M_{NaCl}}{V_{NaCl} \times 1000} \times 100\%$$

《中国药典》（2020 年版）规定氯化钠注射液含量应在 0.850% ~ 0.950%（g/ml）。

2. 白硇砂中氯化铵的含量测定（铁铵矾指示剂法）　取本品 1.2g，精密称定，加蒸馏水溶解后，定量转移至 250ml 容量瓶中，用蒸馏水稀释至刻度，摇匀，静置至澄清。吸取上层溶液 25.00ml 于锥形瓶，加蒸馏水 25ml、硝酸 3ml，准确加入 0.1000mol/L AgNO₃ 标准溶液 40.00ml，摇匀，再加入硝基苯 3ml，用力振摇，加铁铵矾指示剂 2ml，用 0.1000mol/L NH₄SCN 标准溶液滴定至溶液呈淡棕红色。

$$\omega_{NH_4Cl} = \frac{\left[(cV)_{AgNO_3} - (cV)_{NH_4SCN} \right] \times M_{NH_4Cl}}{m_s \times \frac{25}{250} \times 1000} \times 100\%$$

3. 盐酸麻黄碱片的含量测定（吸附指示剂法）　取本品 15 片（30mg 或 25mg）精密称定质量为 mg，研细，精密称取适量粉末 m_sg（约相当于盐酸麻黄碱 0.15g），置锥形瓶中，加水 15ml，振摇使盐酸麻黄碱溶解，加溴酚蓝指示液 2 滴，滴加醋酸使溶液由紫色变成黄绿色，再加溴酚蓝指示液 10 滴与 2% 糊精溶液 5ml，用硝酸银滴定液（0.1mol/L）滴定，至氯化银沉淀与乳状液显灰紫色。每 1ml 的硝酸银滴定液（0.1mol/L）相当于 20.17mg 的 C₁₀H₁₅NO·HCl。

$$平均每片待测成分的实测质量（mg/片）= \frac{T \times V_{AgNO_3}}{m_s} \times \frac{m}{15}$$

$$百分标示量（\%）= \frac{平均每片待测成分的实测重量}{每片待测成分的标示量} \times 100\%$$

二、有机卤化物的测定

由于有机卤化物中卤素的结合方式不同，多数不能直接采用银量法进行测定，必须经过适当的处理使有机卤素转变成无机卤素离子才能采用银量法进行测定。常用的处理方法有 NaOH 水解法、Na₂CO₃ 熔融法及氧瓶燃烧法等。

1. NaOH 水解法　本法常用于脂肪族卤化物或卤素结合于侧链上类似脂肪族卤化物的有机化合物，其卤素比较活泼，在碱性溶液加热水解，有机卤素即以卤素离子形式进入溶液中，其水解反应如下。

$$R - X + NaOH \longrightarrow R - OH + NaX$$

下列化合物都可采用 NaOH 水解后再用银量法进行测定。

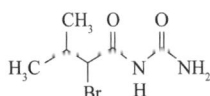

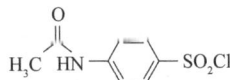

溴米那　　　　　　　　　　　对-乙酰氨基苯磺酰氯

2. Na₂CO₃ 熔融法　本法常用于结合在苯环或杂环上的有机卤素化合物的测定，因其结构比较复杂，

有机卤素比较稳定，一般采用 Na_2CO_3 熔融法，使其转变成无机卤化物后，再进行滴定。

操作步骤：将试样与无水 Na_2CO_3 置于坩埚中混合均匀，灼烧至内容物完全灰化，冷却，用水溶解，调成酸性用银量法测定。

例如，α-溴-β-萘酚的测定，可采用本法使有机溴转变成无机溴，再进行测定。

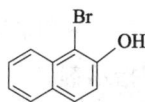

α-溴-β-萘酚

3. 氧瓶燃烧法　本法将有机药物包入滤纸中，再将此滤纸包夹在燃烧瓶中铂丝下部，瓶内加入适当的吸收液（NaOH、H_2O_2 或 NaOH 和 H_2O_2 的混合液等），然后充入氧气，点燃。待燃烧完全后，充分振摇至瓶内白色烟雾完全被吸收为止。一般有机溴化物和氯化物可用银量法测定，而有机碘化物也可用碘量法测定。

例 7-1　二氯酚（5，5′-二氯-2，2′二羟基二苯甲烷）可采用本法进行有机物破坏，以 NaOH 和 H_2O_2 的混合物为吸收液，再用银量法进行测定，反应如下。

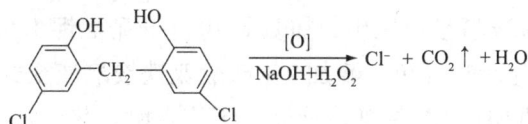

取本品 20mg，精密称定，用氧瓶法进行有机破坏，以 NaOH 溶液（0.1mol/L）10ml 和 H_2O_2 2ml 的混合液为吸收液，待反应完全后，微煮沸 10 分钟，除去多余的 H_2O_2，冷却，加稀硝酸 5ml，$AgNO_3$ 溶液（0.02mol/L）溶液 25ml，至沉淀（AgCl）完全后，滤过，用水洗涤沉淀，合并滤液（含剩余的 Ag^+），以铁铵矾为指示剂，用 NH_4SCN 溶液（0.02mol/L）滴定消耗滴定体积为 V_S，同时做空白试验消耗 NH_4SCN 溶液滴定体积为 V_B。

$$2(cV)_s = (cV)_{Cl^-} = (cV)_{Ag^+} - (cV)_{SCN^-} = (cV)_{B,SCN^-} - (cV)_{S,SCN^-}$$

$$\omega_s = \frac{\frac{1}{2}\left[(cV)_{B,SCN^-} - (cV)_{S,SCN^-}\right]\frac{M_s}{1000}}{m_s} \times 100\%$$

>>> **知识链接** o -

百分含量与百分标示量

百分含量是指某种成分占总成分的百分比，体现了样本的纯度；标示量是指该剂型单位剂量的制剂中规定的主药含量，即为样本的规格，百分标示量是每个样本的实际含量与标示量的百分比，体现了样品实际含量与样品规定规格的偏离程度。在药物分析中，百分含量和百分标示量体现的主体不同，前者为原料药，后者为制剂。

- •

答案解析

$\blacktriangleright$ **目标检测**

1. 简述银量法几种指示终点方法的滴定条件及应用范围。
2. 莫尔法中，指示剂的用量过多或过少对滴定结果有何影响？
3. 用铁铵矾指示剂法测定氯化物时，为了防止沉淀的转化可采取哪些措施？
4. 设计一种适合测定下列试样中卤素离子或 Ag^+ 含量的方法。

（1）$CaCl_2$；（2）$BaCl_2$；（3）$FeCl_3$；（4）含有 Na_3PO_4 的 NaCl；（5）NH_4Cl；（6）KSCN；（7）含有 Na_2CO_3 的 NaCl；（8）NaBr；（9）KI

5. 在下列情况下，测定结果是偏高、偏低还是无影响？并说明原因。

（1）在 pH = 4 的条件下，用莫尔法测定 Cl^-。

（2）用佛尔哈德法测定 Cl^- 和 Br^-，既未滤去 AgCl 沉淀，也未加有机溶剂。

（3）用法扬司法测定 Cl^- 或 I^-，用曙红作指示剂。

（4）用佛尔哈德法滴定 I^- 时，先加铁铵矾指示剂再加入过量的 $AgNO_3$ 标准溶液。

6. 称取大青盐 0.1960g，溶于水后，以铁铵矾作指示剂，加入 0.1220mol/L $AgNO_3$ 30.00ml，过量的 Ag^+ 用 0.1020mol/L NH_4SCN 标准溶液滴定，用去 6.50ml，计算大青盐中 NaCl 的百分含量。

7. 有纯净 KCl 和 KBr 混合样品 0.3005g，水溶解后，以铬酸钾为指示剂，用 0.1000mol/L 的 $AgNO_3$ 标准溶液滴定至终点，用去 30.68mL，计算试样中 KCl 和 KBr 的百分含量各是多少？

8. 取尿样 5.00ml，加入 0.1005mol/L 的 $AgNO_3$ 溶液 20.00ml，反应剩余的 $AgNO_3$ 用 0.1109mol/L 的 NH_4SCN 溶液滴定，用去 9.25mL，计算 1.5L 尿液中含有 NaCl 多少克？

9. 称取朱砂（HgS）0.3012g 置锥形瓶中，加硫酸 10ml 与硝酸钾 1.5g，加热使溶解，放冷，加水 50ml，加 1% 高锰酸钾溶液至显示粉红色，滴加 2% 硫酸亚铁铵溶液至红色消失。加入铁铵矾指示剂 2ml，用浓度为 0.1260mol/L 的 NH_4SCN 标准溶液滴定至终点时，共消耗 19.95ml。判定该朱砂是否合格。（1ml 0.1000mol/L 的 NH_4SCN 标准溶液相当于 11.63mg 的硫化汞 HgS）。（合格品：本品含 HgS 不得少于 96.0%）

书网融合……

| 思政导航 | 本章小结 | 微课1 | 微课2 | 微课3 | 题库 |

（张　娟）

第八章 配位滴定法

◎ 学习目标

知识目标

1. **掌握** EDTA 滴定法的基本原理，配位滴定条件的选择；金属指示剂的变色原理；EDTA 标准溶液的配制与标定方法。

2. **熟悉** 配位滴定曲线及其影响计量点和滴定突跃的因素；常用金属指示剂的变色范围和使用条件。

3. **了解** 配位滴定的终点误差。

能力目标 通过本章的学习，能够进行 EDTA 标准溶液的配制与标定，使用 EDTA 滴定法结合不同的配位滴定方式测定常见的 Ca^{2+}、Mg^{2+}、Zn^{2+}、Al^{3+} 等金属离子。

▷ 第一节 概 述

PPT

一、配位滴定法

配位滴定法（complexometric titration）是以配位反应为基础的滴定分析方法，也称络合滴定法（complex titration）。配位滴定法广泛地应用于医药工业、化学工业、地质、冶金等各个领域。

配位反应具有极大的普遍性，但能用于配位滴定的却很少。能用于配位滴定的配位反应必须具备以下条件。

（1）配位反应按一定的反应式定量进行，即金属离子与配位剂的反应比恒定。此为配位滴定定量计算的基础。

（2）反应必须定量进行完全，即生成的配合物应具备足够的稳定性。

（3）反应速度必须足够快。

（4）必须有合适的确定滴定终点的方法。

二、配位滴定中常用配位剂

配位剂有单基配位体的无机配位剂和多基配位体的有机配位剂（螯合剂）。无机配位剂与金属离子常形成逐级配合物，稳定性较差，一般较难满足滴定分析的条件，常用作掩蔽剂、显色剂和指示剂。在滴定分析中仅有以 CN^- 为配位剂的氰量法和以 Hg^{2+} 为中心离子的汞量法尚有一定的应用。

20 世纪 40 年代，以氨羧配位剂为代表的有机配位剂（螯合剂）的出现，使配位滴定迅猛发展。常见的螯合剂有：①键合原子为两个氧原子的"OO 型"螯合剂，如羟基酸、多元酸、多元醇、多元酚等；②键合原子为氮原子和氧原子的"NO 型"螯合剂，如氨羧配位剂、羟基喹啉和一些邻羟基偶氮染料等；③键合原子均为氮原子的"NN 型"螯合剂，如有机胺类、含氮杂环化合物等；④含硫螯合剂，包括"SS 型"螯合剂，"SO 型"螯合剂及"SN 型"螯合剂等。

目前应用最多的一类螯合剂是"NO 型"螯合剂中的氨羧配位剂，它以氨基二乙酸 [—N（CH$_2$ COOH）$_2$] 为基体，可与大多数金属离子形成稳定的可溶性螯合物。氨羧配位剂有数十种，其中应用最广的是乙二胺四乙酸（ethylene diamine tetraacetic acid，EDTA）。通常所指的"配位滴定"即指以 EDTA 标准溶液进行配位滴定的方法，简称为 EDTA 滴定法。本章主要讨论以 EDTA 为配位剂的配位滴定法。

>>> **知识链接** •--

植物染料与配位化学

人类很早就开始使用天然的植物染料给纺织品上色。植物染料始于中国，远在周朝开始就有关于其的历史记载。我国常使用的植物染料主要有如蓝色染料靛蓝，红色染料茜草、红花，黄色染料槐花、姜黄、栀子、黄檗，紫色染料紫草、紫苏，棕褐染料薯莨，黑色染料五倍子、苏木等。它们经由媒染、拼色和套染等技术，可变化出丰富的色彩。

例如茜素，即 1,2 - 二羟基蒽醌，橘红色针状晶体或赭黄色粉末，微溶于水，溶于乙醇、乙醚、吡啶和苯，是一种从茜草根部提取的红色染料。茜素自古就在中国、埃及以及中亚、欧洲被作为红色染料使用。中国周朝最早将茜草根与黏土或白矾混合反应生成红色茜素染料，即是茜素化合物的羧基与酚羟基同白矾的铝离子生成不溶的红色配合物。

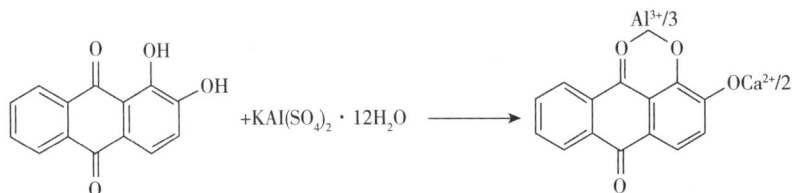

1804 年英国的乔治·菲尔德也发现用明矾水溶液处理茜素后，茜素会生成不溶的红色染料，可延长染料的使用寿命。如果用其他金属盐替代明矾，可得到其他颜色的染料。

◎ 第二节　EDTA 的性质及其配合物

乙二胺四乙酸为白色晶状粉末，相对分子量为 292.25，熔点为 244.5℃，微溶于水，22℃时在水中溶解度约为 0.02g/100ml 水，易溶于氨水和 NaOH 溶液。其二钠盐在水中的溶解度较大，22℃时每 100ml 水可溶解 11.1g，浓度约为 0.3mol/L。因此，实际滴定中常用其二钠盐作滴定剂，一般也简称 EDTA，通常含两分子结晶水，用 Na$_2$H$_2$Y·2H$_2$O 表示，在水溶液中的主要存在形式为 H$_2$Y^{2-}，溶液 pH 约为 4.5。

一、EDTA 在水溶液中的离解平衡

Schwarzenbach 提出，在水溶液中，EDTA 具有双偶极离子结构。其中两个可离解的 H$^+$ 为强酸性，另外两个羧基上的氢转移至氮原子上，形成四元酸，用 H$_4$Y 表示。其结构可表示为

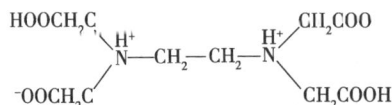

在较高酸度的溶液中，EDTA 的两个羧基可再接受两个 H$^+$，形成 H$_6$Y^{2+}，相当于一个六元酸，在水溶液中存在六级离解平衡。

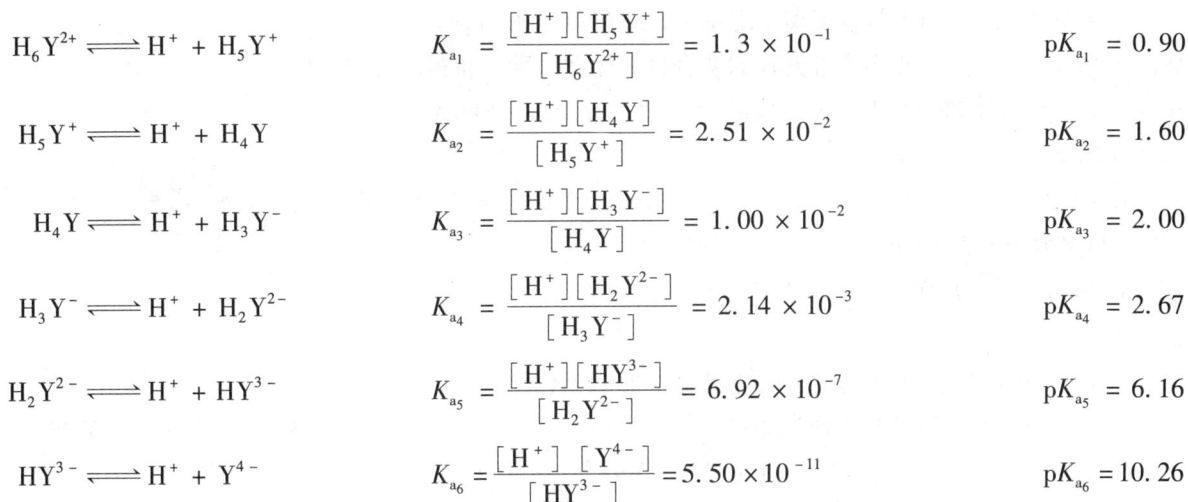

$$H_6Y^{2+} \rightleftharpoons H^+ + H_5Y^+ \qquad K_{a_1} = \frac{[H^+][H_5Y^+]}{[H_6Y^{2+}]} = 1.3 \times 10^{-1} \qquad pK_{a_1} = 0.90$$

$$H_5Y^+ \rightleftharpoons H^+ + H_4Y \qquad K_{a_2} = \frac{[H^+][H_4Y]}{[H_5Y^+]} = 2.51 \times 10^{-2} \qquad pK_{a_2} = 1.60$$

$$H_4Y \rightleftharpoons H^+ + H_3Y^- \qquad K_{a_3} = \frac{[H^+][H_3Y^-]}{[H_4Y]} = 1.00 \times 10^{-2} \qquad pK_{a_3} = 2.00$$

$$H_3Y^- \rightleftharpoons H^+ + H_2Y^{2-} \qquad K_{a_4} = \frac{[H^+][H_2Y^{2-}]}{[H_3Y^-]} = 2.14 \times 10^{-3} \qquad pK_{a_4} = 2.67$$

$$H_2Y^{2-} \rightleftharpoons H^+ + HY^{3-} \qquad K_{a_5} = \frac{[H^+][HY^{3-}]}{[H_2Y^{2-}]} = 6.92 \times 10^{-7} \qquad pK_{a_5} = 6.16$$

$$HY^{3-} \rightleftharpoons H^+ + Y^{4-} \qquad K_{a_6} = \frac{[H^+][Y^{4-}]}{[HY^{3-}]} = 5.50 \times 10^{-11} \qquad pK_{a_6} = 10.26$$

因此，在水溶液中，EDTA 总是以 H_6Y^{2+}、H_5Y^+、H_4Y、H_3Y^-、H_2Y^{2-}、HY^{3-} 及 Y^{4-} 等七种形式存在。它们的分布系数与 pH 有关。图 8-1 是 EDTA 在水溶液中各种存在形式的分布图。

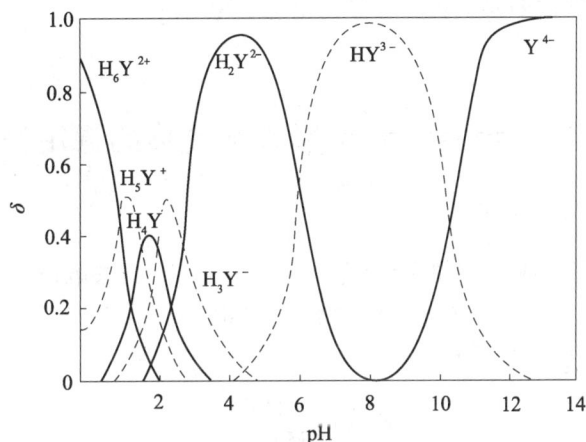

图 8-1　EDTA 在水溶液中各种存在形式的分布图

可以看出，在 pH<1 的强酸性溶液中，EDTA 主要以 H_6Y^{2+} 形式存在；在 pH 为 2.67~6.16 的溶液中，主要以 H_2Y^{2-} 形式存在；在 pH>10.26 的碱性溶液中，主要以 Y^{4-} 形式存在。各种形式中，以 Y^{4-} 离子与金属离子形成的配合物最稳定。

二、金属-EDTA 配合物的分析特性

EDTA 能与多种金属离子形成配合物，其特点可概括如下。

1. 配位面广　EDTA 分子中具有四个羧氧、两个氨氮，共六个配位原子。四个羧氧倾向于电价配位，两个氨氮倾向于共价配位，极大地增强了 EDTA 与众多金属离子形成稳定配合物的普适性和构型的多样性。

2. 配位比简单　EDTA 与大多数金属离子反应的配位比均为 1∶1。如

$$M^{2+} + H_2Y^{2-} \rightleftharpoons MY^{2-} + 2H^+$$

$$M^{3+} + H_2Y^{2-} \rightleftharpoons MY^- + 2H^+$$

$$M^{4+} + H_2Y^{2-} \rightleftharpoons MY + 2H^+$$

只有少数高价金属离子（如 Mo^{5+}、Zr^{4+} 等）与 EDTA 形成 2∶1 的配合物。

3. 稳定性好 EDTA 与金属离子配位时，它的氮原子和氧原子与金属离子相键合，生成具有多个五元环的螯合物。因此，除一价碱金属离子外，大多数金属离子与 EDTA 形成的配合物非常稳定。EDTA 配合物的立体构型如图 8－2 所示。

4. 配位反应速度快 除少数离子（如 Cr^{3+}、Fe^{3+}、Al^{3+} 等）外，EDTA 与多数金属离子的配位反应速度较快。

5. 水溶性好 EDTA 与金属离子的配合物多数带电荷，水溶性好，有利于滴定。

6. 配合物颜色 EDTA 与无色的金属离子形成无色配合物，与有色金属离子形成颜色更深的配合物。如

NiY^{2-} CuY^{2-} FeY^- CoY^- MnY^{2-} CrY^-

蓝绿   深蓝   黄   紫红   紫红   深紫

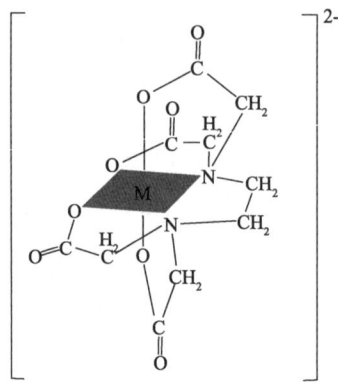

图 8－2 EDTA－M 螯合物立体结构

第三节 配合物在溶液中的离解平衡

一、EDTA 与金属离子形成配合物的稳定性 微课1

（一）稳定常数

EDTA 与大多数金属离子形成 1∶1 的配合物，为方便讨论，省去电荷，将反应式简写成：

$$M + Y \rightleftharpoons MY$$

反应的平衡常数表达式为

$$K_{MY} = \frac{[MY]}{[M][Y]} \tag{8-1}$$

K_{MY} 为一定温度下金属－EDTA 配合物的稳定常数，可用 $K_稳$ 表示，又称绝对稳定常数。其倒数称为不稳定常数，又称离解常数。K_{MY} 或 $\lg K_{MY}$ 越大，配合物越稳定。反之，配合物越不稳定。

不同的金属离子，由于其离子半径、离子电荷及电子层结构的差异，与 EDTA 形成的配合物稳定性会有所不同。根据稳定常数的大小可判断配位反应完成的程度，也可判断某配位反应是否能用于配位滴定。

一些常见金属离子与 EDTA 的配合物的稳定常数值见表 8－1。

表 8－1 部分 EDTA 配合物的 $\lg K_{MY}$ 值（25℃，$I = 0.1$ KNO₃ 溶液）

金属离子	$\lg K_{MY}$	金属离子	$\lg K_{MY}$	金属离子	$\lg K_{MY}$
Na^+	1.66*	Mn^{2+}	13.87	Ni^{2+}	18.62
Li^+	2.79*	Fe^{2+}	14.32	Cu^{2+}	18.80
Ag^+	7.32	Ce^{3+}	15.98	Hg^{2+}	21.70
Ba^{2+}	7.86*	Al^{3+}	16.30	Cr^{3+}	23.40
Mg^{2+}	8.79*	Co^{2+}	16.31	Fe^{3+}	25.10*
Sr^{2+}	8.73*	Cd^{2+}	16.46	Bi^{3+}	27.94
Be^{2+}	9.20	Zn^{2+}	16.50	Zr^{4+}	29.50
Ca^{2+}	10.69	Pb^{2+}	18.04	Co^{3+}	41.40

* 在 0.1mol/L KCl 溶液中，其他条件相同。

由表 8 - 1 可以看出，碱金属离子的配合物稳定性最差；碱土金属离子配合物的 $\lg K_{MY}$ 为 8 ~ 11；过渡元素、稀土元素、Al^{3+} 配合物的 $\lg K_{MY}$ 为 15 ~ 19；而三价、四价金属离子及 Hg^{2+} 配合物的 $\lg K_{MY} > 20$。

（二）累积稳定常数

金属离子能与其他配位剂形成 ML_n 型配合物。ML_n 型配合物在溶液中存在逐级配位平衡，各有其相应的稳定常数。

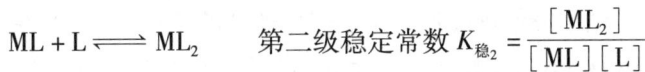

$$M + L \rightleftharpoons ML \qquad 第一级稳定常数\ K_{稳_1} = \frac{[ML]}{[M][L]}$$

$$ML + L \rightleftharpoons ML_2 \qquad 第二级稳定常数\ K_{稳_2} = \frac{[ML_2]}{[ML][L]}$$

……

$$ML_{n-1} + L \rightleftharpoons ML_n \quad 第\ n\ 级稳定常数\ K_{稳_n} = \frac{[ML_n]}{[ML_{n-1}][L]}$$

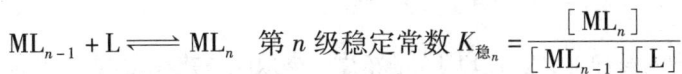

将各级稳定常数依次相乘，则得到逐级累积稳定常数，用 β_i 表示。

$$\beta_1 = K_{稳_1} = \frac{[ML]}{[M][L]}$$

$$\beta_2 = K_{稳_1}K_{稳_2} = \frac{[ML_2]}{[M][L]^2}$$

……

$$\beta_n = K_{稳_1}K_{稳_2}\cdots\cdots K_{稳_n} = \frac{[ML_n]}{[M][L]^n} \qquad (8-2)$$

最后一级累积稳定常数又称为总稳定常数。同理，最后一级累积不稳定常数又称为总不稳定常数。它们仍然互为倒数。

在配位平衡计算中，常需计算各级配合物的浓度，可用式（8-3）推算。

$$[ML] = \beta_1[M][L]$$

$$[ML_2] = \beta_2[M][L]^2$$

……

$$[ML_n] = \beta_n[M][L]^n \qquad (8-3)$$

二、影响 EDTA 配合物稳定性的因素

配位滴定所涉及的化学平衡比较复杂，在配位滴定体系中存在被测金属、其他金属离子、缓冲剂、掩蔽剂、氢离子、氢氧根离子等多种成分。因此，除被测离子 M 与滴定剂 Y 之间的主反应外，还存在各种副反应。副反应能影响主反应中的反应物或生成物的平衡浓度，整个反应体系的化学平衡关系可表示如下。

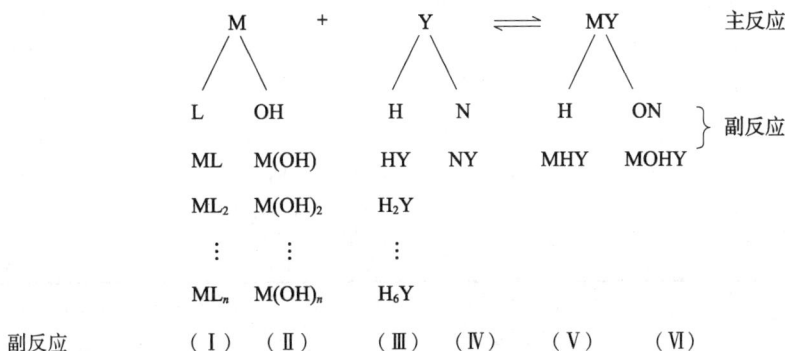

	M	+	Y	$\rightleftharpoons$	MY	主反应
	L　OH		H　N		H　ON	} 副反应
	ML　M(OH)		HY　NY		MHY　MOHY	
	ML_2　$M(OH)_2$		H_2Y			
	⋮　⋮		⋮			
	ML_n　$M(OH)_n$		H_6Y			
副反应	（Ⅰ）　（Ⅱ）		（Ⅲ）　（Ⅳ）		（Ⅴ）　（Ⅵ）	

副反应（Ⅰ）、（Ⅱ）分别为金属离子与其他配位剂 L 的副反应及 OH⁻ 的羟基配位反应；（Ⅲ）、（Ⅳ）是 EDTA 与 H⁺ 的副反应（酸效应）及与其他金属离子 N 的副反应；（Ⅴ）、（Ⅵ）分别为配合物 MY 与 H⁺ 及 OH⁻ 的副反应。

除了反应产物 MY 的副反应有利于主反应，其他副反应都将对主反应产生不利影响。为了定量表示副反应进行的程度，引入副反应系数 α。下面讨论各种副反应的影响。

（一）配位剂 Y 的副反应及副反应系数

1. 酸效应及酸效应系数 $\alpha_{Y(H)}$　　EDTA 在不同 pH 溶液中，以不同的形式存在。当溶液 pH 降低时，Y 与溶液中的 H⁺ 结合，形成它的共轭酸，使 Y^{4-} 的平衡浓度降低，主反应化学平衡向左移动。这种由于 H⁺ 的存在使配位剂参加主反应能力降低的现象称为酸效应。酸效应的大小以酸效应系数 $\alpha_{Y(H)}$ 来衡量。

$$\alpha_{Y(H)} = \frac{[Y']}{[Y]} \tag{8-4}$$

$[Y]$ 为游离的 Y^{4-} 的平衡浓度，$[Y']$ 为未参加主反应的 EDTA 总浓度。酸效应系数 $\alpha_{Y(H)}$ 表示未参与主反应的 EDTA 总浓度 $[Y']$ 是游离的 Y^{4-} 平衡浓度 $[Y]$ 的多少倍。酸效应系数的倒数即分布系数 δ_Y。

$$\delta_Y = \frac{[Y]}{[Y']} \tag{8-5}$$

酸效应系数 $\alpha_{Y(H)}$ 的大小，可以根据 EDTA 的各级离解常数和溶液中 H⁺ 的浓度计算。

$$
\begin{aligned}
\alpha_{Y(H)} &= \frac{[Y']}{[Y]} \\
&= \frac{[Y^{4-}] + [HY^{3-}] + [H_2Y^{2-}] + [H_3Y^-] + [H_4Y] + [H_5Y^+] + [H_6Y^{2+}]}{[Y^{4-}]} \\
&= 1 + \frac{[H^+]}{K_{a_6}} + \frac{[H^+]^2}{K_{a_6}K_{a_5}} + \frac{[H^+]^3}{K_{a_6}K_{a_5}K_{a_4}} + \frac{[H^+]^4}{K_{a_6}K_{a_5}K_{a_4}K_{a_3}} + \frac{[H^+]^5}{K_{a_6}K_{a_5}K_{a_4}K_{a_3}K_{a_2}} + \frac{[H^+]^6}{K_{a_6}K_{a_5}K_{a_4}K_{a_3}K_{a_2}K_{a_1}}
\end{aligned}
$$
$$\tag{8-6}$$

式（8-6）显示，$\alpha_{Y(H)}$ 是 $[H^+]$ 的函数。$[H^+]$ 越大，$\alpha_{Y(H)}$ 越大，表示 EDTA 酸效应越强。当 $\alpha_{Y(H)} = 1$ 时，即 $[Y'] = [Y]$，表示 EDTA 未与 H⁺ 发生副反应，全部以 Y^{4-} 形式存在。

不同 pH 时 EDTA 的 $\lg\alpha_{Y(H)}$ 见表 8-2。

表 8-2　EDTA 在不同 pH 时的 $\lg\alpha_{Y(H)}$

pH	$\lg\alpha_{Y(H)}$	pH	$\lg\alpha_{Y(H)}$	pH	$\lg\alpha_{Y(H)}$
0.0	23.64	1.2	16.98	2.4	12.19
0.1	23.06	1.3	16.49	2.5	11.90
0.2	22.47	1.4	16.02	2.6	11.62
0.3	21.89	1.5	15.55	2.7	11.35
0.4	21.32	1.6	15.11	2.8	11.09
0.5	20.75	1.7	14.68	2.9	10.84
0.6	20.18	1.8	14.27	3.0	10.60
0.7	19.62	1.9	13.88	3.1	10.37
0.8	19.08	2.0	13.51	3.2	10.14
0.9	18.54	2.1	13.16	3.3	9.92
1.0	18.01	2.2	12.82	3.4	9.70
1.1	17.49	2.3	12.50	3.5	9.48

续表

pH	$\lg\alpha_{Y(H)}$	pH	$\lg\alpha_{Y(H)}$	pH	$\lg\alpha_{Y(H)}$
3.6	9.27	6.0	4.65	8.4	1.87
3.7	9.06	6.1	4.49	8.5	1.77
3.8	8.85	6.2	4.34	8.6	1.67
3.9	8.65	6.3	4.20	8.7	1.57
4.0	8.44	6.4	4.06	8.8	1.48
4.1	8.24	6.5	3.92	8.9	1.38
4.2	8.04	6.6	3.79	9.0	1.28
4.3	7.84	6.7	3.67	9.1	1.19
4.4	7.64	6.8	3.55	9.2	1.10
4.5	7.44	6.9	3.43	9.3	1.01
4.6	7.24	7.0	3.32	9.4	0.92
4.7	7.04	7.1	3.21	9.5	0.83
4.8	6.84	7.2	3.10	9.6	0.75
4.9	6.65	7.3	2.99	9.7	0.67
5.0	6.45	7.4	2.88	9.8	0.59
5.1	6.26	7.5	2.78	9.9	0.52
5.2	6.07	7.6	2.68	10.0	0.45
5.3	5.88	7.7	2.57	10.5	0.20
5.4	5.69	7.8	2.37	11.0	0.07
5.5	5.51	7.8	2.47	11.5	0.02
5.6	5.33	8.0	2.27	12.0	0.01
5.7	5.15	8.1	2.17	12.1	0.01
5.8	4.81	8.2	2.07	12.2	0.005
5.8	4.98	8.3	1.97	13.0	0.0008

表 8-2 显示，$\lg\alpha_{Y(H)}$ 随着酸度的增大而增大，即 pH 越小，酸效应越显著，EDTA 参与配位反应的能力越低。反之，pH 越大则酸效应越不显著，当 pH 增大至一定程度时，可忽略 EDTA 酸效应的影响。

例 8-1 计算 pH=2.00 时，EDTA 的酸效应系数及其对数值。

解： pH=2 时，$[H^+]=10^{-2}$ mol/L。已知 K_{a_1}、K_{a_2}、K_{a_3}、K_{a_4}、K_{a_5}、K_{a_6} 分别为 $10^{-0.9}$、$10^{-1.6}$、$10^{-2.0}$、$10^{-2.67}$、$10^{-6.16}$、$10^{-10.26}$。将以上数据代入式（8-4）中，可得

$$\alpha_{Y(H)}=\frac{[Y']}{[Y]}=1+10^{8.26}+10^{12.42}+10^{13.09}+10^{13.09}+10^{12.69}+10^{11.59}=3.25\times10^{13}$$

其对数值 $\lg\alpha_{Y(H)}=13.51$。

2. 共存离子效应及共存离子效应系数 $\alpha_{Y(N)}$　当用 Y 滴定 M 时，如果溶液中存在其他金属离子 N，Y 与 N 也能形成 1：1 配合物，从而降低 Y 参加主反应的能力，这种现象称为共存离子效应。其副反应影响程度用共存离子效应系数 $\alpha_{Y(N)}$ 衡量。若只考虑共存离子的影响

$$\alpha_{Y(N)}=\frac{[Y']}{[Y]}=\frac{[Y]+[NY]}{[Y]}=1+\frac{[N][Y]K_{NY}}{[Y]}=1+[N]K_{NY} \qquad (8-7)$$

即配位剂 EDTA 与干扰离子 N 的共存离子效应系数决定于干扰离子 N 的浓度和干扰离子 N 与 EDTA 的稳定常数 K_{NY}。

3. Y 的总副反应系数 α_Y　如果 EDTA 与 H^+ 及 N 同时发生副反应，则总的副反应系数 α_Y 可按下式计算。

$$\alpha_Y = \frac{[Y']}{[Y]} = \frac{[Y] + [HY] + [H_2Y] + \cdots + [H_6Y] + [NY]}{[Y]}$$

$$= \frac{[Y] + [HY] + [H_2Y] + \cdots + [H_6Y] + [Y] + [NY] - [Y]}{[Y]}$$

$$= \alpha_{Y(H)} + \alpha_{Y(N)} - 1 \tag{8-8}$$

当 $\alpha_{Y(H)}$ 与 $\alpha_{Y(N)}$ 相差较悬殊时，可以只考虑主要的副反应系数而忽略另一项。例如，$\alpha_{Y(H)} = 10^5$，$\alpha_{Y(N)} = 10^3$，则 $\alpha_{Y(H)} > \alpha_{Y(N)}$，此时只考虑酸效应系数。反之亦然。

(二) 金属离子 M 的副反应

1. 配位效应及配位效应系数 $\alpha_{M(L)}$　当滴定体系中存在其他配位剂 L 时，M 与 L 发生副反应形成配合物，会使主反应受到影响。这种由于其他配位剂存在使金属离子 M 参与主反应能力降低的现象，称为配位效应。配位效应的大小用配位效应系数 $\alpha_{M(L)}$ 来衡量。

配位效应系数 $\alpha_{M(L)}$ 表示未参与主反应的金属离子 M 总浓度 $[M']$ 是游离金属离子浓度 $[M]$ 的 $\alpha_{M(L)}$ 倍，即：

$$\alpha_{M(L)} = \frac{[M']}{[M]}$$

$$= \frac{[M] + [ML] + [ML_2] + \cdots + [ML_n]}{[M]}$$

$$= 1 + \beta_1[L] + \beta_2[L]^2 + \beta_3[L]^3 + \cdots + \beta_n[L]^n \tag{8-9}$$

式 (8-9) 表明，$\alpha_{M(L)}$ 是其他配位剂 L 平衡浓度 $[L]$ 的函数，即 $[L]$ 越大，$\alpha_{M(L)}$ 越大，金属离子 M 与其他配位剂 L 发生的副反应越严重，M 参加主反应的能力越低。当 $\alpha_{M(L)} = 1$ 时，表示金属离子 M 未发生配位效应。

2. 金属离子水解效应及水解效应系数 $\alpha_{M(OH)}$　当在 pH 较高的水溶液中进行滴定时，金属离子 M 可因水解而形成各级金属羟基配合物，由此引起的副反应称为水解效应，水解程度的大小则由水解效应系数 $\alpha_{M(OH)}$ 表示。

$$\alpha_{M(OH)} = \frac{[M] + [MOH] + [M(OH)_2] + \cdots + [M(OH)_n]}{[M]}$$

$$= 1 + \beta_1[OH] + \beta_2[OH]^2 + \beta_3[OH]^3 + \cdots + \beta_n[OH]^n$$

3. 金属离子的总副反应系数 α_M　如果金属离子 M 与配位剂 L 及 OH^- 同时发生副反应，其影响可用 M 的总副反应系数 α_M 表示。

$$\alpha_M = \frac{[M']}{[M]} = \frac{[M] + [ML] + \cdots + [ML_n]}{[M]} + \frac{[M] + [MOH] + \cdots + [M(OH)_n]}{[M]} - \frac{[M]}{[M]}$$

$$= \alpha_{M(L)} + \alpha_{M(OH)} - 1$$

同理，若溶液中存在多种配位剂 L_1，L_2，$\cdots$，L_n，则 α_M 为（将 OH^- 也作为一种配位剂）

$$\alpha_M = \alpha_{M(L_1)} + \alpha_{M(L_2)} + \cdots + \alpha_{M(L_n)} - (n-1) \tag{8-10}$$

(三) 配合物的副反应及副反应系数 α_{MY}

配合物 MY 的副反应主要与溶液酸碱度有关。当溶液酸度较高时，MY 与 H^+ 生成酸式配合物 MHY，副反应系数表示为 $\alpha_{MY(H)}$。当溶液碱度较高时，MY 与 OH^- 生成碱式配合物 MOHY，副反应系数表示为 $\alpha_{MY(OH)}$。实际滴定中 MHY 与 MOHY 大多不太稳定，一般计算时可忽略不计。

（四）EDTA 配合物的条件稳定常数

如前所述，在没有副反应存在时，金属离子 M 与配位剂 EDTA 之间反应进行的程度可用稳定常数 K_{MY}（$K_{稳}$）衡量。K_{MY} 越大，反应进行得越完全，配合物 MY 越稳定。但在实际滴定中，常伴有副反应发生，［M］和［Y］都有变化，使主反应平衡移动，配合物的实际稳定性下降，此时 K_{MY} 不能准确衡量金属离子 M 与配位剂 EDTA 之间反应进行的程度，因此，引入条件稳定常数。

设未参加主反应的 M 的总浓度为［M′］，未参加主反应的 Y 的总浓度为［Y′］，形成的配合物的总浓度为［MY′］，可以得到以［M′］、［Y′］和［MY′］表示的稳定常数，即条件稳定常数 K'_{MY}。

$$K'_{MY} = \frac{[MY']}{[M'][Y']} \qquad\qquad (8-11)$$

K'_{MY} 表示一定条件下，有副反应发生时主反应进行的程度，根据

$$[Y'] = \alpha_Y[Y] \qquad\qquad [M'] = \alpha_M[M] \qquad\qquad [MY'] = \alpha_{MY}[MY]$$

代入式（8-11），得

$$K'_{MY} = \frac{\alpha_{MY}[MY]}{\alpha_M[M]\alpha_Y[Y]} = \frac{\alpha_{MY}}{\alpha_M \cdot \alpha_Y} K_{MY} \qquad\qquad (8-12)$$

实际分析中，配合物的副反应通常可忽略，假设无共存离子存在，重点考虑酸效应和金属离子的配位效应，则式（8-12）可简化为

$$K'_{MY} = \frac{[MY]}{\alpha_{M(L)}[M]\alpha_{Y(H)}[Y]} = \frac{K_{MY}}{\alpha_{M(L)} \cdot \alpha_{Y(H)}} \qquad\qquad (8-13)$$

取对数，得

$$\lg K'_{MY} = \lg K_{MY} - \lg\alpha_{M(L)} - \lg\alpha_{Y(H)} \qquad\qquad (8-14)$$

若滴定体系中无其他配位剂存在（$\lg\alpha_{M(L)} = 0$），可只考虑配位剂 EDTA 的酸效应对主反应的影响，式（8-14）可简化为

$$\lg K'_{MY} = \lg K_{MY} - \lg\alpha_{Y(H)} \qquad\qquad (8-15)$$

综上所述，副反应系数越小，条件稳定常数越大，说明配合物在该条件下越稳定；反之，则说明配合物的实际稳定性越低。

例 8-2　计算 pH 为 2.0 和 5.0 时的 $\lg K'_{ZnY}$。

解：查表 8-1 得 $\lg K_{ZnY} = 16.50$

查表 8-2 得 pH = 2.0 时，$\lg\alpha_{Y(H)} = 13.51$；pH = 5.0 时，$\lg\alpha_{Y(H)} = 6.45$

由式 8-15 得

pH = 2.0 时，$\lg K'_{ZnY} = \lg K_{ZnY} - \lg\alpha_{Y(H)} = 16.50 - 13.51 = 2.99$

pH = 5.0 时，$\lg K'_{ZnY} = 16.50 - 6.45 = 10.05$

显然，酸效应的影响会改变配合物的稳定性，在 pH = 2.0 的溶液中，由于酸效应的影响，使配合物的稳定性较之 pH = 5.0 的溶液大为降低，不能用于滴定。

例 8-3　pH = 4.50 的 0.05mol/L AlY 溶液中，游离 F^- 的浓度为 0.010mol/L，计算 AlY 的 $\lg K'_{AlY}$？由此可得出何结论？（AlF_6：$\beta_1 = 1.4 \times 10^6$，$\beta_2 = 1.4 \times 10^{11}$，$\beta_3 = 1.0 \times 10^{15}$，$\beta_4 = 5.6 \times 10^{17}$，$\beta_5 = 2.3 \times 10^{19}$，$\beta_6 = 6.9 \times 10^{19}$。$\lg K_{AlY} = 16.30$）

解：查表 8-2 得：pH = 4.50 时，$\lg\alpha_{Y(H)} = 7.44$

已知 ［F^-］ = 0.010mol/L，由式（8-9）可得

$\alpha_{Al(F)} = 1 + 1.4 \times 10^6 \times 0.010 + 1.4 \times 10^{11} \times (0.010)^2 + 1.0 \times 10^{15} \times (0.010)^3 + 5.6 \times 10^{17} \times (0.010)^4 +$

$2.3 \times 10^{19} \times (0.010)^5 + 6.9 \times 10^{19} \times (0.010)^6 = 8.9 \times 10^9$

$\lg\alpha_{Al(F)} = 9.95$

将已知数据代入式（8-14），则 $\lg K'_{AlY} = 16.30 - 7.44 - 9.95 = -1.09$

条件稳定常数如此之小，说明 AlY 配合物在 pH = 4.50，浓度为 0.010mol/L 的游离 F⁻共存的溶液中稳定性极差，很难存在。

EDTA 能与多种金属离子生成稳定的配合物，且 K_{MY} 一般很大，有的可高达 10^{30}。但在实际化学反应中，由于各种副反应的影响，条件稳定常数大大降低。由以上讨论不难看出，影响 EDTA 配合物稳定性的主要因素是酸效应和配位效应，酸效应和配位效应越强，条件稳定常数越小，EDTA 配合物的稳定性越低。

◈ 第四节 配位滴定的基本原理

PPT

一、滴定曲线

在配位滴定中，随着滴定剂 EDTA 的不断加入，被滴定的金属离子 M 的浓度也不断减小。在化学计量点附近时，溶液的 pM′发生突变，产生滴定突跃。以滴定剂 EDTA 的加入量为横坐标，pM′为纵坐标，可绘出配位滴定的滴定曲线。由于配位滴定中存在多种副反应，且 K'_{MY} 会随着滴定体系中反应条件的变化而变化，因此，其滴定过程的变化远比酸碱滴定复杂。

现以 0.01000mol/L 的 EDTA 标准溶液滴定 20.00ml 0.01000mol/L 的 Ca^{2+} 溶液为例，计算在 pH = 12 时溶液的 pCa（假设滴定体系中不存在其他副反应，忽略酸效应）。（已知 $K_{CaY} = 10^{10.69}$）

将滴定过程分为以下四个阶段进行讨论。

1. 滴定前　pCa 取决于溶液中 Ca^{2+} 的分析浓度。

$$[Ca^{2+}] = c_{Ca^{2+}} = 0.01000mol/L$$

$$pCa = -\lg[Ca^{2+}] = -\lg 0.01000 = 2.0$$

2. 开始滴定至化学计量点前　pCa 由未被滴定的 $[Ca^{2+}]$ 决定。

$$[Ca^{2+}] = \frac{V_{Ca^{2+}} - V_{Y^{4-}}}{V_{Ca^{2+}} + V_{Y^{4-}}} \times c_{Ca^{2+}}$$

设加入 EDTA 溶液 19.98ml（$TE = -0.1\%$），则

$$[Ca^{2+}] = 0.01000 \times \frac{20.00 - 19.98}{20.00 + 19.98} = 5.0 \times 10^{-6} mol/L$$

$$pCa = 5.3$$

3. 化学计量点时　加入 EDTA 20.00ml，恰是理论量的 100%，Ca^{2+} 与 EDTA 几乎完全反应生成 CaY^{2-}，忽略配合物 CaY^{2-} 的离解，则

$$[CaY^{2-}] = c_{Ca(sp)} = \frac{c_{Ca^{2+}}}{2} = 0.01000 \times \frac{20.00}{20.00 + 20.00} = 5.0 \times 10^{-3} mol/L$$

又 $[Ca^{2+}] = [Y^{4-}]$，则

由

$$K_{CaY^{2-}} = \frac{[CaY^{2-}]}{[Ca^{2+}][Y^{4-}]} = \frac{[CaY^{2-}]}{[Ca^{2+}]^2} = 1.0 \times 10^{10.69}$$

得

$$[Ca^{2+}] = \sqrt{\frac{[CaY^{2-}]}{K_{CaY^{2-}}}} = \sqrt{\frac{5.0 \times 10^{-3}}{10^{10.69}}} = 3.2 \times 10^{-7}$$

$$pCa = 6.5$$

推广至有副反应存在下的金属离子 M，忽略配合物 MY 的副反应，可得配位滴定化学计量点的 pM'。

$$\left[M'\right] = \left[Y'\right], \quad \left[MY\right] = c_{M(sp)} = \frac{c_M}{2}$$

由

$$K'_{MY} = \frac{\left[MY'\right]}{\left[M'\right]\left[Y'\right]} = \frac{\left[MY'\right]}{\left[M'\right]^2}$$

得

$$\left[M'_{sp}\right] = \sqrt{\frac{\left[MY'\right]}{K'_{MY}}} = \sqrt{\frac{c_{M(sp)}}{K'_{MY}}}$$

$$pM' = \frac{1}{2}\left(pc_{M(sp)} + \lg K'_{MY}\right) \tag{8-16}$$

4. 化学计量点后 由于过量 EDTA 抑制了 CaY^{2-} 的解离，故溶液中的 pCa 与过量的 EDTA 浓度有关。

设加入 EDTA 溶液 20.02ml（$TE = +0.1\%$），则

$$\left[Y^{4-}\right] = 0.01000 \times \frac{20.02 - 20.00}{20.02 + 20.00}$$

$$= 5.0 \times 10^{-6} \text{mol/L}$$

由 $K_{CaY^{2-}} = \dfrac{\left[CaY^{2-}\right]}{\left[Ca^{2+}\right]\left[Y^{4-}\right]}$ 得

$$\left[Ca^{2+}\right] = \frac{\left[CaY^{2-}\right]}{K_{CaY^{2-}}\left[Y^{4-}\right]} = \frac{5.0 \times 10^{-3}}{10^{10.69} \times 5.0 \times 10^{-6}} = 10^{-7.7}$$

pCa = 7.7

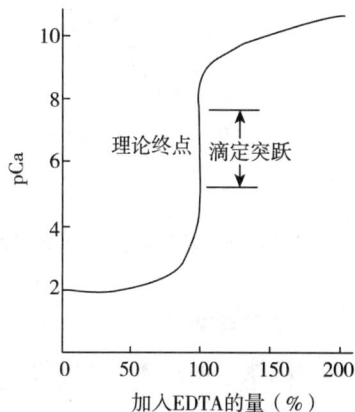

图 8-3 0.01000mol/L EDTA 滴定 0.01000mol/L Ca^{2+}

按上述方法计算不同滴定阶段的 pM，结果列于表 8-3，并以 pM 为纵坐标，以 EDTA 体积（或滴定百分数）为横坐标绘制滴定曲线，如图 8-3 所示。

因为常量分析一般允许误差为 ±0.1%，所以计量点前后 0.1% 范围内的 pM 突跃大小非常重要，它是确定滴定终点的依据。只有滴定突跃足够大时，才能用适当的方法准确确定终点。

表 8-3 EDTA 滴定 20.00ml Ca^{2+} 的 pCa 变化（pH = 12，浓度 0.01000mol/L）

加入 EDTA 溶液		剩余 Ca^{2+} 离子溶液（ml）	Ca^{2+} 被配位的百分数	过量 EDTA 的体积（ml）	过量 EDTA 的百分数	pCa 值
（ml）	（%）					
0.00	0.0	20.00	0.0			2.0
18.00	90.0	2.00	90.0			3.3
19.80	99.0	0.20	99.0			4.3
19.98	99.9	0.02	99.9			5.3
20.00	100.0	0.00	100.0	0.00	0.0	6.5
20.02	100.1			0.02	0.1	7.7
20.20	101.0			0.20	1.0	8.7

（5.3～7.7 标注"突跃"）

二、影响滴定突跃大小的因素

（一）金属离子浓度对滴定突跃的影响

图 8-4 显示，当 K'_{MY} 一定时，金属离子的初始浓度 c_M 越大，滴定曲线的起点越低，滴定突跃范围

越大；反之突跃范围越小。当被测金属离子浓度 $c_M < 10^{-4}$ mol/L 时，已无明显的滴定突跃。

（二）条件稳定常数对滴定突跃的影响

图 8-5 显示，当金属离子浓度 c_M 一定时，配合物的条件稳定常数 K'_{MY} 越大，突跃范围越大。当 $\lg K'_{MY} < 8$ 时，已无明显的滴定突跃。影响条件稳定常数 K'_{MY} 的主要因素包括绝对稳定常数 K_{MY}、酸度及其他配位剂的配位效应。

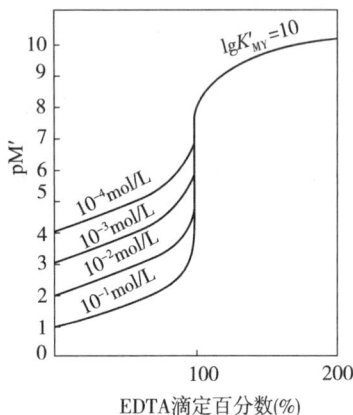

图 8-4　不同浓度 M 与 EDTA 的滴定曲线

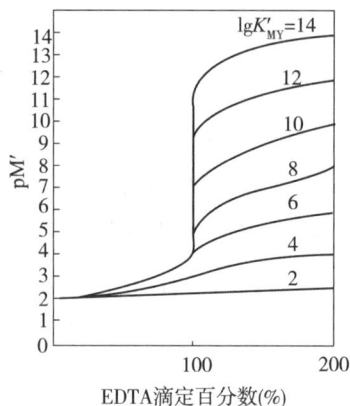

图 8-5　不同 $\lg K'_{MY}$ 时的滴定曲线

1. 稳定常数 K_{MY}　K_{MY} 越大，K'_{MY} 越大，突跃范围也就越大；反之则越小。

2. 酸度　滴定体系的酸度越高（pH 越低），则 $\lg\alpha_{Y(H)}$ 越大，K'_{MY} 越小，配合物越不稳定，突跃范围越小，如图 8-6 所示。

3. 其他配位剂　用 EDTA 滴定某金属离子时，为了消除共存离子的干扰，常加入掩蔽剂；为了控制滴定溶液在适宜的酸度，常加入缓冲溶液。这些掩蔽剂、缓冲溶液，有时会与被测离子产生配位效应。当在 pH 较高的水溶液中滴定时，金属离子 M 常与 OH^- 发生羟基配位反应，这些配位效应均会降低 K'_{MY}。其他配位剂的浓度越大，$\alpha_{M(L)}$ 越大，K'_{MY} 越小，突跃范围越小。

（三）EDTA 准确滴定金属离子的条件

配位滴定通常采用指示剂指示滴定终点，而化学计量点与指示剂的变色点较难完全一致。即使相近，由于人眼辨别颜色的局限性，仍可能造成 $\Delta pM' \pm (0.2 \sim 0.5)$ 单位的不确定性（即 $\Delta pM'$ 存在 $\pm 0.2 \sim 0.5$ 的误差范围）。

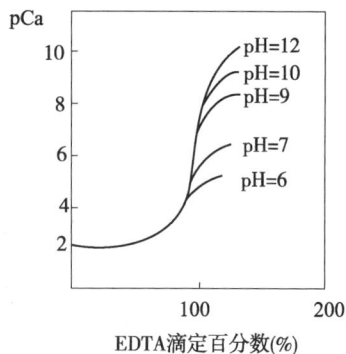

图 8-6　不同 pH 时的滴定曲线

综合考虑被测金属离子的浓度 c_M 和配合物条件稳定常数 K'_{MY} 两个因素，若终点与计量点的 pM 相差 0.2（即 $\Delta pM' = \pm 0.2$），要使终点误差 $TE \leqslant 0.1\%$，则必须满足条件：

$$\lg c_M K'_{MY} \geqslant 6 \qquad (8-17)$$

通常将 $\lg c_M K'_{MY} \geqslant 6$ 作为判断能否用 EDTA 准确滴定金属离子 M 的条件式。当然，对终点误差的要求不同，判别式的条件也不同，若 $TE \leqslant 1\%$，则只需 $\lg c_M K'_{MY} \geqslant 4$。

例 8-4　在 pH = 5.5 时，可否用 EDTA 准确滴定 0.01mol/L 的 Ca^{2+} 或 Zn^{2+}？（已知 $\lg K_{CaY} = 10.69$，$\lg K_{ZnY} = 16.50$，要求 $TE \leqslant 0.1\%$）

解： 查表 8-2 得 pH = 5.5 时，$\lg\alpha_{Y(H)} = 5.51$

则 $\lg c_{Ca^{2+}} K'_{CaY} = -2 + 10.69 - 5.51 = 3.18 < 6$

$\lg c_{Zn^{2+}} K'_{ZnY} = -2 + 16.50 - 5.51 = 8.99 > 6$

故：在 pH = 5.5 时，可用 EDTA 准确滴定 0.01mol/L 的 Zn^{2+}，但不能准确滴定 0.01mol/L 的 Ca^{2+}。

三、配位滴定中酸度的控制 🅔 微课2

（一）缓冲溶液的作用

在 EDTA 与金属离子形成配合物的同时，不断地释放出 H^+。

$$M + H_2Y \Longrightarrow MY + 2H^+$$

由于溶液的酸度不断升高，将导致酸效应，使 K'_{MY} 变小（即配合物的实际稳定性降低），突跃范围减小；同时，滴定中使用的金属指示剂的颜色变化也受到溶液 pH 影响，使误差增大，甚至无法滴定。因此，在配位滴定中常常需要加入适当的缓冲溶液使溶液的酸度保持相对稳定。

在弱酸性溶液中滴定时，常用 HAc – NaAc 缓冲溶液（pH 3.4 ~ 5.5）或六次甲基四胺 $(CH_2)_6N_4$ – HCl 缓冲溶液控制溶液的酸度。六次甲基四胺为一弱碱（$K_b = 1.4 \times 10^{-9}$），它在溶液中能释放出氨，常用于控制溶液的 pH 在 5 ~ 6。

$$(CH_2)_6N_4 + 6H_2O \Longrightarrow 6HCHO + 4NH_3$$

在弱碱性溶液中滴定时，常用 $NH_3 \cdot H_2O$ – NH_4Cl 缓冲溶液（pH 8 ~ 11）控制溶液的酸度。但因 NH_3 容易引起与金属离子之间的副反应，在计算 K'_{MY} 时必须考虑其副反应的影响。

（二）配位滴定中的最高酸度和最低酸度

1. 最高酸度　如前所述，金属离子 M 能被 EDTA 准确滴定的主要条件是 $\lg c_M K'_{MY} \geq 6$。

若 $c_M = 1.0 \times 10^{-2}$ mol/L，仅考虑酸效应，则有

$$\lg c_M + \lg K_{MY} - \lg \alpha_{Y(H)} \geq 6$$
$$\lg K_{MY} - \lg \alpha_{Y(H)} \geq 8 \qquad\qquad (8-18)$$
$$\lg \alpha_{Y(H)} \leq \lg K_{MY} - 8 \qquad\qquad (8-19)$$

式（8-18）中，$\lg K_{MY}$ 是常数，$\lg \alpha_{Y(H)}$ 随溶液酸度增加而增加。若要满足准确滴定的条件，必须控制溶液的酸度，若酸度高于一定的限度，将无法准确滴定。这一限度，就是配位滴定允许的最高酸度（即最低 pH）。

由式（8-19）可求出配位滴定的最大 $\lg \alpha_{Y(H)}$，查表 8-2 得相应的 pH，即为最高酸度。当超过该酸度时，$\alpha_{Y(H)}$ 变大（酸效应增强），K'_{MY} 变小，配合物的实际稳定性下降，滴定误差增大。

例 8-5　计算用 0.01000mol/L EDTA 滴定同浓度的 Zn^{2+} 溶液时允许的最高酸度。

解：查表 8-1 得 $\lg K_{ZnY} = 16.50$，则

$$\lg \alpha_{Y(H)} = \lg K_{MY} - 8 = 16.50 - 8 = 8.50$$

查表 8-2 得 pH 4.0 时，$\lg \alpha_{Y(H)} = 8.44$，故最高酸度（最低 pH）应控制在 pH 4.0。

用上述方法可求出许多金属离子滴定时的最低 pH。以金属离子 M 的 $\lg K_{MY}$ 为横坐标，以相应的 pH 为纵坐标绘制的曲线称为 EDTA 酸效应曲线，如图 8-7 所示。此曲线又称为林邦曲线。

2. 最低酸度　从上述讨论可知，随着 pH 升高，酸效应影响减弱，配合物的稳定性也增强，滴定突跃范围增大，对滴定有利。但是，pH 太高也可能使金属离子的水解效应增大。因此，各种金属离子除了有最高酸度，还有一个最低酸度。低于此酸度时，金属离子水解形成羟基配合物甚至析出氢氧化物沉淀，影响配位滴定的进行。一般忽略辅助配位效应、离子强度及沉淀是否易于再溶解等因素的影响，根据 $M(OH)_n$ 的溶度积求出最低酸度。设 $M(OH)_n$ 的溶度积为 K_{sp}，为防止滴定时形成 $M(OH)_n$ 沉淀，必须满足 $[OH^-] \leq \sqrt[n]{K_{sp}/c_M}$，由此求出最低酸度。

配位滴定应控制在最高酸度和最低酸度之间进行，此酸度范围称为配位滴定的适宜酸度范围。在此

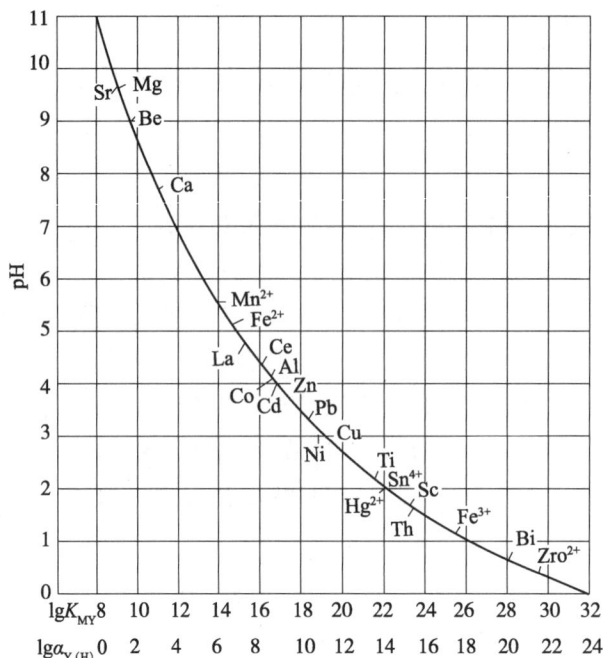

图 8 – 7 EDTA 的酸效应曲线

范围内，只要有合适的指示终点的方法，均能获得较准确的结果。

例 8 – 6 用 1×10^{-2} mol/L 的 EDTA 滴定 1×10^{-2} mol/L 的 Fe^{3+} 溶液，计算滴定适宜酸度范围？（$TE = 0.1\%$）

解：（1）最高酸度：由式（8 – 19）得 $lg\alpha_{Y(H)} = lgK_{FeY} - 8 = 25.1 - 8 = 17.1$

查表 8 – 2 得 pH ≈ 1.2，此 pH 为最高酸度。

（2）最低酸度由 $Fe(OH)_3$ 的溶度积 K_{sp} 求得

$$[OH^-] = \sqrt[3]{\frac{K_{sp}}{c_{Fe^{3+}}}} = \sqrt[3]{\frac{10^{-37.4}}{1.0 \times 10^{-2}}} = 10^{-11.8} \text{mol/L}$$

pOH = 11.8，pH = 14.0 – 11.8 = 2.2

滴定 Fe^{3+} 的适宜 pH 范围为 pH = 1.2 ～ 2.2。

上述酸度范围是从滴定反应考虑。此外，从指示剂的角度考虑，由于指示剂也存在酸效应，指示剂的颜色转变点（变色点）同样与酸度有关。我们选择指示剂时希望指示剂的变色点与计量点 pM 基本一致，此时的酸度称为最佳酸度。

第五节 金属离子指示剂

在配位滴定中，通常采用一种能与金属离子生成有色配合物的有机染料显色剂来指示滴定终点，这种显色剂称为金属离子指示剂，简称金属指示剂（metallochrome indicator）。

一、金属指示剂的作用原理及应具备的条件

（一）金属指示剂的作用原理

金属指示剂本身是一种配位剂，也是有机弱酸或弱碱，在不同 pH 条件下具有不同的颜色。金属指

示剂与被滴定的金属离子配位，生成一种与指示剂本身颜色不同的配合物 MIn。

$$M + In \Longrightarrow MIn$$

颜色 A　颜色 B

滴定过程中，溶液中的金属离子 M 与 EDTA 反应生成配合物 MY，滴定至近化学计量点时，EDTA 置换出 MIn 中的指示剂 In，使其游离出来，溶液发生颜色变化，指示滴定终点的到达。

$$MIn + Y \Longrightarrow MY + In$$

颜色 B　　　　　　　颜色 A

（二）金属指示剂必备的条件

在配位滴定中用作指示剂，必须具备下列条件。

（1）指示剂与金属离子形成的配合物（MIn）与指示剂离子（In）应有显著的颜色差别。

（2）显色反应灵敏、迅速，有良好的变色可逆性。

（3）指示剂与金属离子配合物 MIn 的稳定性应适当，既要有足够的稳定性，一般要求 $K'_{MIn} \geq 10^4$；又要比金属离子与 EDTA 配合物 MY 的稳定性小，即 $K'_{MIn} < K'_{MY}$。如果配合物 MIn 稳定性太低，则在接近化学计量点时会有较多离解，使终点提前，颜色变化不敏锐；如果 MIn 稳定性太高，则到达终点时，EDTA 不能置换出其中的指示剂，或使终点拖后，或使显色失去可逆性，得不到滴定终点。通常，要求 $K'_{MY} / K'_{MIn} \geq 10^2$，即 MY 的稳定常数至少是 MIn 的稳定常数的 100 倍。

（4）指示剂与金属离子配合物应易溶于水，不能生成胶体溶液或沉淀，否则变色不明显。

（5）金属指示剂应比较稳定，便于贮存和使用。

二、金属指示剂的选择

金属指示剂配合物在溶液中存在如下平衡。

$$MIn \Longrightarrow M + In$$

平衡常数

$$K_{MIn} = \frac{[MIn]}{[M][In]}$$

由于配位滴定使用的指示剂一般为有机弱酸，存在着酸效应，则条件稳定常数可表示为

$$K'_{MIn} = \frac{[MIn]}{[M][In']}$$

$$\lg K'_{MIn} = pM + \lg \frac{[MIn]}{[In']} \tag{8-20}$$

当 $[MIn] = [In']$ 时，指示剂颜色发生突变，此即指示剂的变色点，用 pM_t 表示。

$$pM_t = \lg K'_{MIn} = \lg K_{MIn} - \lg \alpha_{In(H)} \tag{8-21}$$

因此，只要知道金属指示剂配合物的稳定常数及一定 pH 时指示剂的酸效应系数，就可求得变色点的 pM_t。但由于金属指示剂的常数很不齐全，所以实际工作中大多采用实验方法来选择指示剂。

式（8-21）显示，pM_t 随着溶液 pH 的变化而变化，不同于酸碱指示剂有确定的变色点。在选择金属指示剂时，必须考虑体系的酸度，使指示剂的变色点与化学计量点尽量一致，或在其滴定突跃范围内，否则会导致较大误差。

三、指示剂的封闭、僵化及变质现象

在配位滴定中，有时当到达化学计量点时，即使过量较多的 EDTA 也不能把指示剂从有色配合物中置换出来，滴定过程不显示颜色变化，这种现象称为指示剂的封闭。产生封闭的原因是指示剂与某些金

属离子形成的配合物比该金属离子与 EDTA 生成的配合物更稳定（如铬黑 T 与 Co^{2+}、Ni^{2+}、Cu^{2+}、Al^{3+}、Fe^{3+} 等），即 $K'_{MIn} > K'_{MY}$。如用 EDTA 滴定 Mg^{2+} 和 Ca^{2+} 时，常用铬黑 T 作指示剂，此时，如果溶液中有少量 Fe^{3+}、Al^{3+}、Cu^{2+}、Co^{2+}、Ni^{2+} 等金属离子存在，就会发生封闭现象。封闭现象如果是由被滴定离子引起，可以采用返滴定法避免；如果是由其他干扰离子引起，一般可用加入掩蔽剂的方法，使干扰离子生成更稳定的配合物，消除对指示剂的封闭。Fe^{3+}、Al^{3+} 对铬黑 T 的封闭可加三乙醇胺和氰化钾掩蔽剂予以消除；Cu^{2+}、Co^{2+}、Ni^{2+} 可用氰化钾掩蔽；Fe^{3+} 也可先用抗坏血酸还原为 Fe^{2+}，再加 KCN 以 $Fe(CN)_4^{2-}$ 形式掩蔽。

有的指示剂与某些金属离子生成难溶于水的有色配合物，当滴定到达计量点时，EDTA 置换指示剂的反应速度缓慢，使终点变色不敏锐，引起终点的拖长，这种现象称为指示剂的僵化。可通过加入适当的有机溶剂或加热的方法来消除。如使用 PAN 指示剂时容易发生僵化现象，常加入乙醇或丙酮或适当加热，加快 EDTA 置换指示剂的速度，使终点时指示剂有明显的颜色变化。

金属指示剂大多为含双键的有色化合物，易被日光、氧化剂、空气所分解或发生聚合（Cu^{2+}、Co^{2+}、Ni^{2+} 等离子有催化作用），特别是在水溶液中不够稳定，日久会变质，故常配成固体混合物以增强稳定性，延长保存时间。例如，铬黑 T 和钙指示剂，常加入固体 NaCl 或 KCl 作稀释剂配制。此外，在配制某些指示剂水溶液时，亦可加入少量抗氧剂使其更稳定。

四、常用金属指示剂

（一）铬黑 T

铬黑 T（eriochrome black T，EBT）属偶氮类染料，化学名称 1 -（1 - 羟基 - 2 - 萘偶氮基）- 6 - 硝基 - 2 - 萘酚 - 4 - 磺酸钠，常用 NaH_2In 表示。铬黑 T 为黑褐色粉末，溶于水形成 H_2In^- 离子。因结构中有两个酚羟基而具弱酸性，在水溶液中 H_2In^- 离子存在电离平衡。

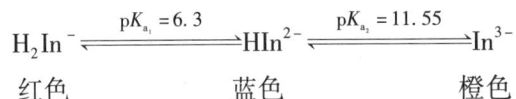

$$H_2In^- \underset{\text{红色}}{\overset{pK_{a_1}=6.3}{\rightleftharpoons}} HIn^{2-} \underset{\text{蓝色}}{\overset{pK_{a_2}=11.55}{\rightleftharpoons}} In^{3-}_{\text{橙色}}$$

铬黑 T 在不同酸度下显不同颜色。通过实验确定，铬黑 T 使用最适宜酸度是 9 ~ 10.5，因为在此酸度范围内铬黑 T 自身显蓝色，而其与二价金属离子形成的配合物皆为红色或紫红色，二者颜色明显不同。铬黑 T 常用作测定 Mg^{2+}、Mn^{2+}、Zn^{2+}、Hg^{2+}、Cd^{2+}、Pb^{2+} 等金属离子的指示剂，但 Fe^{3+}、Al^{3+}、Co^{2+}、Ni^{2+}、Cu^{2+} 等离子对其有封闭作用，须采取掩蔽措施。

铬黑 T 固体性质稳定，但由于容易发生聚合反应，其水溶液仅能保存几天，在 pH < 6.5 的溶液中聚合更为严重。铬黑 T 常用以下两种配制方法。

（1）将铬黑 T 与磨细的干燥 NaCl 按 1 : 100 研匀配成固体合剂，密闭保存。

（2）取铬黑 T 0.2g 溶于 15ml 三乙醇胺，待完全溶解后，加入 5ml 无水乙醇即得。此溶液可放置数月不变质。

（二）二甲酚橙

二甲酚橙（xylenol orange，XO）为紫红色粉末，易溶于水，常配成 0.2% 或 0.5% 的水溶液，可稳定几个月。二甲酚橙有 6 级离解，在 pH = 5 ~ 6 时，主要以 H_3In^{4-} 形式存在，其离解平衡为

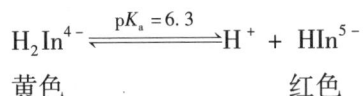

$$H_2In^{4-} \underset{\text{黄色}}{\overset{pK_a=6.3}{\rightleftharpoons}} H^+ + HIn^{5-}_{\text{红色}}$$

在 pH > 6.3 时呈红色，pH < 6.3 时呈黄色，在 pH = pK_a = 6.3 时，呈中间色。而其与 Zn^{2+}、Hg^{2+}、

Cd^{2+}、Pb^{2+}、Ti^{3+} 等金属离子的配合物呈红色，因此适于在 pH < 6 的酸性溶液中使用。例如，连续测定铅铋合金中的 Pb^{2+}、Bi^{3+} 含量时，常使用二甲酚橙作指示剂，在 pH 1.4 左右滴定 Bi^{3+} 后，再在 pH 5~6 测定 Pb^{2+} 的含量，终点由红变黄，变色敏锐。而测定 Fe^{3+}、Cu^{2+}、Co^{2+}、Ni^{2+}、Sn^{4+}、Cr^{3+} 等离子时可采用回滴法，在加入一定量过量的 EDTA 标准溶液后再加入二甲酚橙指示剂，用 Zn^{2+} 或 Pb^{2+} 标准溶液回滴至黄色即可。

（三）PAN

PAN 属于吡啶偶氮类指示剂，化学名称是 1-（2-吡啶偶氮）-2-萘酚。纯 PAN 是橙红色结晶，难溶于水，通常配成 0.1% 乙醇溶液使用。PAN 在 pH 2~12 时呈黄色，而 PAN 与金属离子的配合物为红色，因此，PAN 的适宜酸度为 pH 2~12。

PAN 与多种金属离子生成的配合物大多水溶性差，容易产生沉淀，变色不敏锐，即发生僵化现象。Cu-PAN 是可溶性的橙红色配合物，且稳定性适当。所以，在实际工作中，常常利用 Cu-PAN 系统作为指示剂，亦可利用 Cu^{2+} 标准溶液回滴过量 EDTA，单独使用 PAN 来指示终点。两种方法皆可获得较准确的结果。

（四）钙指示剂

钙指示剂（calcon，NN）的化学名称是 2-羟基-1-（2-羟基-4-磺酸-1-萘偶氮基）-3-萘甲酸。纯的钙指示剂为紫黑色粉末，其水溶液或乙醇溶液均不稳定，一般与 NaCl 固体配成固体指示剂使用。钙指示剂与 Ca^{2+} 生成红色配合物，在 pH 8~13 范围内指示剂本身呈蓝色。因此，常用作在 pH 12~13 时滴定 Ca^{2+} 的指示剂，终点由红色变为纯蓝色，变色敏锐。Fe^{3+}、Al^{3+}、Cu^{2+}、Co^{2+}、Ni^{2+} 等离子能封闭指示剂，可用三乙醇胺和氰化钾掩蔽。

（五）酸性铬蓝 K

酸性铬蓝 K 的化学名称是 4,5-二羟基-3-[（2-羟基-5-苯磺酸钠）偶氮]-2,7-萘二磺酸钠。酸性铬蓝 K 呈棕红色或暗红色粉末，溶于水和乙醇，水溶液呈玫瑰红色，在碱性溶液呈灰蓝色。一般与 NaCl 按 1:10 配成固体指示剂使用。酸性铬蓝 K 的适宜 pH 使用范围是 8~13，终点由红色变为纯蓝色。常用作在 pH = 10 时滴定 Mg^{2+}、Zn^{2+}、Mn^{2+} 的指示剂，pH = 13 时，可作为滴定 Ca^{2+} 的指示剂。

⏩ 第六节　提高配位滴定的选择性

EDTA 具有很强的配位能力，能与多种金属离子形成稳定的配合物，这既提供了广泛测定金属离子的可能性，也给实际测定带来了一定的问题。因为试液中往往不止一种金属离子，其他共存离子可能会干扰待测离子的滴定。因此，如何选择性的滴定其中一种或几种离子而使其他离子不干扰，提高配位滴定选择性，是配位滴定中的重要问题。

一、消除干扰离子影响的条件 ⓔ微课3

（一）单独存在 M 或 N 一种金属离子时准确滴定的条件（$TE \leqslant 0.1\%$）

$\lg c_M K'_{MY} \geqslant 6$，M 离子可直接滴定。

$\lg c_N K'_{NY} \geqslant 6$，N 离子可直接滴定。

（二）两种金属离子 M 和 N 共存时选择滴定 M 的条件

设 $K_{MY} > K_{NY}$ 且 $c_M = c_N$，则首先被滴定的是 M 离子。N 离子是否干扰取决于 K_{MY} 与 K_{NY} 之比。当

用指示剂检测终点，在 M 与 N 共存的试液中准确滴定 M 而使 N 不干扰，必须同时满足三个条件（$TE \leqslant 0.1\%$）。

（1）M 离子准确滴定的条件：$\lg c_M K'_{MY} \geqslant 6$。

（2）N 离子不干扰滴定反应的条件

$$TE \leqslant 0.1\% \quad \frac{c_M K_{MY}}{c_N K_{NY}} \geqslant 10^6$$

即 $\Delta(\lg cK_{稳}) \geqslant 6$ 或 $\lg c_M K_{MY} - \lg c_N K_{NY} \geqslant 6$

若 $c_M = c_N$，则可简化为 $\Delta(\lg K_{稳}) \geqslant 6$ （8-22）

若 $TE \leqslant 0.1\%$，$c_M = 10c_N$，或 $TE \leqslant 0.3\%$，$c_M = c_N$

则 $\Delta(\lg K_{稳}) \geqslant 5$ （8-23）

（3）N 与 In 不产生干扰色的条件

$$\lg c_N K'_{NIn} \leqslant -1 \quad\quad\quad (8-24)$$

部分金属指示剂与金属离子配合物的 $\lg K'_{NIn}$ 见附表8。

例8-7 若一溶液含 Fe^{3+}、Al^{3+} 各 0.01mol/L，假设除酸效应外无其他副反应发生，以 0.01mol/L EDTA 溶液能否选择滴定 Fe^{3+}？如果能，应如何控制溶液的酸度？（$TE = 0.1\%$）

解： 已知 $\lg K_{FeY} = 25.1$，$\lg K_{AlY} = 16.3$

同一溶液中 EDTA 的酸效应一定，在无其他反应时

$$\Delta(\lg cK) = \lg(c_{Fe^{3+}} K_{FeY}) - \lg(c_{Al^{3+}} K_{AlY})$$
$$= \lg K_{FeY} - \lg K_{AlY} = 25.1 - 16.3 = 8.8 > 6$$

因此，可通过控制酸度来选择滴定 Fe^{3+}，而 Al^{3+} 不干扰。

由 $c_{Fe} K'_{FeY} \geqslant 10^6$，计算出滴定 Fe^{3+} 的最高酸度 pH 约为 1.2。而在 pH≈2.2（最低酸度）时，Fe^{3+} 发生水解成 $Fe(OH)_3$ 沉淀。所以，可控制 pH 在 1.2~2.2 滴定 Fe^{3+}。从酸效应曲线可看出，这时 Al^{3+} 不发生干扰。

如果反应体系中还存在其他副反应，则需考虑副反应对条件稳定常数的影响，将各种副反应系数代入公式中进行运算。

例8-8 在 pH = 9.0 时，以 EBT 为指示剂，用 1.0×10^{-2}mol/L 的 EDTA 滴定 1.0×10^{-2}mol/L 的 Zn^{2+}，试问试液中共存的 1.0×10^{-4}mol/L 的 Mg^{2+} 和 1.0×10^{-4}mol/L 的 Ca^{2+} 是否干扰上述滴定？（$TE = 0.1\%$）

解： 查有关数据知：$\lg K_{ZnY} = 16.50$ $\lg K_{MgY} = 8.79$ $\lg K_{CaY} = 10.69$

pH = 9.0 时 $\lg \alpha_{Y(H)} = 1.28$ $\lg K'_{MgIn} = 4.95$ $\lg K'_{CaIn} = 2.85$

（1）$\lg c_{Zn} K'_{ZnY} = 16.50 - 2.00 - 1.28 = 13.22 > 6$

Zn^{2+} 可以用 EDTA 准确滴定

$$\lg K_{ZnY} - \lg K_{MgY} + \lg \frac{c_{Zn^{2+}}}{c_{Mg^{2+}}} = 16.50 - 8.79 + \lg \frac{10^{-2}}{10^{-4}} = 9.71 > 6$$

Mg^{2+} 不干扰 EDTA 对 Zn^{2+} 的滴定。

当用 EBT 作指示剂时，

$$\lg c_{Mg^{2+}} K'_{MgIn} = 4.95 - 4.00 = 0.95 > -1$$

由此可见，用 EDTA 滴定 Zn^{2+} 至化学计量点时，Mg^{2+} 与 EBT 能形成红色的 Mg-EBT，干扰主反应终点的确定。故 Mg^{2+} 对指示剂显色有干扰。

（2）$\lg K_{ZnY} - \lg K_{CaY} + \lg \frac{c_{Zn^{2+}}}{c_{Ca^{2+}}} = 16.50 - 10.69 + \lg \frac{10^{-2}}{10^{-4}} = 7.81 > 6$

$$\lg c_{Ca^{2+}} K'_{CaIn} = -4 + 2.85 = -1.15 < -1$$

∴ 共存的 Ca^{2+} 不干扰 EDTA 对 Zn^{2+} 的滴定。

二、提高配位滴定选择性的措施

（一）控制酸度

如前所述，酸度是影响配位滴定的一个重要因素，不同的金属离子，其 K_{MY} 不同。若溶液中共存 M、N 两种或多种金属离子，当待测离子 M、干扰离子 N 与 EDTA 配合物的稳定性差别足够大时（$\Delta \lg cK \geqslant 6$），就有可能通过控制酸度，使其中的待测离子（M）形成稳定的配合物（即满足 $\lg c_M K'_{MY} \geqslant 6$），而干扰离子（N）无法形成稳定的配合物，从而消除干扰。为此，必须求出滴定 M 离子允许的最高酸度，和 N 离子共存的条件下滴定 M 离子允许的最低酸度。

例 8-9　溶液中 Bi^{3+}、Pb^{2+} 浓度均为 1.0×10^{-2} mol/L，试问可否利用控制酸度的方法用 EDTA 滴定 Bi^{3+} 而 Pb^{2+} 不干扰？如何控制条件？（$TE = 0.1\%$）

解：查有关数据知：$\lg K_{BiY} = 27.94$　　$\lg K_{PbY} = 18.04$

（1）判断能否选择滴定 Bi^{3+}

$$\Delta \lg K = \lg K_{BiY} - \lg K_{PbY} = 27.94 - 18.04 = 9.90 > 6$$

故可以选择滴定。

（2）要准确滴定 Bi^{3+}，必须首先满足 $\lg c_{Bi} K'_{BiY} \geqslant 6$

将 $c_{Bi} = 0.01$ mol/L 代入上式得

$$\lg K'_{BiY} \geqslant 8$$

由 $\lg K'_{BiY} = \lg K_{BiY} - \lg \alpha_{Y(H)}$ 知

$$\lg \alpha_{Y(H)} = \lg K_{BiY} - \lg K'_{BiY} = 27.94 - 8 = 19.94$$

查表 8-2 知 $\lg \alpha_{Y(H)} = 20.0$ 时，pH = 0.6。此即用 EDTA 滴定 Bi^{3+} 允许的最高酸度。如 pH < 0.6，则无法准确滴定。

（3）将 Pb^{2+} 的影响与 H^+ 同样作为对滴定剂 Y 的副反应考虑，则有

$$\alpha_Y = \alpha_{Y(H)} + \alpha_{Y(N)} - 1$$

$$\alpha_{Y(Pb)} = 1 + [Pb^{2+}] K_{PbY} = 1 + \left(\frac{1}{2} \times 0.01\right) \times 10^{18.04} \approx 10^{16.0}$$

设此时 $\alpha_{Y(H)} = \alpha_{Y(Pb)} = 10^{16.0}$，查表 8-2 知相应 pH 为 1.4。

故当 pH < 1.4 时，$\alpha_{Y(H)} > \alpha_{Y(Pb)}$，即酸效应为影响滴定的主要因素，此时可忽略 Pb^{2+} 的干扰。

因此，可通过控制酸度的方法用 EDTA 滴定 Bi^{3+} 而 Pb^{2+} 不干扰。滴定的适宜酸度范围为 0.6~1.4。由于 pH 1.4 时 Bi^{3+} 易水解，因而实际滴定时常将 pH 控制在 1.0 左右。

（二）掩蔽干扰离子

当待测离子 M 与干扰离子 N 的稳定性比较接近时（$\Delta \lg cK < 6$），就无法通过控制酸度的方法达到选择性滴定 M 离子的目的。这时可在滴定体系中加入某种掩蔽剂，此试剂可通过与干扰离子 N 反应降低溶液中游离 N 的浓度，使 N 不与 EDTA 配位，或是使 K'_{NY} 减至很小，从而满足 $\Delta \lg cK \geqslant 6$，实现选择性滴定 M 离子。这种方法称为掩蔽法，常用的掩蔽法分为配位掩蔽法、沉淀掩蔽法、氧化还原掩蔽法三种。

1. 配位掩蔽法　加入配位剂与干扰离子 N 形成稳定的配合物，降低游离干扰离子的浓度，减小 $\alpha_{Y(N)}$，消除 N 离子的干扰。配位掩蔽法是最常用的一种掩蔽方法。具体方法如下。

（1）加入配位剂掩蔽 N，再用 EDTA 滴定 M。

例如，用 EDTA 测定水硬度时（滴定 Ca^{2+}、Mg^{2+}），Fe^{3+}、Al^{3+} 等离子会发生干扰，常加入三乙醇胺使之与 Fe^{3+}、Al^{3+} 生成更稳定的配合物，从而消除其对 Ca^{2+}、Mg^{2+} 滴定的干扰。又如 Al^{3+} 与 Zn^{2+} 共存时，可加入 NH_4F 与 Al^{3+} 生成稳定的 AlF_6^{3-}，消除 Al^{3+} 的干扰，然后调节 pH 5~6，用 EDTA 滴定 Zn^{2+}。

（2）先加配位掩蔽剂掩蔽 N，用 EDTA 单独滴定 M 后，再加入某种试剂，将 N 从其与掩蔽剂的配合物中释放出来，再以 EDTA 准确滴定 N。这种将配位剂或金属离子从配合物中释放出来的作用称为解蔽作用，所用试剂则称为解蔽剂。利用某些选择性的解蔽剂，可提高配位滴定的选择性。

例如，测定铜合金中铅、锌含量，先加入掩蔽剂 KCN，在氨性缓冲液中与 Cu^{2+}、Zn^{2+} 配位后，以铬黑 T 为指示剂，用 EDTA 滴定 Pb^{2+}。在滴定 Pb^{2+} 后的溶液中加入解蔽剂如甲醛或三氯乙醛，将 Zn^{2+} 从 $Zn(CN)_4^{2-}$ 中解蔽出来，然后再用 EDTA 滴定。此滴定过程中，应注意甲醛用量不宜过多，分次滴加，同时还应控制好温度，否则会引起对 $Cu(CN)_4^-$ 的部分解蔽而使 Zn^{2+} 的测定结果偏高。

（3）先加入过量 EDTA 直接滴定或返滴定测出 M、N 的总量，再加入配位掩蔽剂，使之与 MY 中的 M 发生配位反应释放出 Y，再用金属离子标准溶液滴定 Y，以测定 M 的含量。

例如，测定合金中的 Sn 时，在溶液中加入过量的 EDTA，将可能存在的 Pb^{2+}、Zn^{2+}、Cd^{2+}、Ba^{2+} 等多种金属离子与 Sn^{4+} 一起发生配位反应。用 Zn^{2+} 标准溶液回滴过量的 EDTA。再加入 NH_4F，使 SnY 转变成更稳定的 SnF_6^{2-}，定量释放出 EDTA，再用 Zn^{2+} 标准溶液滴定，即可求出 Sn^{4+} 的含量。

2. 沉淀掩蔽法 通过加入沉淀剂与干扰离子形成沉淀而降低游离 N 浓度，在不分离沉淀的情况下直接滴定待测离子。

例如，在 Ca^{2+}、Mg^{2+} 共存的溶液中，用 EDTA 滴定 Ca^{2+}，先加入 NaOH 使 pH > 12，NaOH 与 Mg^{2+} 形成沉淀而不干扰 Ca^{2+} 的滴定，此时的 OH^- 就是 Mg^{2+} 的沉淀掩蔽剂。另外，当 Ba^{2+} 与 Sr^{2+} 共存时，可用 K_2CrO_4 掩蔽 Ba^{2+} $[K_{sp(BaCrO_4)} = 1.2 \times 10^{-10} < K_{sp(SrCrO_4)} = 2.2 \times 10^{-5}]$；当 Pb^{2+} 与其他离子共存时，可用 H_2SO_4 掩蔽 Pb^{2+}。

沉淀掩蔽法常由于沉淀反应不够完全使得掩蔽效率不高，或因为产生共沉淀及吸附等现象，影响滴定的准确度。有些沉淀颜色很深或体积大，妨碍终点观察，所以实际应用并不广泛。

3. 氧化还原掩蔽法 主要是通过改变干扰离子 N 的价态，降低其与 EDTA 配合物的条件稳定常数，从而消除干扰。例如，由于 Fe^{3+} 与 ZrO^{2+}、Bi^{3+}、Th^{4+}、In^{3+}、Hg^{2+}、Sc^{3+}、Sn^{4+} 等金属离子的 lgK_{MY} 值相近，当它们共存于同一滴定体系时无法选择滴定；已知 $lgK_{Fe(III)Y} = 25.1$，$lgK_{Fe(II)Y} = 14.33$，通过加入还原剂将 Fe^{3+} 还原成 Fe^{2+}，使 ΔlgK 值增大至 5 以上时，即可在适宜的酸度条件下测定上述金属离子而不受 Fe^{3+} 干扰。

常用掩蔽剂见表 8-4。

例 8-10 用 2.0×10^{-2} mol/L EDTA 滴定同浓度的 Zn^{2+}、Al^{3+} 混合溶液中的 Zn^{2+}，若用 NH_4F 掩蔽 Al^{3+}，终点时未与 Al^{3+} 配位的 F^- 的总浓度为 1.0×10^{-2} mol/L，pH = 5.5，问 NH_4F 能否掩蔽 Al^{3+}？

解：

$$\alpha_{Al(F)} = 1 + \beta_1 [F^-] + \beta_2 [F^-]^2 + \cdots + \beta_6 [F^-]^6$$
$$= 1 + 1.4 \times 10^6 \times 10^{-2} + 1.4 \times 10^{11} \times 10^{-4} + 1.0 \times 10^{15} \times 10^{-6}$$
$$+ 5.6 \times 10^{17} \times 10^{-8} + 2.3 \times 10^{19} \times 10^{-10} + 6.9 \times 10^{19} \times 10^{-12}$$
$$= 10^{9.95}$$

$$[Al^{3+}] = \frac{c_{Al^{3+}}}{\alpha_{Al(F)}} = \frac{10^{-2.0}}{10^{9.95}} = 10^{-11.95}$$

$$\alpha_{Y(Al)} = 1 + [Al^{3+}] K_{AlY} = 1 + 10^{-11.95} \times 10^{16.30} = 10^{4.35}$$

由表 8 - 2 知　　　pH = 5.5 时，$\alpha_{Y(H)} = 10^{5.51}$

$\therefore\ \alpha_{Y(H)} > \alpha_{Y(Al)}$，$Al^{3+}$ 的影响可忽略。可见 F^- 对 Al^{3+} 的掩蔽效果很好，$[Al^{3+}]$ 降至 $10^{-11.95}$，如同滴定纯 Zn^{2+} 一样。

表 8 - 4　常用掩蔽剂

名称	pH	被掩蔽的离子	备注
KCN	>8	Co^{2+}、Ni^{2+}、Cu^{2+}、Zn^{2+}、Hg^{2+}、Cd^{2+}、Ag^+、Tl^+、Fe^{3+}、Fe^{2+} 及铂族元素	剧毒！须在碱性溶液中使用
NH_4F	4~6	Al^{3+}、Ti^{4+}、Sn^{4+}、Zr^{4+}、W^{6+} 等	用 NH_4F 比用 NaF 好，因 NH_4F 加入后溶液
	10	Al^{3+}、Mg^{2+}、Ca^{2+}、Sr^{2+}、Ba^{2+} 及稀土元素	pH 变化不大
三乙醇胺	10	Al^{3+}、Ti^{4+}、Sn^{4+}、Zr^{4+}、W^{6+} 等	与 KCN 并用，可提高掩蔽效果
（TEA）	11~12	Fe^{3+}、Al^{3+} 及少量 Mn^{2+}	
二巯基丙醇	10	Zn^{2+}、Hg^{2+}、Cd^{2+}、Bi^{3+}、Pb^{2+}、Ag^+、As^{3+}、Sn^{4+} 及少量 Co^{2+}、Ni^{2+}、Cu^{2+}、Fe^{3+}	
铜试剂	10	能与 Cu^{2+}、Hg^{2+}、Pb^{2+}、Cd^{2+}、Bi^{3+} 生成沉淀，其中	
（DDTC）		Cu - DDTC 为褐色，Bi - DDTC 为黄色	
酒石酸	1.2	Sb^{3+}、Sn^{4+}、Fe^{3+} 及 5mg 以下的 Cu^{2+}	在抗坏血酸存在下
	2	Sn^{4+}、Fe^{3+}、Mn^{2+}	
	5.5	Sn^{4+}、Fe^{3+}、Al^{3+}、Ca^{2+}	
	6~7.5	Mg^{2+}、Fe^{3+}、Cu^{2+}、Al^{3+}、Mo^{4+}、Sb^{3+}、W^{6+}	
	10	Al^{3+}、Sn^{4+}	

（三）分离干扰离子

当利用控制溶液酸度和掩蔽干扰离子等方法仍不能消除共存离子的干扰，则可将干扰离子预先分离出来，再滴定被测离子。分离的方法很多，常用的有沉淀分离法、萃取分离法、离子交换分离法、色谱分离法等。

（四）其他配位剂的应用

除 EDTA 之外，许多其他氨羧配位剂也能与金属离子生成稳定的配合物，而其稳定性与 EDTA 配合物的稳定性相比有时差别较大。因此，这些氨羧配位剂，有时能提高某些金属离子滴定的选择性，如乙二醇二乙醚二胺四乙酸（EGTA）、乙二胺四丙酸（EDTP）、三乙撑四胺（Trien）等。由于 EDTA 与 Mg^{2+}、Ca^{2+}、Ba^{2+} 配合物的稳定常数比较接近，而 EGTA 与 Mg^{2+} 配合物的稳定常数小于其与 Ca^{2+}、Ba^{2+} 配合物的稳定常数。因此，在 Mg^{2+} 存在下滴定 Ca^{2+} 或 Ba^{2+} 时，如果用 EDTA 滴定则 Mg^{2+} 的干扰严重，而用 EGTA 滴定，则可消除 Mg^{2+} 的干扰。

第七节　配位滴定方式及其应用

PPT

一、配位滴定方式

配位滴定的滴定方法有直接滴定、返滴定、置换滴定、间接滴定等。采用不同的滴定方式，不仅能扩大配位滴定的应用范围，同时也能提高配位滴定选择性。

（一）直接滴定法

直接滴定法即指用适宜的缓冲溶液控制试液的 pH，选择适当的指示剂来指示滴定终点，用 EDTA 标准溶液直接滴定待测离子的方法。直接滴定法简便、快速，误差较小，是配位滴定中常用的滴定方式。直接滴定法必须符合以下条件。

（1）待测离子与 EDTA 的配合物稳定，满足 $\lg c_M K'_{MY} \geq 6$ 的要求。

（2）配位反应速度足够快，且无水解和沉淀反应发生。

（3）指示剂变色敏锐且无封闭现象。

（二）返滴定法（回滴法/剩余滴定法） 🔲微课4

返滴定法是在待测溶液中加入一定量过量的 EDTA 标准溶液，待完全配位后，用另一金属离子标准溶液回滴过量的 EDTA。根据两种标准溶液的浓度及用量，求得待测离子含量的方法。返滴定法主要应用于以下情况。

（1）待测离子与 EDTA 反应速度很慢。

（2）待测离子发生水解等副反应影响滴定。

（3）待测离子虽能与 EDTA 形成稳定的配合物，但缺乏变色敏锐的指示剂或待测离子对指示剂有封闭作用。

例如，配位滴定测定 Al^{3+} 时，由于 Al^{3+} 与 EDTA 反应速度较慢，在酸度不高时 Al^{3+} 易水解形成一系列多羟基配位化合物，而且 Al^{3+} 对二甲酚橙指示剂有封闭作用，因此不能用直接滴定法而必须使用返滴定法：先在 Al^{3+} 溶液中加入一定量过量的 EDTA 标准溶液，调节 pH 为 3.5，并将试液加热至沸，待其配位完全后，冷却，调节溶液 pH 至 5~6，加入适量二甲酚橙指示剂，再用 Zn^{2+} 标准溶液返滴定过量的 EDTA。

（三）置换滴定法

置换滴定法是利用置换反应，置换出等物质量的另一种金属离子或置换出 EDTA，然后进行滴定的方法。置换滴定法常采用的方式如下。

1. 置换出金属离子 待测离子 M 与 EDTA 反应不完全或生成的配合物不稳定时，可先用 M 置换出另一配合物 NY 中的金属离子 N，然后用 EDTA 标准溶液滴定 N，最后求出 M 的含量。

例如，测定 Ag^+ 含量，由于 Ag^+ 与 EDTA 的配合物不稳定，不能用 EDTA 标准溶液直接滴定。可将 Ag^+ 加到 $Ni(CN)_4^{2-}$ 溶液中，发生置换反应。

$$2Ag^+ + Ni(CN)_4^{2-} \rightleftharpoons 2Ag(CN)_2^- + Ni^{2+}$$

在 pH = 10.0 的氨性缓冲液中，以紫脲酸铵作指示剂，用 EDTA 滴定置换出来的 Ni^{2+}，根据 EDTA 的用量及反应物与生成物间的计量关系即可求出 Ag^+ 含量。

2. 置换出 EDTA 先加入过量 EDTA，与待测离子 M 及干扰离子全部发生配位反应，再加入与 M 配位能力更强的另一配合剂 L 以夺取 M，释放出与 M 等物质量的 EDTA，用另一金属离子标准溶液滴定，即可测得 M 含量。

例如，测定某合金中的 Sn^{4+} 时，可先在试液中加入过量的 EDTA，使可能存在的共存离子 Zn^{2+}、Cd^{2+}、Pb^{2+}、Bi^{3+} 等和 Sn^{4+} 一起全部都与其配位，然后用 Zn^{2+} 标准溶液滴定过量的 EDTA，除去溶液中游离的 EDTA。再加入 NH_4F，便 SnY 转化为更稳定的 SnF_6^{2-}，置换出与 Sn^{4+} 等物质量的 EDTA，再用 Zn^{2+} 标准溶液滴定释放出的 EDTA，即可求出 Sn^{4+} 含量。

利用置换滴定的原理除了可提高滴定选择性以外，还可改善指示剂指示终点的敏锐性。例如，铬黑 T（EBT）与 Ca^{2+} 显色灵敏度较差，但与 Mg^{2+} 显色很灵敏，因此，在 pH = 10 的溶液中用 EDTA 滴定 Ca^{2+}

时，常常先在溶液中加入少量 MgY，利用置换反应提高铬黑 T 的变色灵敏度。

滴定前，Ca^{2+} 先从 MgY 中置换出 Mg^{2+}，Mg^{2+} 与 EBT 配位形成紫红色 Mg – EBT 配合物。滴定时，EDTA 先与 Ca^{2+} 配位，到达滴定终点时，EDTA 夺取 Mg – EBT 配合物中的 Mg^{2+}，形成 MgY，游离出指示剂，终点显蓝色，颜色变化非常明显。滴定前加入的 MgY 和最后生成的 MgY 的物质的量是相等的，故加入的 MgY 并不影响滴定结果。采用这种方式，可滴定多种能与 EDTA 形成稳定配合物但无适当指示剂的金属离子，从而扩大配位滴定的应用范围。

（四）间接滴定法

对于某些不能与 EDTA 配位或生成的配合物不稳定的金属离子或非金属离子，可采用间接滴定法来测定含量。

例如，测定 $C_2O_4^{2-}$，可先加过量的 Ca^{2+}，与 $C_2O_4^{2-}$ 定量生成 CaC_2O_4 沉淀，然后过滤洗涤沉淀，用盐酸溶解沉淀定量释放出 Ca^{2+}，用 NaOH 溶液调节 pH，再用 EDTA 滴定 Ca^{2+}，根据 Ca^{2+} 与 $C_2O_4^{2-}$ 化学计量关系计算 $C_2O_4^{2-}$ 的含量。又如测定 K^+，可先将其转变为 $K_2NaCo(NO_2)_6$ 沉淀，分离后溶解沉淀，再用 EDTA 滴定其中的 Co^{2+}，根据 EDTA 的消耗量及反应中各组分的计量关系，求得 K^+ 的含量。再如测咖啡因含量时，可在 pH 1.2～1.5 的条件下，先加过量碘化铋钾与咖啡因生成沉淀 $[(C_8H_{10}N_4O_2)H]BiI_4$，再用 EDTA 滴定剩余的 Bi^{3+}。

二、标准溶液和基准物质

（一）EDTA 标准溶液的配制与标定

由于 EDTA 在水中溶解度小，所以常用其二钠盐（$Na_2H_2Y \cdot 2H_2O$ 或 EDTA – 2Na）配制标准溶液。由于其分子中的结晶水在放置的过程中容易失去一部分，也可能会有少量吸附水，且配制好的溶液如果贮存在玻璃器皿中，EDTA 将不同程度与玻璃中的 Ca^{2+} 等金属离子配位，使溶液浓度降低。因此，EDTA 标准溶液应采用间接法配制，配制好的溶液应贮存于聚乙烯瓶或硬质玻璃瓶中，而且间隔一段时间后需重新标定。

1. 0.05mol/L EDTA 标准溶液的配制　称取分析纯 $Na_2H_2Y \cdot 2H_2O$ 19g，溶于约 300ml 温蒸馏水中，冷却后稀释至约 1000ml，摇匀即得。必要时可过滤，但不能煮沸，以防分解。贮存于硬质玻璃瓶中以待标定。如需长期放置，则应贮存于聚乙烯瓶中。

2. 0.05mol/L EDTA 标准溶液的标定　标定 EDTA 常用氧化锌、金属锌或碳酸钙为基准物质，铬黑 T 或二甲酚橙为指示剂。

（1）以 ZnO（分子量为 81.38g/mol）为基准物质　精密称取在 800℃ 灼烧至恒重的基准级（优级纯）ZnO 0.12g，加稀盐酸 3ml 使溶解，加蒸馏水 25ml 及甲基红指示剂（0.025g→100ml 乙醇）1 滴，滴加氨试液至溶液呈微黄色，再加蒸馏水 25ml，$NH_3 \cdot H_2O$ – NH_4Cl 缓冲溶液（pH = 10）10ml，铬黑 T 指示剂适量，用 EDTA 标准溶液滴定至溶液由紫红色变为纯蓝色即为终点。

如用二甲酚橙作指示剂，则加盐酸溶解完 ZnO 后加蒸馏水 50ml，0.5% 二甲酚橙指示剂 2～3 滴，然后滴加 20% 的六次甲基四胺溶液至呈紫红色，再多加 3ml，用 EDTA 标准溶液滴定至溶液由紫红色变为亮黄色即为终点。

（2）以金属锌（原子量为 65.38g/mol）为基准物质　先用稀盐酸洗去金属锌粒表面的氧化物，再用水洗去盐酸，最后用丙酮漂洗一下，沥干后于 110℃ 烘 5 分钟备用。精密称取锌粒约 0.1g，加稀盐酸 5ml，置水浴上温热溶解后，按以 ZnO 为基准物时同样的操作步骤进行标定。

（3）以碳酸钙为基准物质　精密称取 0.20～0.80g $CaCO_3$ 置于 250ml 烧杯中，先用少量水润湿，盖上表面皿，缓慢加入 6mol/L 盐酸 8 ~ 15ml，使全部溶解。定量转移至 250ml 容量瓶中，稀释至刻度，摇匀。

精密量取 20.00ml 上述溶液于锥形瓶中，加入 $NH_3 \cdot H_2O - NH_4Cl$ 缓冲溶液（pH = 10）20ml，以及酸性铬蓝 K - 萘酚绿 B（K - B）指示剂 2 ~ 3 滴，用 EDTA 标准溶液滴定至溶液由紫红色变为蓝绿色即为终点。

（二）锌标准溶液的配制与标定

1. 0.05mol/L 锌标准溶液的配制

（1）称取分析纯 $ZnSO_4 \cdot 7H_2O$ 约 15g，加入稀盐酸 10ml 和适量蒸馏水溶解样品，稀释至约 1000ml，摇匀即得。

（2）精密称取新制备的纯锌粒 3.269g，加蒸馏水 5ml 及盐酸 10ml，置水浴上温热使溶解，放冷后稀释至约 1000ml，摇匀即得。

2. 0.05mol/L 锌标准溶液的标定　精密量取锌溶液 25ml，加甲基红指示剂 1 滴，滴加氨试液至溶液呈微黄色，再加蒸馏水 25ml，加 $NH_3 \cdot H_2O - NH_4Cl$ 缓冲液（pH = 10）10ml 与铬黑 T 指示剂适量，然后用 EDTA 标准溶液滴定至溶液由紫红色变为纯蓝色即为终点。

锌标准溶液的标定也可使用二甲酚橙为指示剂，方法如前所述。

三、应用示例

1. 镁盐的测定　以 $MgSO_4 \cdot 7H_2O$ 的测定为例：精密称取本品约 0.25g，加蒸馏水 30ml 溶解后，加 $NH_3 \cdot H_2O - NH_4Cl$ 缓冲液（pH = 10）10ml 与铬黑 T 指示剂适量，用 0.05mol/L EDTA 标准溶液滴定至溶液由酒红色转变为纯蓝色，即为终点。其反应为

$$Mg^{2+} + H_2Y^{2-} \Longrightarrow MgY^{2-} + 2H^+$$

计算公式为

$$\omega_{MgSO_4 \cdot 7H_2O} = \frac{(cV)_{EDTA} \dfrac{246.47}{1000}}{m_s} \times 100\% \quad (M_{MgSO_4 \cdot 7H_2O} = 246.47g/mol)$$

2. 钙盐的测定　以葡萄糖酸钙的测定为例：精密称取本品约 0.5g，置锥形瓶中，加蒸馏水 10ml，微热使溶，放冷至室温。另加蒸馏水 10ml，加 $NH_3 \cdot H_2O - NH_4Cl$ 缓冲液（pH = 10）10ml，稀硫酸镁试液 1 滴，铬黑 T 指示剂 3 滴，用 0.05mol/L EDTA 标准溶液滴定至溶液由紫红色转变为纯蓝色即为终点。

由于铬黑 T 在 pH = 10 与 Ca^{2+} 形成的紫红色配合物 $CaIn^-$ 不够稳定，单独使用铬黑 T 会使终点提前，测定结果偏低，利用置换滴定方式在滴定前加入少量 MgY^{2-} 即可避免此问题。其反应过程为

$$MgY^{2-} + Ca^{2+} \Longrightarrow CaY^{2-} + Mg^{2+}$$
$$Mg^{2+} + HIn^{2-} \Longrightarrow MgIn^- + H^+$$

此时，溶液显 $MgIn^-$ 的紫红色。用 EDTA 标准溶液滴定时，EDTA 先与游离的 Ca^{2+} 配合，接近终点时再从 $MgIn^-$ 中置换出铬黑 T，溶液由紫红色变为纯蓝色。

$$MgIn^- + H_2Y^{2-} \Longrightarrow MgY^{2-} + HIn^{2-} + H^+$$
$$\quad\text{紫红色} \qquad\qquad\qquad\qquad \text{纯蓝色}$$

计算公式为

$$\omega = \frac{(cV)_{EDTA} \dfrac{448.4}{1000}}{m_s} \times 100\% \quad (M_{葡萄糖酸钙} = 448.4g/mol)$$

3. 水硬度的测定（直接滴定法）　测定水硬度，实际上是测定水中钙镁离子的总量，常将其折算

成每升水中含碳酸钙或氧化钙的毫克数表示：1ppm 相当于每 1 升水中含 1mg 碳酸钙；1 度相当于 1 升水中含有 10mg CaO。

操作步骤：取水样 100ml，加 $NH_3 \cdot H_2O - NH_4Cl$ 缓冲液（pH = 10）10ml 与铬黑 T 指示剂适量，用 0.01mol/L EDTA 标准溶液滴定至溶液由紫红色转变为纯蓝色，即为终点。

计算公式为

$$总硬度（ppm）= \frac{(cV)_{EDTA} \times M_{CaCO_3} \times 1000}{V_{水}} = (cV)_{EDTA} \times 100.1 \times 10（mg/L）$$

$$或总硬度（度）= \frac{(cV)_{EDTA} \times M_{CaO} \times 1000}{V_{水} \times 10} = (cV)_{EDTA} \times 56.08（度）$$

4. 氢氧化铝的含量测定（返滴定法） 操作步骤：精密称取本品置锥形瓶中，加盐酸及水各 10ml，加热溶解后，放冷，滤过，滤液置 250ml 容量瓶，洗涤，稀释至刻度。精密量取 25ml，加氨试液中和至恰好析出沉淀，再滴加稀盐酸至沉淀恰好溶解，加 HAc - NH₄Ac 缓冲溶液（pH 6.0）10ml，再精密加 0.05mol/L EDTA 标准溶液 25.00ml，煮沸 3 ~ 5 分钟，放冷，加二甲酚橙指示剂 1ml，用 0.05mol/L 锌滴定液回滴剩余的 EDTA，滴至溶液由黄色变为橙红色，即达终点。

配位滴定广泛应用于冶金、地质、环境卫生、药物分析和医学检验等领域。在药物分析中如生物碱类药物吗啡、麻黄碱、中药明矾（硫酸铝钾），含金属离子的有机药物乳酸钙、水杨酸镁、二羟基甘氨酸铝、次水杨酸铋、磺胺嘧啶锌及硫酸盐等阴离子，均可以采用 EDTA 法测定其含量。

主要公式

基本类型	计算公式
稳定常数	$K_{稳} = K_{MY} = \dfrac{[MY]}{[M][Y]}$
条件稳定常数	$\lg K'_{MY} = \lg K_{MY} - \lg \alpha_{M(L)} - \lg \alpha_{Y(H)}$
指示剂变色点（pM_t）	$pM_t = \lg K'_{MIn} = \lg K_{MIn} - \lg \alpha_{In(H)}$
准确滴定的条件	$\lg c_M K'_{MY} \geq 6$
共存离子 N 不干扰滴定反应的条件	（1）$\Delta \lg cK \geq 6$（$TE = 0.1\%$，$c_M = c_N$） 或 $\dfrac{c_M K_{MY}}{c_N K_{NY}} \geq 10^6$　$\lg c_M K_{MY} - \lg c_N K_{NY} \geq 6$ （2）$\Delta \lg cK \geq 5$ （$TE = 0.3\%$，$c_M = c_N$；$TE = 0.1\%$，$c_M = 10\,c_N$）
N 与 In 不产生干扰色的条件	$\lg c_N K'_{NIn} \leq -1$

答案解析

目标检测

1. 用 EDTA 滴定法检验血清中的钙。取血清 100μl，加 KOH 溶液 2 滴和钙红指示剂 1 ~ 2 滴，用 0.001024mol/L EDTA 滴定至终点，用去 0.2607ml。计算此检品中 Ca^{2+} 含量（Ca^{2+} mg/100ml）。若健康成人血清中 Ca^{2+} 含量指标为 9 ~ 11mg/100ml，此检品中 Ca^{2+} 含量是否正常？（尿中钙的测定与此相似，只是要用柠檬酸掩蔽 Mg^{2+}）（$M_{Ca} = 40.078$g/mol）

2. 精密称取 0.2417g 含磷样品，使其形成可溶性磷酸盐，在一定条件下，定量转化为 $MgNH_4PO_4$ 沉淀，过滤、洗涤后，用盐酸溶解，调节 pH = 10.00，用 0.02264mol/L 的 EDTA 溶液滴定，消耗

26.86ml，求样品中 P_2O_5 的百分含量。（ $M_{MgNH_4PO_4} = 141.94g/mol$ ）

3. 取某地水样 100.00ml，使用 $NH_3 \cdot H_2O - NH_4Cl$ 缓冲液调节至 pH = 10，以 EBT 为指示剂，用 0.004824mol/L EDTA 标准溶液滴定至终点，消耗 19.76ml。计算水的总硬度（请分别用 ppm 和度为单位来表示计算结果）。另取同样水样 100.00ml，用 NaOH 调节 pH 至 12.5，加入钙指示剂，用上述 EDTA 标准溶液滴定至终点，消耗 16.17ml，试分别求出水样中 Ca^{2+} 和 Mg^{2+} 的量（mg/L）。（ $M_{CaCO_3} = 100.08g/mol$ ，$M_{CaO} = 56.08g/mol$ ；$M_{Ca} = 40.078g/mol$ ；$M_{Mg} = 24.305g/mol$ ）

4. 用 $1 \times 10^{-2}mol/L$ 的 EDTA 滴定 $1 \times 10^{-2}mol/L$ 的 Bi^{3+} 溶液，计算滴定适宜酸度范围。（假设 Bi^{3+} 无辅助配位反应发生，$lgK_{BiY} = 27.94$ ）

5. 用间接滴定法测定 SO_4^{2-} ，取可溶性硫酸盐 0.5876g 样品，加水溶解后加 HNO_3 酸化，加过量 $Pb(NO_3)_2$ 溶液，生成 $PbSO_4$ 沉淀，过滤，洗涤，将沉淀置于 50.00ml EDTA（0.1246mol/L）的氨性缓冲溶液中，待沉淀完全溶解后放置适当时间，过量的 EDTA 在 pH = 10.00 时，以 EBT 为指示剂，用 0.1236mol/L 的 $Zn(NO_3)_2$ 溶液滴定至终点，滴定剂用量为 7.26ml。试求样品中 SO_4^{2-} 的含量。（ $M_{SO_4^{2-}} = 96.06g/mol$ ）

6. 在无其他配位剂存在的情况下，在 pH = 2.0 和 pH = 4.0 时，能否用 EDTA 准确滴定浓度为 0.01mol/L 的 Pb^{2+} ？（ $lgK_{PbY} = 18.04$ ，pH = 2.00 时 $lg\alpha_{Y(H)} = 13.51$ ；pH = 4.00 时 $lg\alpha_{Y(H)} = 8.44$ ）

7. 现有一试液中含有 Fe^{3+} 、Zn^{2+} 两种离子，浓度均为 0.01mol/L，请问在 pH = 2.00 酸度下能否用 EDTA 选择滴定 Fe^{3+} 请简述理由。

8. 欲测某样品中 ZnO（含少量 Fe_2O_3 ）的含量，称取样品 0.2042g，加稀盐酸 3ml 溶解，加水稀释置 250ml 容量瓶中。从中精密量取溶液 25.00ml，加甲基红指示剂 1 滴，滴加氨试液至溶液呈微黄色，再加蒸馏水 25ml，$NH_3 \cdot H_2O - NH_4Cl$ 缓冲液 10ml，三乙醇胺 1ml，2~3 滴 EBT 指示剂，用 0.01000mol/L EDTA 标准溶液滴定至终点，消耗 EDTA 24.12ml。计算：①EDTA 标准溶液对 ZnO 的滴定度；②样品中 ZnO 的含量；③简要说明为什么要加入三乙醇胺。（ $M_{ZnO} = 81.38g/mol$ ，$lgK_{FeY} = 25.1$ ，$lgK_{ZnY} = 16.50$ ）

书网融合……

思政导航　　　本章小结　　　微课1　　　微课2

微课3　　　微课4　　　题库

（吴　萍　孟庆华）

第九章　氧化还原滴定法

◎ **学习目标**

　知识目标

1. **掌握**　氧化还原滴定基本原理；氧化还原平衡及相关知识；氧化还原滴定相关计算。
2. **熟悉**　碘量法、高锰酸钾法等重要氧化还原滴定法的原理、特点及应用。
3. **了解**　氧化还原指示剂及氧化还原滴定法的应用。

　能力目标　通过本章的学习，能够掌握氧化还原反应基础知识、氧化还原滴定法的基本原理、重要方法及应用。

第一节　概　述

　　氧化还原滴定法（redox titration）是以氧化还原反应为基础的滴定分析方法，它不仅能够直接测定本身具有氧化性或还原性的物质，而且还能间接测定一些与氧化剂或还原剂发生定量反应的无机、有机物质。

　　氧化还原反应是基于电子转移的反应，反应过程比较复杂，有的反应进行很完全但反应速率很慢；有时由于副反应的发生使反应物间没有确定的计量关系；有的副反应可能改变主反应的方向。因此，在学习氧化还原滴定法时，必须综合考虑有关平衡、反应机制、反应速度以及反应条件和滴定条件的控制等问题。

　　氧化还原滴定法根据所用氧化剂和还原剂种类不同可分为：碘量法（iodimetry）、高锰酸钾法（potassium permanganate method）、重铬酸钾法（potassium dichromate method）及硫酸铈法（cerium sulphate method）等。

第二节　氧化还原平衡

一、条件电极电位及影响因素

（一）电极电位与 Nernst 方程

　　氧化剂和还原剂的性质可以用相关氧化还原电对（electron pair）的电极电位（electrode potential）来衡量。电对的电极电位越高，其氧化态的氧化能力越强；电对的电极电位越低，其还原态的还原能力越强。氧化还原反应自发进行的方向，总是电极电位高的氧化态氧化电极电位低的还原态，反应进行的完全程度取决于两反应电对的电位差。

　　氧化还原电对可粗略地分为可逆电对与不可逆电对两大类。可逆电对（如 Fe^{3+}/Fe^{2+}、Ce^{4+}/Ce^{3+}、I_2/I^- 等）在氧化还原反应的任一瞬间，能迅速地建立起氧化还原平衡，其实际电位基本符合 Nernst 方程式计算出的理论电位。不可逆电对（如 MnO_4^-/Mn^{2+}、$Cr_2O_7^{2-}/Cr^{3+}$、$S_4O_6^{2-}/S_2O_3^{2-}$ 等）则不能在氧化还原反应的任一瞬间很快建立氧化还原平衡，其实际电位与理论电位相差较大，只能用 Nernst 方程式做近似计算。

若以"Ox"及"Red"分别表示可逆氧化还原电对的氧化态和还原态，n 为电子转移数，则该电对的氧化还原半反应为

$$Ox + ne^- \rightleftharpoons Red$$

其 25℃ 时的电极电位可用 Nernst 方程表示。

$$E_{Ox/Red} = E_{Ox/Red}^{\ominus} + \frac{0.0592}{n} \lg \frac{a_{Ox}}{a_{Red}} \tag{9-1}$$

式中，a_{Ox}、a_{Red} 分别为氧化态、还原态物质的活度；$E_{Ox/Red}^{\ominus}$ 为标准电极电位，仅随温度变化。

（二）条件电极电位

实际工作中通常知道的是物质的浓度而不是活度，如果忽略离子强度的影响，用浓度代替活度进行计算只有在极稀的溶液中才近似正确。因此，引入相应的活度系数，则有 $a_{Ox} = \gamma_{Ox} \cdot [Ox]$，$a_{Red} = \gamma_{Red} \cdot [Red]$，代入式（9-1），得

$$E_{Ox/Red} = E_{Ox/Red}^{\ominus} + \frac{0.0592}{n} \lg \frac{\gamma_{Ox}[Ox]}{\gamma_{Red}[Red]} \tag{9-2}$$

此外，溶液中还可能存在酸效应、生成沉淀及配位效应等副反应，引起电对氧化态、还原态浓度的改变，从而导致电对电极电位变化。为此，引入分布系数 δ_{Ox}、δ_{Red}。

因为
$$[Ox] = c_{Ox} \cdot \delta_{Ox} \qquad a_{Ox} = c_{Ox} \cdot \delta_{Ox} \cdot \gamma_{Ox}$$
$$[Red] = c_{Red} \cdot \delta_{Red} \qquad a_{Red} = c_{Red} \cdot \delta_{Red} \cdot \gamma_{Red}$$

代入式（9-2）可得

$$E_{Ox/Red} = E_{Ox/Red}^{\ominus} + \frac{0.0592}{n} \lg \frac{c_{Ox} \cdot \delta_{Ox} \cdot \gamma_{Ox}}{c_{Red} \cdot \delta_{Red} \cdot \gamma_{Red}} \tag{9-3}$$

式中，c_{Ox}、c_{Red} 分别为氧化态、还原态的分析浓度，活度系数 γ、分布系数 δ 在一定条件下为一定值。当 $c_{Ox} = c_{Red} = 1mol/L$（或其比值为 1）时，可得

$$E_{Ox/Red} = E_{Ox/Red}^{\ominus} + \frac{0.0592}{n} \lg \frac{\delta_{Ox} \cdot \gamma_{Ox}}{\delta_{Red} \cdot \gamma_{Red}} = E_{Ox/Red}^{\ominus'} \tag{9-4}$$

$E_{Ox/Red}^{\ominus'}$ 称为电对 Ox/Red 的条件电极电位（conditional electrode potential）[亦称克式量电位（formal potential）]，是在特定条件下，电对氧化态、还原态分析浓度均为 $1mol/L$ 或其比值为 1 时的实际电位，在条件不变时为一常数。引入条件电极电位 $E_{Ox/Red}^{\ominus'}$ 后，Nernst 方程表示

$$E_{Ox/Red} = E_{Ox/Red}^{\ominus'} + \frac{0.0592}{n} \lg \frac{c_{Ox}}{c_{Red}} \tag{9-5}$$

条件电极电位反映了离子强度和各种副反应对电对电极电位的影响，用它处理氧化还原相关问题更符合实际情况。

从理论上考虑，只要知道有关组分的活度系数和副反应系数，就可以由标准电极电位根据式（9-4）计算条件电极电位 $E^{\ominus'}$。但实际上当溶液的离子强度较大时，活度系数 γ 不易求得；当副反应很多时，分布系数 δ 或副反应系数 α 也难以计算，因此条件电极电位 $E^{\ominus'}$ 都由实验测得。当缺少相同条件下的 $E^{\ominus'}$ 时，常用相近条件的 $E^{\ominus'}$ 来代替计算。若无合适的条件电极电位 $E^{\ominus'}$，则用标准电极电位 $E^{\ominus}$ 代替条件电极电位 $E^{\ominus'}$ 作近似计算。

例 9-1　在 $1mol/L$ HCl 溶液中，$E_{Cr_2O_7^{2-}/Cr^{3+}}^{\ominus'} = 1.00V$。计算用固体亚铁盐将 $0.100mol/L$ $K_2Cr_2O_7$ 溶液还原 50% 时的电位。

解： $0.100mol/L$ $K_2Cr_2O_7$ 溶液还原 50% 时

$$c_{Cr_2O_7^{2-}} = 0.0500 mol/L \quad c_{Cr^{3+}} = 2 \times (0.100 - c_{Cr_2O_7^{2-}}) = 0.100 mol/L$$

$$E_{Cr_2O_7^{2-}/Cr^{3+}} = E_{Cr_2O_7^{2-}/Cr^{3+}}^{\ominus'} + \frac{0.0592}{6} lg \frac{c_{Cr_2O_7^{2-}}}{c_{Cr^{3+}}^2}$$

$$= 1.00 + \frac{0.0592}{6} lg \frac{0.0500}{0.0100} = 1.01 V$$

例 9 – 2 计算 AgCl/Ag 电对在 0.01000mol/L NaCl 溶液中的电极电位。（忽略离子强度的影响）
已知：$E_{AgCl/Ag}^{\ominus} = 0.22233V, E_{Ag^+/Ag}^{\ominus} = 0.7996V, K_{sp(AgCl)} = 1.8 \times 10^{-10}$

解：电对 AgCl/Ag 的半电池反应： $AgCl + e^- \rightleftharpoons Ag + Cl^-$
可用两种方法进行计算。

方法一：$E_{AgCl/Ag} = E_{Ag^+/Ag}^{\ominus} + 0.0592 \, lg[Ag^+]$，$[Ag^+] = \frac{K_{sp(AgCl)}}{[Cl^-]}$

$$E_{AgCl/Ag} = 0.7996 + 0.0592 \, lg \frac{1.8 \times 10^{-10}}{0.0100} = 0.341 V$$

方法二：$E_{AgCl/Ag} = E_{AgCl/Ag}^{\ominus} + 0.0592 \, lg \frac{1}{[Cl^-]}$

$$= 0.222 + 0.0592 \, lg \frac{1}{0.0100} = 0.341 V$$

（三）影响条件电极电位的因素

虽然条件电极电位一般都是由实验测得的，但在某些比较简单的情况下，在作了一些近似处理后，$E^{\ominus'}$ 也可以由计算求得。通过这种计算可以更深刻的理解条件电极电位的意义和影响因素。下面将通过对具体电对的讨论，说明条件电极电位的影响因素及估算条件电极电位的方法。

1. 离子强度的影响 如式（9 – 4）所示，氧化还原电对的条件电极电位（$E^{\ominus'}$）与电对氧化态、还原态的活度系数 γ 相关，而活度系数直接受溶液离子强度的影响（$-lg r_i = 0.5Z_i^2 \sqrt{I}$）。在氧化还原反应中，溶液的离子强度一般比较大，活度系数小于 1，其条件电极电位与标准电极电位有一定的差异。但由于活度系数不易计算，而各种副反应及其他因素对条件电极电位的影响更为重要，故在估算条件电极电位时可将离子强度的影响忽略。

2. 生成沉淀 当溶液体系中加入一种可与电对氧化态或还原态生成难溶沉淀的沉淀剂时，电对的条件电位会发生改变。若氧化态生成沉淀会使条件电位降低，而还原态生成沉淀会使条件电位增高。例如，用间接碘量法测定 Cu^{2+} 的含量，其反应为

$$2Cu^{2+} + 4I^- \rightleftharpoons 2CuI \downarrow + I_2$$

$$E_{Cu^{2+}/Cu^+}^{\ominus} = 0.16V, \quad E_{I_2/I^-}^{\ominus} = 0.5355V$$

从标准电极电位来看，Cu^{2+} 无法自发地氧化 I^-。但事实上，Cu^{2+} 氧化 I^- 的反应进行得很完全。这是由于 Cu^{2+} 生成了溶解度很小的 CuI 沉淀，大大降低了 Cu^+ 的游离浓度，从而使 Cu^{2+}/Cu^+ 的电极电位显著升高，使上述反应向右进行。

例 9 – 3 计算 KI 浓度为 1.0mol/L 时，Cu^{2+}/Cu^+ 电对的条件电位 $E_{Cu^{2+}/Cu^+}^{\ominus'}$（忽略离子强度的影响）。
已知 $E_{Cu^{2+}/Cu^+}^{\ominus'} = 0.16V$，$K_{sp(CuI)} = 1.1 \times 10^{-12}$。

解： $E_{Cu^{2+}/Cu^+} = E_{Cu^{2+}/Cu^+}^{\ominus} + 0.0592 \, lg \frac{[Cu^{2+}]}{[Cu^+]}$

$$= E_{Cu^{2+}/Cu^+}^{\ominus} + 0.0592 \, lg \frac{[Cu^{2+}][I^-]}{K_{sp(CuI)}}$$

$$= E_{Cu^{2+}/Cu^+}^{\ominus} + 0.0592 \, lg \frac{[I^-]}{K_{sp(CuI)}} + 0.0592 lg[Cu^{2+}]$$

因 Cu^{2+} 未发生副反应，所以 $[Cu^{2+}] = c_{Cu^{2+}}$ ，当 $c_{Cu^{2+}} = 1.0mol/L$ 时，体系的电位就是此条件下 Cu^{2+}/Cu^+ 电对的条件电位。

$$E^{\ominus'}_{Cu^{2+}/Cu^+} = E^{\ominus}_{Cu^{2+}/Cu^+} + 0.0592 \lg \frac{[I^-]}{K_{sp(CuI)}}$$

$$= 0.16 - 0.0592 \lg 1.1 \times 10^{-12} = 0.87V$$

此时由于生成 CuI 沉淀，使 $[Cu^+]$ 大大降低，从而使 $E^{\ominus'}_{Cu^{2+}/Cu^+} > E^{\ominus}_{I_2/I^-}$ ，因此 Cu^{2+} 可以氧化 I^- 。

3. 生成配合物 若电对的氧化态或还原态与溶液中的配位剂发生配位反应，氧化态和还原态的副反应系数必然会改变，从而改变电对的电极电位。若氧化态生成的配合物比还原态生成的配合物稳定性高，则条件电极电位降低；反之，条件电极电位将增高。例如用间接碘量法测定 Cu^{2+} 的含量时，共存离子 Fe^{3+} 也能氧化 I^- 而形成干扰，若加入氟化物，使 Fe^{3+} 与 F^- 形成稳定的配合物，Fe^{3+}/Fe^{2+} 电对的电极电位明显降低，Fe^{3+} 就不再氧化 I^- 了。

例 9-4 计算在 $[F^-] = 0.10mol/L$ 条件下，Fe^{3+}/Fe^{2+} 电对的条件电极电位 $E^{\ominus'}_{Fe^{3+}/Fe^{2+}}$ 。（已知：Fe^{3+} 氟配合物的 $\lg\beta_1 \sim \lg\beta_3$ 分别为 5.2、9.2、11.9。Fe^{2+} 基本不与 I^- 配位，$E^{\ominus}_{Fe^{3+}/Fe^{2+}} = 0.771V$，$E^{\ominus}_{I_2/I^-} = 0.5355V$）。

解： 按式（9-4），在此溶液中忽略离子强度的影响，计算 Fe^{3+}/Fe^{2+} 电对的 $E^{\ominus'}_{Fe^{3+}/Fe^{2+}}$ 。

$$E^{\ominus'}_{Fe^{3+}/Fe^{2+}} = E^{\ominus}_{Fe^{3+}/Fe^{2+}} + 0.0592 \lg \frac{\delta_{Fe^{3+}}}{\delta_{Fe^{2+}}}$$

$$\delta_{Fe^{3+}} = \frac{1}{1 + \beta_1[F^-] + \beta_2[F^-]^2 + \beta_3[F^-]^3}$$

$$= \frac{1}{1 + 10^{5.2} \times 0.1 + 10^{9.2} \times (0.1)^2 + 10^{11.9} \times (0.1)^3} = \frac{1}{10^{8.9}}$$

$$\delta_{Fe^{2+}} = 1$$

故 $$E^{\ominus'}_{Fe^{3+}/Fe^{2+}} = 0.771 + 0.0592 \lg \frac{1}{10^{8.9}} = 0.244V$$

此时 $E^{\ominus}_{I_2/I^-} > E^{\ominus'}_{Fe^{3+}/Fe^{2+}}$ ，Fe^{3+} 不能氧化 I^- ，Fe^{3+} 的存在就不干扰碘量法测定 Cu^{2+} 。

4. 酸效应 若有 H^+ 或 OH^- 参加的氧化还原半反应，则溶液的酸度将直接影响相关电对的条件电极电位；若一些电对的氧化态或还原态是弱酸或弱碱，溶液的酸度会影响其存在的形式，也同样会改变电对的条件电极电位。

例如，碘量法中的一个重要反应 $H_3AsO_4 + 2I^- + 2H^+ \rightleftharpoons HAsO_2 + I_2 + 2H_2O$

其中电对 I_2/I^- 的电极电位基本不受 $[H]^+$ 影响。

$$I_2 + 2e^- \rightleftharpoons 2I^- \qquad E^{\ominus}_{I_2/2I^-} = 0.5355\ V$$

而电对 $H_3AsO_4/HAsO_2$ 的半反应中有 H^+ 参与

$$H_3AsO_4 + 2H^+ + 2e^- \rightleftharpoons HAsO_2 + 2H_2O$$

其 Nernst 方程式 $$E = E^{\ominus}_{H_3AsO_4/HAsO_2} + \frac{0.0592}{2}\lg\frac{[H_3AsO_4][H^+]^2}{[HAsO_2]}$$

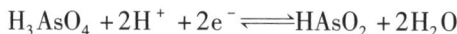

$$E = E^{\ominus}_{H_3AsO_4/HAsO_2} + \frac{0.0592}{2}\left(\lg\frac{\delta_{H_3AsO_4}[H^+]^2}{\delta_{[HAsO_2]}} + \lg\frac{c_{As(H_3AsO_4)}}{c_{As(HAsO_2)}}\right)$$

此时条件电极电位 $$E^{\ominus'}_{H_3AsO_4/HAsO_2} = E^{\ominus}_{H_3AsO_4/HAsO_2} + \frac{0.0592}{2}\lg\frac{\delta_{H_3AsO_4}[H^+]^2}{\delta_{HAsO_2}}$$

式中酸的分布系数 $\delta_{H_3AsO_4}$ 和 δ_{HAsO_2} 值可按照教材第六章相关公式求得。

当 $[H^+] = 5 mol/L$ 时，$E^{\ominus'}_{H_3AsO_4/HAsO_2} = 0.60V$，$E^{\ominus'}_{H_3AsO_4/HAsO_2} > E^{\ominus}_{I_2/2I^-}$

当 $[H^+] = 10^{-8} mol/L$ 时，$E^{\ominus'}_{H_3AsO_4/HAsO_2} = -0.10V$，$E^{\ominus'}_{H_3AsO_4/HAsO_2} < E^{\ominus}_{I_2/2I^-}$

由于两半反应标准电极电位 $E^{\ominus}$ 相差不大，其中 I_2/I^- 电对的电位与溶液的酸度基本无关，$H_3AsO_4/HAsO_2$ 电对的电位则受酸度的影响较大，因此，该反应进行的方向也必然受到溶液酸度的影响。在强酸溶液中，上述反应才会正向进行；而降低酸度时反应逆向进行。

二、氧化还原反应进行的程度

氧化还原反应进行的程度可用平衡常数（equilibrium constant of redox reaction）来衡量。例如，氧化还原反应

$$n_2 Ox_1 + n_1 Red_2 \rightleftharpoons n_2 Red_1 + n_1 Ox_2$$

条件平衡常数为

$$K' = \frac{(c_{Red_1})^{n_2} \cdot (c_{Ox_2})^{n_1}}{(c_{Ox_1})^{n_2} \cdot (c_{Red_2})^{n_1}} \tag{9-6}$$

氧化剂和还原剂电对的电极半反应及其电极电位分别为

$$Ox_1 + n_1 e^- \rightleftharpoons Red_1 \qquad E_{Ox_1/Red_1} = E^{\ominus'}_{Ox_1/Red_1} + \frac{0.0592}{n_1} lg \frac{c_{Ox_1}}{c_{Red_1}}$$

$$Ox_2 + n_2 e^- \rightleftharpoons Red_2 \qquad E_{Ox_2/Red_2} = E^{\ominus'}_{Ox_2/Red_2} + \frac{0.0592}{n_2} lg \frac{c_{Ox_2}}{c_{Red_2}}$$

当氧化还原反应达到平衡时，两电对的电极电位相等，即

$$E^{\ominus'}_{Ox_1/Red_1} + \frac{0.0592}{n_1} lg \frac{c_{Ox_1}}{c_{Red_1}} = E^{\ominus'}_{Ox_2/Red_2} + \frac{0.0592}{n_2} lg \frac{c_{Ox_2}}{c_{Red_2}}$$

整理后得

$$lgK' = \frac{n_1 \cdot n_2 (E^{\ominus'}_{Ox_1/Red_1} - E^{\ominus'}_{Ox_2/Red_2})}{0.0592} = \frac{n_1 \cdot n_2 \Delta E^{\ominus'}}{0.0592} \tag{9-7}$$

式（9-7）表明，氧化还原的条件平衡常数与两电对的条件电极电位之差（$\Delta E^{\ominus'}$）及电子转移数呈正比关系，$\Delta E^{\ominus'}$ 及电子转移数越大，反应的条件平衡常数越大，反应进行得越完全。

在氧化还原滴定分析中，一般要求反应完全程度在化学计量点时至少达 99.9%（即误差 ≤ 0.1%），则有

$$\frac{c_{Red_1}}{c_{Ox_1}} \geq \frac{99.9}{0.1} \approx 10^3 \qquad \frac{c_{Ox_2}}{c_{Red_2}} \geq \frac{99.9}{0.1} \approx 10^3$$

代入式（9-6）、式（9-7），整理得

当 $n_1 = n_2 = 1$ 时，$lgK' \geq 6$，$\Delta E^{\ominus'} \geq 0.059 \times 6 = 0.35V$

若 $n_1 = 1$，$n_2 = 2$（或 $n_1 = 2$，$n_2 = 1$）时，$lgK' \geq 9$，$\Delta E^{\ominus'} \geq 0.059 \times 9/2 = 0.27V$

若 $n_1 = 1$，$n_2 = 3$（或 $n_1 = 3$，$n_2 = 1$）时，$lgK' \geq 12$，$\Delta E^{\ominus'} \geq 0.059 \times 4 = 0.24V$

由此可见，若仅考虑反应进行的程度，通常认为 $\Delta E^{\ominus'} \geq 0.40V$ 的氧化还原反应就能满足氧化还原定量分析的要求。

例 9-5 判断下列条件下的氧化还原反应能否进行完全。

（1）在 1.0mol/L H_2SO_4 溶液中，$Ce^{4+} + Fe^{2+} \rightleftharpoons Ce^{3+} + Fe^{3+}$；

（2）在 0.5mol/L H_2SO_4 溶液中，$2Fe^{3+} + 3I^- \rightleftharpoons 2Fe^{2+} + I_3^-$。

（已知 $E^{\ominus'}_{Fe^{3+}/Fe^{2+}} = 0.68V$，$E^{\ominus'}_{Ce^{4+}/Ce^{3+}} = 1.44V$，$E^{\ominus'}_{I_3^-/I^-} = 0.55V$）

解　（1）$\Delta E^{\ominus'} = 1.44 - 0.68 = 0.76V > 0.4V$

$$\lg K' = \frac{n_1 \cdot n_2 \Delta E^{\ominus'}}{0.0592} = \frac{1 \times 1 \times 0.76}{0.0592} = 12.88 \qquad K' = 7.6 \times 10^{12}$$

此反应能满足滴定分析对反应完全程度的要求。

（2）$\Delta E^{\ominus'} = 0.68 - 0.55 = 0.13V < 0.4V$

$$\lg K' = \frac{n_1 \cdot n_2 \Delta E^{\ominus'}}{0.0592} = \frac{1 \times 2 \times 0.13}{0.0592} = 4.41 \qquad K' = 2.6 \times 10^4$$

上述氧化还原反应不能定量地进行完全。

三、氧化还原反应的速度

在氧化还原反应中，根据氧化还原电对的标准电极电位或条件电极电位，可以判断、预测反应进行的方向及程度，但无法说明反应进行的速率。氧化还原反应的机制比较复杂，常常是经历一系列中间步骤完成的，各步骤反应速度有快、慢，其总的反应速度由其中最慢的步骤决定。影响氧化还原反应速度的因素，除与参加反应物质的本性有关外，还受到反应的外界条件影响。

1. 反应物浓度 多数氧化还原反应是分步进行的，不能简单从氧化还原总反应方程式来判断反应物浓度对反应速率的影响程度。但就一般来说，反应物浓度越大，反应的速率也越快。例如：$K_2Cr_2O_7$ 在酸性介质中氧化 I^- 的反应为

$$Cr_2O_7^{2-} + 6I^- + 14H^+ \Longleftrightarrow 2Cr^{3+} + 3I_2 + 7H_2O$$

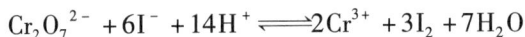

增大 I^- 的浓度或提高溶液的酸度，均可提高上述反应的速度。

2. 溶液的温度 对绝大多数氧化还原反应来说，升高溶液的温度可提高反应速度。这是由于升高反应温度时，不仅增加了反应物之间碰撞的概率，而且增加了活化分子数目。通常温度每升高 $10^\circ C$，反应速率可提高 $2 \sim 4$ 倍。例如，在酸性介质中，用 MnO_4^- 氧化 $C_2O_4^{2-}$ 的反应：

$$2MnO_4^- + 5C_2O_4^{2-} + 16H^+ \Longleftrightarrow 2Mn^{2+} + 10CO_2 \uparrow + 8H_2O$$

室温下反应速率很慢，若将溶液加热并控制在 $70 \sim 85^\circ C$，则反应速率明显加快。

应该注意，并非在任何情况下都可用升高温度的方法来提高反应速率。有些物质（如 I_2）具有挥发性，加热会引起挥发损失；有些还原性物质（如 Fe^{2+}、Sn^{2+} 等），升高温度也会加快其被空气中的 O_2 所氧化。

3. 催化剂 氧化还原反应中常常利用催化剂来改变反应速度。催化剂分为正催化剂和负催化剂。正催化剂提高反应速率，负催化剂降低反应速率，又称"阻化剂"。例如，Ce^{4+} 氧化 AsO_2^- 的反应进行很慢，若加入少量 KI，则反应可迅速进行；MnO_4^- 氧化 $C_2O_4^{2-}$ 的反应开始进行很慢，若加入 Mn^{2+} 作催化剂，则能加快反应速率。通常在滴定操作中，先少加一些 $KMnO_4$，待溶液褪色后，即有微量 Mn^{2+} 产生，Mn^{2+} 可以起到催化作用，使反应速度明显加快。这种生成物自身起催化作用的反应称为自动催化反应。

▷ 第三节　氧化还原滴定

PPT

一、滴定曲线 微课1

氧化还原滴定同酸碱、配位等类型的滴定一样，可以用滴定曲线表示滴定过程中待测组分浓度的变化情况。滴定曲线一般通过实验方法测绘而得。对于可逆的氧化还原滴定体系，可根据 Nerst 方程式绘制滴定曲线。氧化还原滴定曲线通常是以体系电位 E 为纵坐标，加入滴定剂体积或滴定百分数为横坐标绘制的。

以在1mol/L H_2SO_4溶液中，用0.1000mol/L Ce^{4+}标准溶液滴定20.00ml 0.1000mol/L Fe^{2+}溶液为例，说明滴定曲线理论计算方法。

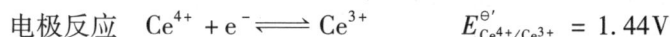

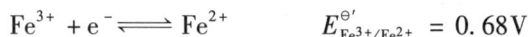

滴定反应　$Ce^{4+} + Fe^{2+} \rightleftharpoons Ce^{3+} + Fe^{3+}$

电极反应　$Ce^{4+} + e^- \rightleftharpoons Ce^{3+}$ 　　　　$E^{\ominus'}_{Ce^{4+}/Ce^{3+}} = 1.44V$

　　　　　　$Fe^{3+} + e^- \rightleftharpoons Fe^{2+}$ 　　　　$E^{\ominus'}_{Fe^{3+}/Fe^{2+}} = 0.68V$

滴定开始后，体系中同时存在上述两个电对，而在滴定的任何时刻，反应达到平衡时，两电对的电极电位相等。即$E^{\ominus'}_{Fe^{3+}/Fe^{2+}} + 0.0592 \lg\frac{c_{Fe^{3+}}}{c_{Fe^{2+}}} = E^{\ominus'}_{Ce^{4+}/Ce^{3+}} + 0.0592\lg\frac{c_{Ce^{4+}}}{c_{Ce^{3+}}}$ 因此在计算不同阶段（滴定过程中电位变化的四个阶段）滴定曲线时，可根据化学计量点前、后溶液的具体条件，选择便于计算的电对的Nernst方程式计算体系的电极电位。

1. 滴定开始前　　Fe^{2+}溶液体系中因空气中O_2和介质的氧化作用，存在少量的Fe^{3+}而组成Fe^{3+}/Fe^{2+}电对，但由于不知Fe^{3+}确切浓度，故无法用Nernst方程计算电位值。

2. 滴定开始至化学计量点前　　此时滴加的Ce^{4+}几乎全部转化为Ce^{3+}，平衡离解出的Ce^{4+}浓度极少且难以求得。而通过已知的加入Ce^{4+}量，能够很方便的计算出溶液中剩余的Fe^{2+}浓度和被氧化生成的Fe^{3+}浓度。所以，在这一阶段，采用Fe^{3+}/Fe^{2+}电对计算体系的电极电位。例如，当加入Ce^{4+}标准溶液10.00ml（滴定百分数为50%）时

$$E_{Fe^{3+}/Fe^{2+}} = E^{\ominus'}_{Fe^{3+}/Fe^{2+}} + 0.0592 \lg\frac{c_{Fe^{3+}}}{c_{Fe^{2+}}}$$

$$c_{Fe^{3+}} = \frac{0.1000 \times 10.00}{20.00 + 10.00}mol/L \qquad c_{Fe^{2+}} = \frac{0.1000 \times 10.00}{20.00 + 10.00}mol/L$$

$$E_{Fe^{3+}/Fe^{2+}} = 0.68 + 0.0592 \lg\frac{10.00}{10.00} = 0.68V$$

当加入Ce^{4+}标准溶液19.98ml（滴定百分数为99.9%，相对误差-0.1%）时

同理有　　　　　　$E_{Fe^{3+}/Fe^{2+}} = 0.68 + 0.0592 \lg\frac{19.98}{0.02} = 0.86V$

3. 化学计量点　　此时加入的Ce^{4+}和Fe^{2+}定量地转变成Ce^{3+}和Fe^{3+}，由平衡离解出的Ce^{4+}和Fe^{2+}浓度均极小且不易求得，不便采用单独某一电对的Nernst方程式来计算溶液的电极电位。但可通过二个电对Nernst方程式联立求解。

$$E_{sp} = E^{\ominus'}_{Ce^{4+}/Ce^{3+}} + 0.0592 \lg\frac{c_{Ce^{4+}}}{c_{Ce^{3+}}}$$

$$E_{sp} = E^{\ominus'}_{Fe^{3+}/Fe^{2+}} + 0.0592 \lg\frac{c_{Fe^{3+}}}{c_{Fe^{2+}}}$$

两式相加　　$2E_{sp} = (E^{\ominus'}_{Ce^{4+}/Ce^{3+}} + E^{\ominus'}_{Fe^{3+}/Fe^{2+}}) + 0.0592 \lg\frac{c_{Ce^{4+}}c_{Fe^{3+}}}{c_{Ce^{3+}}c_{Fe^{2+}}}$

由于达到计量点时，$c_{Ce^{4+}} = c_{Fe^{2+}}, c_{Ce^{3+}} = c_{Fe^{3+}}$，此时

$$E_{sp} = \frac{E^{\ominus'}_{Ce^{4+}/Ce^{3+}} + E^{\ominus'}_{Fe^{3+}/Fe^{2+}}}{2} = \frac{1.44 + 0.68}{2} = 1.06V$$

4. 化学计量点后　　溶液中Fe^{2+}几乎全部被氧化成Fe^{3+}，少量的Fe^{2+}浓度不易求得，故按Ce^{4+}/Ce^{3+}电对的Nernst方程式计算这个阶段体系的电极电位。例如，当加入Ce^{4+}标准溶液20.02ml（滴定百分数为100.1%，相对误差+0.1%）

$$E_{Ce^{4+}/Ce^{3+}} = E^{\ominus'}_{Ce^{4+}/Ce^{3+}} + 0.0592\lg\frac{c_{Ce^{4+}}}{c_{Ce^{3+}}}$$

$$c_{Ce^{3+}} = \frac{0.1000 \times 20.00}{20.00 + 20.02} \text{mol/L} \qquad c_{Ce^{4+}} = \frac{0.1000 \times 0.02}{20.00 + 20.02} \text{mol/L}$$

$$E_{Ce^{4+}/Ce^{3+}} = 1.44 + 0.0592 \lg \frac{0.02}{20.00} = 1.26 \text{V}$$

当加入 Ce^{4+} 标准溶液 40.00ml（滴定百分数为 200%）时

同理有 $\qquad E_{Ce^{4+}/Ce^{3+}} = 1.44 + 0.0592 \lg \frac{20.00}{20.00} = 1.44 \text{V}$

用同样的方法计算出各阶段电位值，绘制氧化还原滴定的滴定曲线，如图 9-1 所示。滴定曲线部分计算结果列于表 9-1 中。

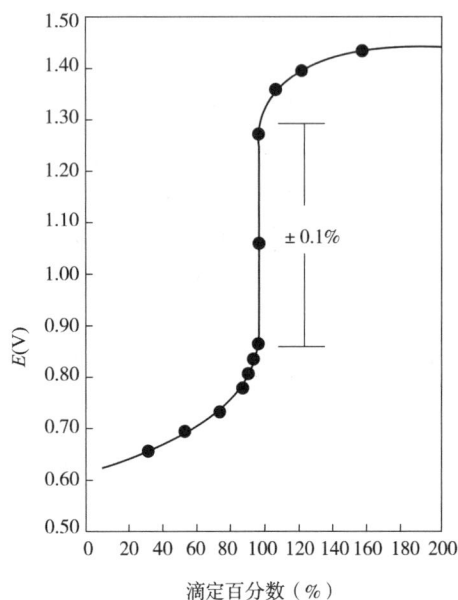

图 9-1　0.1000mol/L Ce^{4+} 滴定 20.00ml 0.1000mol/L Fe^{2+} 溶液的滴定曲线
（1mol/L H_2SO_4 溶液中）

表 9-1　在 1mol/L H_2SO_4 溶液中，用 $Ce(SO_4)_2$ 溶液滴定 20.00ml Fe^{2+} 溶液
（浓度 0.1000mol/L）

加入 Ce^{4+} 溶液毫升数	滴定百分数（%）	E 值
1.00	5.0	0.60
2.00	10.0	0.62
4.00	20.0	0.64
8.00	40.0	0.67
10.00	50.0	0.68
18.00	90.0	0.74
19.80	99.0	0.80
19.98	99.9	0.86 ⎫
20.00	100.0	1.06 ⎬ 突跃范围
20.02	100.1	1.26 ⎭
22.00	110.0	1.38
30.00	150.0	1.42
40.00	200.0	1.44

表 9-1 和图 9-1 显示，当滴定百分数为 50.0% 时，体系的电位值是待测物质电对的条件电极电位；滴

定百分数为 200.0% 时，体系的电位值是滴定剂电对的条件电极电位。化学计量点前后 ±0.1% 相对误差的突跃范围，体系电极电位由 0.86V 突变至 1.26V（即 ΔE 为 0.40V）。影响此类氧化还原滴定电位突跃范围的主要因素：一是两电对的条件电极电位差 $\Delta E^{\ominus'}$，其值越大，计量点附近的电位突跃也大；二是两个氧化还原半反应中电子转移数 n_1 和 n_2，其值越大，突跃范围越大。氧化还原滴定的突跃范围与两个氧化还原电对相关离子的浓度无关。

如果参与反应两电对的半电池反应转移电子数相等，如 Ce^{4+} 滴定 Fe^{2+}，两个电对转移电子数都为 1（$n_1 = n_2 = 1$）。此时，化学计量点电位（1.06V）恰好在滴定突跃（0.86~1.26V）的中央，故此滴定曲线在化学计量点前后基本对称。如果参与反应两电对的半电池反应转移电子数不相等（$n_1 \neq n_2$），化学计量点电位则不在滴定突跃范围的中央，而是偏向转移电子多的一边。对于下列可逆电对组成的氧化还原反应

$$n_2 Ox_1 + n_1 Red_2 \Longrightarrow n_2 Red_1 + n_1 Ox_2$$

化学计量点电位计算通式

$$E_{sp} = \frac{n_1 E^{\ominus'}_{Ox_1/Red_1} + n_2 E^{\ominus'}_{Ox_2/Red_2}}{n_1 + n_2} \qquad (9-8)$$

若用 Ox_1 滴定 Red_2，则其化学计量点前后 ±0.1% 范围内电位突跃范围为

$$\left(E^{\ominus'}_{Ox_2/Red_2} + \frac{3 \times 0.0592}{n_2} \right) \sim \left(E^{\ominus'}_{Ox_1/Red_1} - \frac{3 \times 0.0592}{n_1} \right) (V) \qquad (9-9)$$

上述计量点电位计算通式仅适用于参与滴定反应的两个电对均为对称电对的情况。对称电对是指在该电对的半反应方程式中，氧化态和还原态的系数相等的电对，如 Fe^{3+}/Fe^{2+}、MnO_4^-/Mn^{2+} 等。而对于 $Cr_2O_7^{2-}/Cr^{3+}$ 这种不对称的电对，其化学计量点电位计算较复杂，这里不作详细讨论。

氧化还原滴定的电位突跃范围越大，越便于选择指示剂，滴定反应越容易进行。一般来说，当 $\Delta E^{\ominus'}$（或 $\Delta E^{\ominus}$）值在 0.40V 以上，可用氧化还原指示剂确定滴定终点；当 $\Delta E^{\ominus'}$（或 $\Delta E^{\ominus}$）值在 0.25~0.4V 时，可用电位法确定终点（见第十章电位滴定法）；若 $\Delta E^{\ominus'}$（或 $\Delta E^{\ominus}$）值小于 0.2V，由于没有明显的电位突跃，此类反应不能用于常规的滴定分析。

二、指示剂的选择 📱微课2

在氧化还原滴定中，可以用电位法确定滴定终点，但实际应用中多采用不同类型的指示剂来确定滴定终点。常用的指示剂有以下几种类型。

（一）自身指示剂

在氧化还原滴定中，有些标准溶液或被滴定的物质本身具有很深的颜色，而反应产物无色或颜色很浅，滴定时就不必另加指示剂，利用滴定剂或被滴定液自身的颜色变化确定终点的方法称为自身指示剂法。例如酸性介质中，用紫红色的高锰酸钾滴定剂滴定无色或浅色的还原性物质，在滴定到化学计量点时，稍过量的 MnO_4^- 就可以使溶液显粉红色，从而指示滴定终点的到达。实验表明，$KMnO_4$ 作为指示剂非常灵敏，其浓度达到 2×10^{-6}mol/L 时，就能够观察到溶液呈粉红色。

（二）特殊指示剂

有些物质本身不具有氧化性或还原性，但它能与氧化剂或还原剂发生反应产生特殊的颜色变化，从而指示滴定终点的到达，这类物质称为特殊指示剂，亦称专用指示剂。例如，可溶性直链淀粉溶液与 I_2 发生显色反应，生成深蓝色的化合物；当 I_2 被还原为 I^- 时，深蓝色消失，所以可溶性直链淀粉是碘量法的专用指示剂。在室温下，使用淀粉指示剂可检出溶液中 10^{-5}mol/L 的 I_2 溶液，该指示剂可逆性好，显

色灵敏度高，但温度升高，显色灵敏度会降低。

（三）氧化还原指示剂

氧化还原指示剂是一类具有弱氧化性或弱还原性的有机物质，其氧化态和还原态具有明显不同的颜色。在化学计量点附近，指示剂被氧化或还原后发生结构变化，从而引起颜色的变化以指示终点。指示剂的氧化还原半反应如下。

$$In_{Ox} + ne^- \rightleftharpoons In_{Red}$$

其 Nernst 方程式

$$E = E_{In_{Ox}/In_{Red}}^{\ominus\,\prime} + \frac{0.0592}{n}\lg\frac{c_{In_{Ox}}}{c_{In_{Red}}}$$

与酸碱指示剂颜色变化情况相似，若 $c_{In_{Ox}}/c_{In_{Red}} \geqslant 10$，溶液显指示剂氧化态的颜色；$c_{In_{Ox}}/c_{In_{Red}} \leqslant 1/10$，溶液显指示剂还原态的颜色。故氧化还原指示剂变色的电位范围为

$$E_{In_{Ox}/In_{Red}}^{\ominus\,\prime} \pm \frac{0.0592}{n} \tag{9-10}$$

常用的氧化还原指示剂的条件电极电位 $E_{In_{Ox}/In_{Red}}^{\ominus\,\prime}$ 及颜色变化列于表9-2。

表9-2　常用氧化还原指示剂的 $E^{\ominus\,\prime}$ 值及颜色变化

指示剂	$E^{\ominus\,\prime}$ (V)　$[H]^+ = 1mol/L$	颜色变化	
		氧化态	还原态
次甲基蓝	0.53	蓝色	无色
二苯胺	0.76	紫色	无色
二苯胺磺酸钠	0.84	紫红	无色
邻苯氨基苯甲酸	0.89	紫红	无色
邻二氮菲 – 亚铁	1.06	浅蓝	红
硝基邻二氮菲 – 亚铁	1.25	浅蓝	

氧化还原指示剂的选择原则与酸碱指示剂相类似，要求指示剂的变色电位范围在滴定突跃电位范围之内，并尽量使指示剂的 $E^{\ominus\,\prime}$ 值与化学计量点的 E_{sp} 接近，以保证滴定误差不超过 0.1%。如 Ce^{4+} 滴定 Fe^{2+} 的滴定突跃为 0.86 ~ 1.26V，表9-2中的邻二氮菲 – 亚铁（ $E^{\ominus\,\prime} = 1.06V$ ）为合适的指示剂。

若可供选择的指示剂只有部分变色范围在滴定突跃内，则必须设法改变滴定突跃范围，使所选用的指示剂成为适宜的指示剂。

例如，Ce^{4+} 测定 Fe^{2+} 的滴定突跃范围为 0.86 ~ 1.26V，若用二苯胺磺酸钠为指示剂（ $E^{\ominus\,\prime} = 0.84V$ ），则需加入适量的磷酸，使之与 Fe^{3+} 形成稳定的 $[Fe(HPO_4)_2]^-$，降低 $c_{Fe^{3+}}/c_{Fe^{2+}}$ 的比值，从而降低滴定突跃起点电位（即化学计量点前 0.1% 处电位），增大滴定突跃范围，使二苯胺磺酸钠成为适宜指示剂。

◇ 第四节　常用氧化还原滴定法

一、碘量法

（一）基本原理

碘量法（iodimetry）是利用 I_2 的氧化性和 I^- 的还原性进行氧化还原滴定的方法。其氧化还原半反应为

$$I_2 + 2e^- \rightleftharpoons 2I^- \qquad E^{\ominus}_{I_2/2I^-} = 0.5355V$$

由于 I_2 在水中的溶解度很小（1.18×10^{-3} mol/L，$25℃$），且有挥发性，故在配制碘溶液时通常加入一些碘化物（KI），使碘与碘离子结合成配离子（I_3^-）。

$$I_2 + I^- \rightleftharpoons I_3^- \qquad I_3^- + 2e^- \rightleftharpoons 3I^- \qquad E^{\ominus}_{I_3^-/3I^-} = 0.545V$$

两电对的标准电极电位相差很小，故为方便起见，I_3^- 通常仍简写为 I_2。I_2 是较弱的氧化剂，能与较强的还原剂作用；而 I^- 是中等强度的还原剂，能与许多氧化剂作用。因此，碘量法分为直接碘量法和间接碘量法。

1. 直接碘量法　凡电位低于 $E^{\ominus}_{I_2/I^-}$ 的还原性物质，可直接用 I_2 标准溶液滴定，这种滴定方法称为直接碘量法或碘滴定法。直接碘量法只能在酸性、中性、弱碱性溶液中进行，如果溶液 pH > 9 则会发生歧化反应。

$$3I_2 + 6OH^- \rightleftharpoons IO_3^- + 5I^- + 3H_2O$$

直接碘量法可用来测定含有硫化物、亚硫酸盐、亚锡酸盐、亚砷酸盐、亚锑酸盐及含有二烯醇基、硫基等较强的还原剂。

例如，维生素 C 的测定：维生素 C（$C_6H_8O_6$）分子中的烯二醇基具有还原性，能被碘定量地氧化成二酮基。

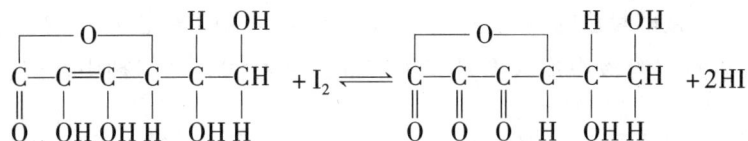

反应式显示在碱性条件更有利于反应向右进行。但由于维生素 C 的还原性很强，碱性条件更容易被空气中 O_2 氧化，所以滴定时需加 HAc 使溶液保持弱酸性，以减少维生素 C 与其他氧化剂的作用。

操作步骤：取本品约 0.2g，精密称定，加新沸过的冷水 100ml 与稀醋酸 10ml 使溶解，加淀粉指示液 1ml，立即用碘液（0.05mol/L）滴定，至溶液显蓝色，30 秒内不褪即为终点。

2. 间接碘量法　电极电位值高于 $E^{\ominus}_{I_2/I^-}$ 值的氧化态可将溶液中的 I^- 氧化成 I_2，然后用 $Na_2S_2O_3$ 标准溶液滴定置换出的 I_2，这种滴定方式称为置换滴定法。有的电极电位比 $E^{\ominus}_{I_2/I^-}$ 值低的还原性物质，可先使之与过量的 I_2 标准溶液反应，待反应完全后，再用 $Na_2S_2O_3$ 标准溶液滴定剩余的 I_2，这种滴定方式称剩余碘量法或返滴碘量法。这两种滴定方式习惯上称为间接碘量法，亦称滴定碘法。

$$I_2 + 2S_2O_3^{2-} \rightleftharpoons S_4O_6^{2-} + 2I^-$$

该反应要求在中性、弱酸性溶液中进行。若在碱性条件下，I_2 与 $Na_2S_2O_3$ 将发生副反应。

$$4I_2 + S_2O_3^{2-} + 10OH^- \rightleftharpoons 2SO_4^{2-} + 8I^- + 5H_2O$$

若在较高酸度下进行，$Na_2S_2O_3$ 易分解。

$$S_2O_3^{2-} + 2H^+ \rightleftharpoons H_2SO_3 + S \downarrow$$

间接碘量法可用于测定：①ClO_3^-、ClO^-、CrO_4^{2-}、$Cr_2O_7^{2-}$、IO_3^-、BrO_3^-、SbO_4^{3-}、MnO_4^-、AsO_4^{3-}、NO_3^-、NO_2^-、Cu^{2+}、H_2O_2 等较强氧化性物质；②能与 $Cr_2O_7^{2-}$ 定量生成难溶性化合物的生物碱类；③还原性的糖类、甲醛、丙酮及硫脲；④能与 I_2 发生碘代反应的有机酸、有机胺类等。

（二）碘量法的误差来源

碘量法的主要误差来源于 I_2 的挥发或 I^- 被空气中的氧所氧化。

1. 防止 I_2 挥发的方法

（1）加入过量的 KI（一般是理论值的 $2 \sim 3$ 倍），使之与 I_2 作用形成溶解度较大、挥发性较小的 I_3^- 配离子。

（2）避免加热，反应须在室温条件下进行。若温度升高，不仅会增大 I_2 的挥发损失，也会降低淀粉指示剂的灵敏度。

（3）析出碘的反应最好在碘量瓶中进行，且在加水封的情况下避光放置，使 I^- 与氧化剂充分反应。

（4）滴定时采取快滴慢摇的节奏。

2. 防止 I^- 被氧化的方法

（1）溶液的酸度不宜太高，酸度越高空气中 O_2 氧化 I^- 的速率越快。如果反应需要在较高酸度下进行时，则在滴定前应加以稀释，从而降低溶液的酸度。

（2）避光。应将反应物放在暗处进行反应，滴定时亦应避免阳光直射；碘溶液应存放在棕色试剂瓶中，因为光对 I^- 在空气中的氧化有催化作用。

（3）在间接碘量法中，当析出 I_2 的反应完成后，应立即用 $Na_2S_2O_3$ 溶液滴定，滴定速度可适当加快。

（4）溶液中如存在 Cu^{2+}、NO_2^- 等对 I^- 的氧化起催化作用的成分，应设法除去。

（三）碘量法的指示剂

1. I_2 自身作指示剂　在100ml 水溶液中加入一滴 0.05mol/L 的 I_2 溶液即可显清晰的淡黄色，所以 I_2 可作自身指示剂，指示直接碘量法的滴定终点。I_2 在三氯甲烷或四氯化碳等有机溶剂中的溶解度较大，且呈现紫红色，故若在滴定溶液中加入少量有机溶剂，可根据有机溶剂中紫红色的出现或消失确定终点。

2. 淀粉指示剂　碘量法中最常用的指示剂是淀粉指示剂。淀粉遇碘形成深蓝色的淀粉 – 碘配合物，反应可逆并极灵敏，室温下 I_2 浓度为 $10^{-5} \sim 10^{-6}$ mol/L 时即能看到溶液的蓝色，故在滴定中根据蓝色的出现或消失确定滴定终点。使用淀粉指示剂时应注意以下几点。

（1）淀粉指示剂加入时间。直接碘量法在滴定前加入，滴定到溶液蓝色出现为终点；间接碘量法须在近终点时加入，因为当溶液中存在大量的碘时，碘会被淀粉牢牢吸附，不易与 $Na_2S_2O_3$ 立即作用，使终点滞后。

（2）淀粉指示剂适宜在室温下使用。温度升高会降低指示剂的灵敏度。

（3）使用直链淀粉配制淀粉溶液，支链淀粉与碘吸附较弱，形成紫红色的产物，不能用作碘量法的终点指示剂。

（4）溶液应在弱酸性介质中进行，因为淀粉与碘的反应在此环境下最灵敏。

（5）淀粉指示剂最好在使用前现配，久放的淀粉可渐渐被微生物分解腐败、变质。淀粉的水解产物是还原性的葡萄糖，因此分解变质的淀粉溶液可引起碘量法的滴定误差。

>>> 知识链接 •--

淀粉"遇见"碘会变脸

淀粉具有遇碘变蓝的特性，这是由淀粉本身的结构特点决定的。淀粉是白色无定形的粉末，由 10% ~30% 的直链淀粉和 70% ~90% 的支链淀粉组成。

淀粉遇碘显色的实质是淀粉的螺旋状圆柱刚好能容纳碘分子的钻入，并受范德华引力吸引而形成"淀粉和碘的包合物"，改变了吸收光的性能而变色的缘故。

直链淀粉是由葡萄糖以 $\alpha-1,4-$ 糖苷键结合而成的链状化合物，能被淀粉酶水解为麦芽糖，在淀粉中的含量为 10% ~30%，能溶于热水而不成糊状，遇碘显蓝色。

支链淀粉中葡萄糖分子之间除以 $\alpha-1,4-$ 糖苷键相连外，还有以 $\alpha-1,6-$ 糖苷键相连，在冷水中不溶，与热水作用则膨胀而成糊状，遇碘呈紫或红紫色。

天然淀粉中含有油脂，且不同的植物，其淀粉中油脂的含量有所不同。油脂是有碘值的（即能与碘反应褪色），碘溶于油脂中，会使得液体呈现红至橙红色。

（四）标准溶液的配制与标定

1. I_2 标准溶液的配制与标定

（1）配制　用升华法可制得纯 I_2，但由于其挥发性和腐蚀性，不宜在天平上称量，所以仍采用间接法配制。在托盘天平上称取一定量的碘，加过量的 KI，置于研钵中，加少量蒸馏水研磨，待 I_2 全部溶解后将溶液稀释，倾入棕色试剂瓶中暗处保存。应避免碘溶液与橡胶等有机物接触，注意防止碘液见光分解，以保持碘溶液浓度稳定。

（2）标定　I_2 标准溶液可用已知浓度的 $Na_2S_2O_3$ 标准溶液标定，标定反应：$I_2 + 2S_2O_3^{2-} \rightleftharpoons S_4O_6^{2-} + 2I^-$。也可用基准物 As_2O_3 标定，由于 As_2O_3 难溶于水，可先溶于碱溶液生成 $A_sO_3^{3-}$（$As_2O_3 + 6OH^- \rightleftharpoons 2A_sO_3^{3-} + 3H_2O$），滴定时调节溶液的 pH 8～9，用碘溶液滴定。标定反应：$I_2 + A_sO_3^{3-} + H_2O \rightleftharpoons A_sO_4^{3-} + 2I^- + 2H^+$

2. $Na_2S_2O_3$ 标准溶液的配制与标定

（1）配制　$Na_2S_2O_3 \cdot 5H_2O$ 易风化、氧化，不能直接配制标准溶液。$Na_2S_2O_3$ 溶液不稳定，在水中的微生物、空气中 O_2 和 CO_2 的作用下，发生下列反应。

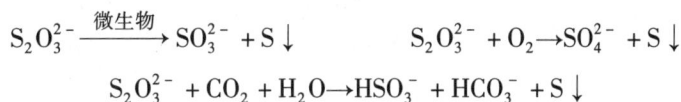

$$S_2O_3^{2-} \xrightarrow{微生物} SO_3^{2-} + S\downarrow \qquad S_2O_3^{2-} + O_2 \rightarrow SO_4^{2-} + S\downarrow$$

$$S_2O_3^{2-} + CO_2 + H_2O \rightarrow HSO_3^- + HCO_3^- + S\downarrow$$

因此，配制 $Na_2S_2O_3$ 溶液时，需要用新煮沸放冷的蒸馏水，以除去 CO_2 和杀灭细菌，溶液中加入少量 Na_2CO_3（约 0.02%）使溶液显弱碱性，抑制细菌的生长。配好的溶液于棕色试剂瓶中，放置 7～10 天稳定后再进行标定。即使这样配制的溶液也不能长期保存，使用一段时间后要重新标定。

（2）标定　用基准物质 $K_2Cr_2O_7$、KIO_3 等标定 $Na_2S_2O_3$ 溶液的浓度，以 $K_2Cr_2O_7$ 最常用。先精密称取一定量的 $K_2Cr_2O_7$，在酸性溶液中与过量的 KI 作用，置换出来的 I_2，用待标定的 $Na_2S_2O_3$ 溶液滴定（淀粉为指示剂），有关反应如下。

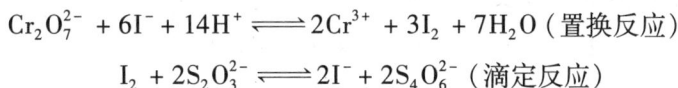

$$Cr_2O_7^{2-} + 6I^- + 14H^+ \rightleftharpoons 2Cr^{3+} + 3I_2 + 7H_2O \text{（置换反应）}$$

$$I_2 + 2S_2O_3^{2-} \rightleftharpoons 2I^- + 2S_4O_6^{2-} \text{（滴定反应）}$$

$K_2Cr_2O_7$ 与 KI 反应条件为：①溶液酸度愈大，反应速率愈快，但酸度过大时，I^- 易被空气中的 O_2 氧化，一般控制酸度在 $0.2～0.4mol/L$ 为宜。②$K_2Cr_2O_7$ 与 KI 的置换反应最好在碘量瓶中进行，放置于暗处（10 分钟），待反应完全后再进行滴定。③滴定前要将溶液稀释，如此既可以降低酸度，减慢 I^- 被空气的氧化速度，又可降低亮绿色 Cr^{3+} 的浓度，有利于终点的观察。

（五）应用示例

1. 葡萄糖的含量测定（剩余碘量法）　在碱性溶液中，定量过量的 I_2 液会发生歧化反应，生成的 IO^- 可以将葡萄糖的醛基定量氧化为羧基，剩余的 I_2 液用 $Na_2S_2O_3$ 标准溶液返滴定。反应为

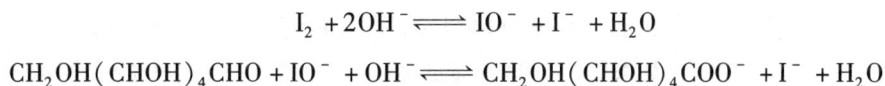

$$I_2 + 2OH^- \rightleftharpoons IO^- + I^- + H_2O$$

$$CH_2OH(CHOH)_4CHO + IO^- + OH^- \rightleftharpoons CH_2OH(CHOH)_4COO^- + I^- + H_2O$$

剩余的 IO^- 可在碱性溶液中分解

$$3IO^- \rightleftharpoons IO_3^- + 2I^-$$

溶液酸化后又转化为 I_2

$$IO_3^- + 5I^- + 6H^+ \rightleftharpoons 3I_2 + 3H_2O$$

$$I_2 + 2S_2O_3^{2-} \rightleftharpoons 2I^- + S_4O_6^{2-}$$

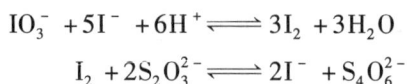

在上述反应过程中的计量关系为

$$2Na_2S_2O_3 \sim I_2 \sim IO^- \sim C_6H_{12}O_6$$

因此

$$\omega_{C_6H_{12}O_6} = \frac{\left[(cV)_{I_2} - \frac{1}{2}(cV)_{Na_2S_2O_3} \right] \times M_{C_6H_{12}O_6}}{1000 \times m_s} \times 100\%$$

2. 测定中药胆矾中 $CuSO_4 \cdot 5H_2O$ 含量（置换碘量法） 本法是基于 Cu^{2+} 与过量 KI 反应定量析出碘：$2Cu^{2+} + 4I^- \rightleftharpoons 2CuI \downarrow$（白）$+ I_2$，再用 $Na_2S_2O_3$ 标准溶液滴定置换出的碘，以淀粉为指示剂，蓝色恰好褪去为终点。反应中的 KI 既是还原剂、沉淀剂，又是配位剂（生成 I_3^-）。在反应式中虽然没有 H^+ 参加，但溶液酸度却能影响反应。当 pH > 4 时 Cu^{2+} 易水解，pH < 0.5 时空气中的 O_2 对 I^- 氧化不能忽略。为此，常向溶液中加入适量 HAc 或缓冲剂，以保持被滴溶液的弱酸性。

由于 CuI 沉淀强烈地吸附 I_2，使测定结果偏低。滴定过程中可在近终点时加入 KSCN，使 CuI 转化为溶解度更小的 CuSCN 沉淀。CuSCN 沉淀几乎不吸附 I_2，从而消除了这项误差。滴定时充分振摇，也有利于被吸附的碘快速解吸。

待测组分 $CuSO_4 \cdot 5H_2O$ 与滴定剂 $Na_2S_2O_3$ 的物质量的关系为：$CuSO_4 \cdot 5H_2O \sim Na_2S_2O_3$。

故

$$\omega_{CuSO_4} = \frac{(cV)_{Na_2S_2O_3} M_{CuSO_4}}{1000 \times m_s} \times 100\%$$

二、高锰酸钾法 e 微课3

（一）基本原理

高锰酸钾法（potassium permanganate method）是以高锰酸钾为滴定剂的氧化还原滴定法。$KMnO_4$ 是强氧化剂，在强酸性溶液中 MnO_4^- 被还原为无色的 Mn^{2+}。

$$MnO_4^- + 8H^+ + 5e^- \rightleftharpoons Mn^{2+} + 4H_2O \qquad E^{\ominus}_{MnO_4^-/Mn^{2+}} = 1.507V$$

在弱酸、中性或弱碱溶液中，MnO_4^- 被还原为 MnO_2 沉淀。

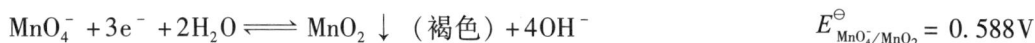

$$MnO_4^- + 3e^- + 2H_2O \rightleftharpoons MnO_2 \downarrow （褐色）+ 4OH^- \qquad E^{\ominus}_{MnO_4^-/MnO_2} = 0.588V$$

在 $[OH^-]$ 大于 2mol/L 强碱性溶液中，MnO_4^- 被还原为绿色的 MnO_4^{2-}。

$$MnO_4^- + e^- \rightleftharpoons MnO_4^{2-} \qquad E^{\ominus}_{MnO_4^-/MnO_4^{2-}} = 0.564V$$

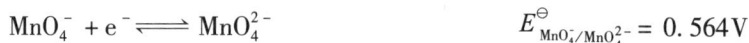

本方法主要在强酸性条件下使用，酸度应控制在 1~2mol/L 为宜，常用 H_2SO_4 调节溶液的酸度，而不使用具有氧化性的 HNO_3 和具有还原性的 HCl。

在酸性条件下 $KMnO_4$ 具有很强的氧化性，可以直接或间接测定许多无机物和有机物，应用广泛，通常用 $KMnO_4$ 作为自身指示剂指示终点。

（二）标准溶液的配制与标定

市售 $KMnO_4$ 试剂常含有少量 MnO_2 和其他杂质，蒸馏水中常含有少量还原性物质，它们在外界条件作用下会促使 $KMnO_4$ 分解，因而需用间接法配制 $KMnO_4$ 标准溶液。

1. $KMnO_4$ 标准溶液的配制 称取稍多于理论量的 $KMnO_4$，溶于一定体积的蒸馏水中，将溶液煮沸约 1 小时使其中的还原性杂质与 MnO_4^- 充分反应，溶液冷却后置棕色试剂瓶中冷暗处放置 7～10 天，然后过滤除去析出的 MnO_2 沉淀。过滤时应使用垂熔玻璃漏斗或玻璃纤维棉，待 $KMnO_4$ 溶液浓度稳定后可进行标定。

2. $KMnO_4$ 标准溶液的标定　标定 $KMnO_4$ 溶液常用的基准物有 $H_2C_2O_4 \cdot 2H_2O$、$Na_2C_2O_4$、As_2O_3 等，常用 $Na_2C_2O_4$。$Na_2C_2O_4$ 标定 $KMnO_4$ 的离子反应如下。

$$2MnO_4^- + 5C_2O_4^{2-} + 16H^+ \rightleftharpoons 2Mn^{2+} + 10CO_2\uparrow + 8H_2O$$

计算公式　　　　$$c_{KMnO_4} = \frac{2}{5} \times \frac{1000 \times m_{Na_2C_2O_4}}{V_{KMnO_4} \times M_{Na_2C_2O_4}}$$

标定时应该注意以下几点。

（1）温度　室温下该反应速度很慢，常控制温度在 70～85℃ 水浴中进行滴定，但温度不能高于 90℃ 时，否则 $H_2C_2O_4$ 会分解，导致标定的 $KMnO_4$ 浓度偏高（$H_2C_2O_4 \rightarrow CO_2\uparrow + CO\uparrow + H_2O$）。

（2）酸度　酸度过低易生成 MnO_2；酸度过高又会促使 $H_2C_2O_4$ 分解。一般滴定开始时的酸度在 $1mol/L$。

（3）滴定速度　开始滴定时速度不宜太快，否则加入的 $KMnO_4$ 来不及与 $C_2O_4^{2-}$ 反应，即在热的酸性溶液中分解（$4MnO_4^- + 12H^+ \rightarrow 4Mn^{2+} + 5O_2\uparrow + 6H_2O$）。

（4）催化剂　由于此反应是自动催化反应（产物 Mn^{2+} 为催化剂），随着滴定的进行，溶液中反应产物 Mn^{2+} 浓度的增加，反应速度明显加快。故也可在滴定前加入少量的 Mn^{2+} 作催化剂。

（5）指示剂　用 $KMnO_4$ 作自身指示剂，以出现粉红色 30 秒不褪色为滴定终点。

（三）应用示例

1. 过氧化氢的测定　在酸性条件下过氧化氢（H_2O_2）能还原 MnO_4^-，其反应如下。

$$2MnO_4^- + 5H_2O_2 + 6H^+ \rightleftharpoons 2Mn^{2+} + 5O_2\uparrow + 8H_2O$$

市购的过氧化氢为 30% 的水溶液，经适当稀释后可进行滴定。其滴定速度与 $KMnO_4$ 滴定 $C_2O_4^{2-}$ 时相似，开始时反应较慢，待有 Mn^{2+} 生成后，反应速率逐渐加快。H_2O_2 不稳定，样品中常加有乙酰苯胺、尿素或丙乙酰胺等稳定剂，这些物质也有还原性，使滴定终点滞后造成误差，在这种情况下，以采用碘量法定量测定为宜。

2. 硫酸亚铁的测定　在 H_2SO_4 的酸性溶液中，$KMnO_4$ 与硫酸亚铁按下式进行反应。

$$MnO_4^- + 5Fe^{2+} + 8H^+ \rightleftharpoons Mn^{2+} + 5Fe^{3+} + 4H_2O$$

为防止 Fe^{2+} 在空气中氧化，样品溶解后应立即在室温下用 $KMnO_4$ 标准溶液滴定。可用 $KMnO_4$ 自身指示剂，也可用邻二氮菲亚铁指示终点。本法只适合硫酸亚铁原料的测定，不适合常见的药物制剂（如片剂、糖浆剂等）。因为 $KMnO_4$ 的强氧化性对糖、淀粉等药物辅料有氧化作用，此时采用铈量法为宜。

三、重铬酸钾法

（一）基本原理

重铬酸钾法（potassium dichromate method）是以重铬酸钾为标准溶液进行滴定的氧化还原滴定法。$K_2Cr_2O_7$ 是一较强的氧化剂，在强酸性溶液中，其半反应和电极电位为

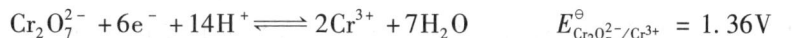

$$Cr_2O_7^{2-} + 6e^- + 14H^+ \rightleftharpoons 2Cr^{3+} + 7H_2O \qquad E^{\ominus}_{Cr_2O_7^{2-}/Cr^{3+}} = 1.36V$$

重铬酸钾与高锰酸钾相比较，有如下特点。

（1）易提纯　经提纯、干燥后 $K_2Cr_2O_7$ 可作为基准物质直接称量配制标准溶液。

（2）稳定性好　$K_2Cr_2O_7$ 标准溶液非常稳定，溶液可长期保存和使用。

（3）选择性高　在 1mol/L HCl 溶液中，$K_2Cr_2O_7$ 的 $E^{\ominus\prime}=1.00V$，氧化能力较 $KMnO_4$ 弱，不与 Cl^- 作用（$E^{\ominus\prime}_{Cl_2/Cl^-}=1.33V$），故可在 HCl 溶液中用 $K_2Cr_2O_7$ 滴定 Fe^{2+}。受其他还原物质的干扰也比高锰酸钾法少。

通常用二苯胺磺酸钠、邻苯氨基苯甲酸等氧化还原指示剂指示终点。

重铬酸钾法最重要的应用是铁含量的测定。

$$Cr_2O_7^{2-}+6Fe^{2+}+14H^+ \rightleftharpoons 2Cr^{3+}+6Fe^{3+}+7H_2O$$

利用该反应采用返滴定方式还可以测定其他氧化性或还原性物质，如土壤中有机质的测定、水中化学耗氧量（简称 COD，即一定体积水中能被强氧化剂氧化的还原性物质的量，表示为消耗 O_2 的量）的测定等。

（二）应用示例

矿物药赭石中铁的含量测定可以采用氯化亚锡 - 三氯化钛 - 重铬酸钾法。基本原理是将 Fe^{3+} 还原成为二价铁，然后用重铬酸钾标准溶液滴定，根据氧化 Fe^{2+} 所消耗的重铬酸钾溶液的用量来计算赭石样品中铁的含量。

例 9 - 6　赭石样品中铁含量：取被测样品约 0.2500g，研细并精密称定，置锥形瓶中，加浓盐酸 15ml 与 25% 氟化钾溶液 3ml，盖上表面皿，加热至微沸，滴加 6% 氯化亚锡溶液，不断摇动，待分解完全，瓶底仅留白色残渣时，取下，用少量水冲洗表面皿及瓶内壁，趁热滴加 6% 氯化亚锡溶液至显浅黄色（如氯化亚锡加过量，可滴加高锰酸钾试液至显浅黄色），加水 100ml 与 25% 钨酸钠溶液 15 滴，并滴加 1% 三氯化钛溶液至显蓝色，再小心滴加重铬酸钾滴定液至蓝色刚好褪尽，立即加硫酸 - 磷酸 - 水（2：3：5）10ml 与二苯胺磺酸钠指示液 5 滴，用重铬酸钾滴定液滴定至溶液显稳定的蓝紫色，用去 23.68ml。试计算样品中铁的含量。每 1ml 重铬酸钾滴定液相当于 5.585mg 的铁。

解：该方法采用浓盐酸加热溶解试样，以 $SnCl_2$ 将大部分 Fe^{3+} 还原为 Fe^{2+}（$SnCl_2 - TiCl_3$ 联合还原法），再以钨酸钠为指示剂，用三氯化钛还原剩余的 Fe^{3+}，至 W^{5+}（俗称钨蓝）的出现，显示 Fe^{3+} 已被还原完全，滴加 $K_2Cr_2O_7$ 至蓝色褪去，以除去过量的 $TiCl_3$，然后加 $K_2Cr_2O_7$ 恰好将钨蓝破坏完全。

$$\omega_{Fe}=\frac{T_{K_2Cr_2O_7/Fe}\times V_{K_2Cr_2O_7}}{m_s\times 1000}\times 100\%=\frac{5.585\times 23.68}{m_s\times 1000}\times 100\%=52.90\%$$

四、其他氧化还原滴定法简介

（一）铈量法

铈量法也称硫酸铈法（cerium sulphate method），是以硫酸铈为滴定剂的氧化还原滴定法。氧化还原半反应为

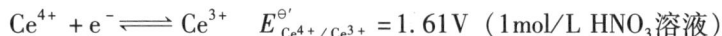

$$Ce^{4+}+e^- \rightleftharpoons Ce^{3+} \qquad E^{\ominus\prime}_{Ce^{4+}/Ce^{3+}}=1.61V \quad (1mol/L\ HNO_3\ 溶液)$$

硫酸铈中的 Ce^{4+} 有强氧化性，易水解，所以铈量法应在酸性条件下进行。

一般能用 $KMnO_4$ 法测定的物质，也能用铈量法测定。与 $KMnO_4$ 法相比铈量法有以下优点。

（1）稳定　$Ce(SO_4)_2$ 标准溶液稳定，久置、曝光及加热均不会导致浓度变化。

（2）易提纯　试剂 $Ce(SO_4)_2 \cdot (NH_4)_2SO_4 \cdot 2H_2O$ 易提纯，可直接配制标准溶液。

（3）反应简单　Ce^{4+} 还原为 Ce^{3+} 只有一个电子转移，无中间价态的产物生成，反应简单，副反应少。

（4）选择性高　可在 HCl 介质中用 Ce^{4+} 滴定 Fe^{2+}。虽然 Ce^{4+} 也能氧化 Cl^-，但反应速率较慢，滴定时 Ce^{4+} 首先与 Fe^{2+} 反应，达到化学计量点才缓慢与 Cl^- 反应。所以 Cl^- 的存在无影响。

Ce^{4+} 显黄色而其还原产物 Ce^{3+} 无色，所以在不太稀的溶液中可利用 Ce^{4+} 自身指示剂，但灵敏度不高，通常使用邻二氮菲 – 亚铁作指示剂。由于硫酸铈价格较贵，其应用受到了限制。

（二）溴酸钾法及溴量法

1. 溴酸钾法（potassium bromate method） 是以溴酸钾（$KBrO_3$）为标准溶液的氧化还原滴定法。$KBrO_3$ 在酸性溶液中也是一种强氧化剂，易被还原性物质还原为 Br^-，电池半反应为

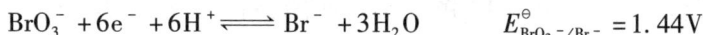

$$BrO_3^- + 6e^- + 6H^+ \rightleftharpoons Br^- + 3H_2O \qquad E^{\ominus}_{BrO_3^-/Br^-} = 1.44V$$

化学计量点后，稍过量的 BrO_3^- 便与 Br^- 作用产生黄色的 Br_2，从而指示终点的到达。

$$BrO_3^- + 5Br^- + 6H^+ \rightleftharpoons 3H_2O + 3Br_2（黄）$$

但灵敏度不高，通常选用甲基橙或甲基红等含氮酸碱指示剂，红色褪去为终点。

溴酸钾法可直接测定亚砷酸盐、亚锑酸盐、亚铁盐、碘化物及亚胺类等药物的测定。

2. 溴量法（bromine method） 是以液溴为标准溶液的氧化还原滴定法，是以溴的氧化作用和溴代作用为基础的反应。液溴通常是将 $KBrO_3$ 和 KBr 混合酸化后，$KBrO_3$ 和 KBr 反应为

$$BrO_3^- + 5Br^- + 6H^+ \rightleftharpoons 3Br_2 + 3H_2O$$

反应生成的 Br_2 相当于新加入的 Br_2 标准溶液，$KBrO_3 - KBr$ 稳定性很好。在酸性介质中，测定时 Br_2 被还原成 Br^-，电池半反应为：$Br_2 + 2e^- \rightleftharpoons 2Br^-$（$E^{\ominus}_{Br_2/Br^-} = 1.087 V$）。

当 Br_2 与被测物反应完全后，加入过量的 KI 与剩余的 Br_2 作用，置换出 I_2，再用 $Na_2S_2O_3$ 标准溶液滴定 I_2。据 Br_2 和 $Na_2S_2O_3$ 两种标准溶液的浓度和用量，求出待测组分的含量。

溴量法可直接用于测定酚类、芳胺类，如苯酚、盐酸去氧肾上腺素等药物的含量。

（三）亚硝酸钠法

亚硝酸钠法（sodium nitrite method）是以亚硝酸钠为标准溶液的滴定分析法，分为重氮化滴定法（diazotization titration）和亚硝基化滴定法（nitrosation titration）。

重氮化滴定法是用 $NaNO_2$ 标准溶液在盐酸等无机酸介质中，滴定芳伯胺类化合物的滴定分析法。反应为

$$Ar-NH_2 + NaNO_2 + 2HCl \rightleftharpoons [Ar-N^+ \equiv N]Cl^- + NaCl + 2H_2O$$

这类反应称为重氮化反应（diazotization reaction），生成的产物为芳伯胺的重氮盐。

进行重氮化滴定时应注意以下滴定条件：①反应一般在 $1\sim2mol/L$ 的盐酸介质中进行；②重氮化反应速度较慢，故滴定速度不宜太快；③体系温度最好控制在 15℃ 以下，因升高温度会促使重氮盐及 HNO_2 分解；④芳伯胺苯环的对位上如有吸电子基团（如—NO_2、—SO_3H、—COOH、—X 等）使反应速度加快，如有斥电子基团（如—CH_3、—OH、—OR 等）使反应速度降低。

亚硝基化滴定法是用 $NaNO_2$ 标准溶液在酸性条件下滴定芳仲胺类化合物的分析方法。反应式为

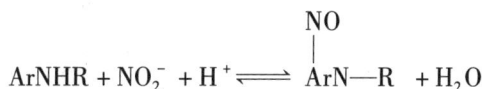

$$ArNHR + NO_2^- + H^+ \rightleftharpoons ArN\!-\!\!R（NO）+ H_2O$$

亚硝酸钠法确定终点的方法有两种：①外指示剂法，即用碘化钾与淀粉制成的 KI – 淀粉糊或 KI – 淀粉试纸法；②内指示剂法，有中性红、橙黄Ⅳ – 亚甲蓝和二氰双邻氮菲亚铁等，其中中性红是较为优良的内指示剂，溶液稳定、显色明显。

（四）高碘酸钾法

高碘酸钾法（potassium periodate method）是以高碘酸钾为氧化剂测定还原性物质的滴定方法。由于高碘酸钾在酸性介质中与某些官能团发生选择性很高的反应，故该法常用于有机物的测定。

在酸性溶液中，高碘酸盐是一种很强的氧化剂（主要存在形式为 H_5IO_6 和 HIO_4，溶液的酸度越高

H_5IO_6 占的比例越大），它能得到两个电子被还原为碘酸盐。

$$H_5IO_6 + H^+ + 2e^- \rightleftharpoons IO_3^- + 3H_2O \qquad E^\ominus_{H_5IO_6/IO_3^-} = 1.601V$$

测定方法是在酸性介质及室温条件下，加入定量过量的高碘酸盐标准溶液，反应完全后，剩余的高碘酸盐和生成的碘酸盐再与过量的 KI 作用，析出的 I_2 再用 $Na_2S_2O_3$ 滴定。一般无需知道高碘酸盐的准确浓度，只需在测定样品的同时做空白试验，由两个滴定体积差，即可求出测定结果。高碘酸盐可选用 H_5IO_6、KIO_4 或 $NaIO_4$ 配制，其中 $NaIO_4$ 的溶解度大，易于纯制，最为常用。

▷ 第五节　氧化还原滴定计算

PPT

氧化还原滴定所涉及的化学反应较为复杂，滴定结果计算的关键是确定待测组分与滴定剂间的计量关系。在分析过程中可能涉及一系列化学反应，必须根据相关反应式确定标准溶液（滴定剂）与待测组分之间的计量关系，进而确定待测组分的量。如待测组分为 A，经一系列相关化学反应得到被滴定物质为 D，采用滴定剂 T 滴定 D 从而测定 A。各相关化学反应式所确定的计量关系为

$$aA \sim bB \sim cC \sim dD \sim tT$$

故 $\qquad\qquad aA \sim tT$

试样中待测组分 A 的含量可由下式计算。

$$\omega_A = \frac{a}{t} \cdot \frac{c_T \cdot V_T \cdot M_A}{m_s \times 1000} \times 100\%$$

式中，c_T 和 V_T 分别为滴定剂的浓度（mol/L）和体积（ml）；M_A 为待测组分 A 的摩尔质量（g/mol）；m_s 为试样的质量（g）。

例 9 – 7　精密称取漂白粉 4.8520g 于烧杯中，加水研化溶解后，定量转移至 500ml 容量瓶中。取此溶液 50.00ml，加入过量 KI，用 HCl 酸化，析出的 I_2 用 0.1008mol/L 的 $Na_2S_2O_3$ 标准溶液滴定至终点，用去 37.02ml，计算试样中有效氯的含量。

解：漂白粉的主要成分为 $Ca(ClO)_2$，遇到酸会产生 Cl_2，从而起漂白作用。相关反应为

$$Ca(ClO)_2 + 2HCl \rightleftharpoons CaCl_2 + 2HClO$$

$$HClO + HCl \rightleftharpoons Cl_2 + H_2O$$

$$Cl_2 + 2I^- \rightleftharpoons 2Cl^- + I_2$$

$$I_2 + 2Na_2S_2O_3 \rightleftharpoons Na_2S_4O_6 + 2NaI$$

由反应式可知 $\qquad 2Cl \sim Ca(ClO)_2 \sim Cl_2 \sim I_2 \sim 2Na_2S_2O_3$

即 $\qquad\qquad\qquad Cl \sim Na_2S_2O_3$

则 $\omega_{Cl} = \dfrac{(cV)_{Na_2S_2O_3} \times M_{Cl} \times 10^{-3}}{m_s \times \dfrac{50}{500}} \times 100\% = \dfrac{0.1008 \times 37.02 \times 35.45 \times 10^{-3}}{4.852 \times \dfrac{50}{500}} \times 100\% = 27.26\%$

例 9 – 8　称取含苯酚样品 0.2401g，用 NaOH 溶液溶解后，定量转移到 250.0ml 容量瓶中定容。取此试液 25.00ml，加入浓度为 0.01677mol/L 的标准溴溶液（$KBrO_3$ 和 KBr 混合溶液）25.00ml 及 5ml HCl 进行酸化，待反应完全后，加入过量 KI，析出的 I_2 用 0.1084mol/L 的 $Na_2S_2O_3$ 标准溶液滴定至终点，用去 15.02ml。计算苯酚的含量。（已知 $M_{C_6H_5OH} = 94.11g/mol$）

解　这是采用溴酸钾法测定苯酚含量，有关反应式如下。

$$BrO_3^- + 5Br^- + 6H^+ =\!\!= 3Br_2 + 3H_2O$$

$$C_6H_5OH + 3Br_2 =\!\!= C_6H_2Br_3OH + 3HBr$$

$$Br_2 + 2I^- =\!\!= I_2 + 2Br^-$$

$$I_2 + 2S_2O_3^{2-} =\!\!= S_4O_6^{2-} + 2I^-$$

各物质之间的计量关系为

$$C_6H_5OH \sim 3Br_2 \sim BrO_3^- \sim 3I_2 \sim 6S_2O_3^{2-}$$

即

$$C_6H_5OH \sim BrO_3^- \qquad BrO_3^- \sim 6S_2O_3^{2-}$$

故

$$\omega_{C_6H_5OH} = \frac{\left[(cV)_{KBrO_3} - \dfrac{1}{6}(cV)_{Na_2S_2O_3} \right] \times M_{C_6H_5OH} \times 10^{-3}}{m_s \times \dfrac{25.00}{250.0}} \times 100\%$$

$$= \frac{\left(0.01677 \times 25.00 - \dfrac{1}{6} \times 0.1084 \times 15.02 \right) \times 94.11 \times 10^{-3}}{0.2401 \times \dfrac{25.00}{250.0}} \times 100\% = 57.97\%$$

例 9 - 9 取 25.00ml KI 试液,加稀盐酸溶液和 10.00ml 0.05000mol/L KIO_3 溶液,析出的碘经煮沸挥发释出。冷却后加入过量的 KI 与剩余的 KIO_3 反应,析出的碘用 0.1010mol/L $Na_2S_2O_3$ 标准溶液滴定,用去 21.36ml。计算试液中 KI 的浓度。

解 反应式为

$$IO_3^- + 5I^- + 6H^+ =\!\!= 3I_2 + H_2O$$

$$I_2 + 2S_2O_3^{2-} =\!\!= S_4O_6^{2-} + 2I^-$$

各物质之间的化学计量关系为

$$IO_3^- \sim 5I^- \qquad IO_3^- \sim 3I_2 \sim 6S_2O_3^{2-}$$

因此用于消耗 KI 试液 KIO_3 的物质的量为

$$(cV)_{KIO_3} - \frac{1}{6}(cV)_{Na_2S_2O_3}$$

$$c_{KI} = \frac{\left[(cV)_{KIO_3} - \dfrac{1}{6}(cV)_{Na_2S_2O_3} \right] \times 5}{V_{KI}} = \frac{\left(0.05000 \times 10.00 - \dfrac{1}{6} \times 0.1010 \times 21.36 \right) \times 5}{25.00} = 0.02809mol/L$$

主要公式

1. 条件平衡常数

$$\lg K' = \frac{n_1 \cdot n_2 \ (E^{\ominus'}_{Ox_1/Red_1} - E^{\ominus'}_{Ox_2/Red_2})}{0.0592} = \frac{n_1 \cdot n_2 \Delta E^{\ominus'}}{0.0592}$$

2. 化学计量点电位计算通式

$$E_{sp} = \frac{n_1 E^{\ominus'}_{Ox_1/Red_1} + n_2 E^{\ominus'}_{Ox_2/Red_2}}{n_1 + n_2} \quad (V)$$

3. 化学计量点前后 ±0.1% 范围内电位突跃范围

$$\left(E^{\ominus'}_{Ox_2/Red_2} + \frac{3 \times 0.0592}{n_2} \right) \rightarrow \left(E^{\ominus'}_{Ox_1/Red_1} - \frac{3 \times 0.0592}{n_1} \right) (V)$$

4. 氧化还原指示剂变色范围

$$\left(E^{\ominus'}_{In_{Ox}/In_{Red}} \pm \frac{0.0592}{n} \right) (V)$$

答案解析

目标检测

1. 条件电极电位与标准电极电位有什么不同？为何引入条件电极电位？影响条件电极电位的因素有哪些？

2. 影响氧化还原反应程度的因素有哪些？举例说明。

3. 影响氧化还原反应速率的主要因素有哪些？

4. 用于氧化还原滴定法的条件是什么？

5. 氧化还原滴定中常用的指示剂有哪几类？它们如何指示氧化还原滴定终点？

6. 试比较酸碱滴定、沉淀滴定、配位滴定及氧化还原滴定的滴定曲线，讨论它们的共同点和特点。

7. 试述碘量法误差的主要来源及其减免方法。

8. 碘量法为何不能在强酸性或强碱性介质中进行？

9. 试比较应用高锰酸钾、重铬酸钾和硫酸铈作为滴定剂进行氧化还原滴定的优缺点。

10. 在配制 I_2、$KMnO_4$ 标准溶液时应注意哪些问题？

11. 配制 $Na_2S_2O_3$ 滴定液时，为什么要用新煮过的冷蒸馏水？加入少许碳酸钠的目的是什么？

12. 用基准试剂 $Na_2C_2O_4$ 或 $H_2C_2O_4$ 标定 $KMnO_4$ 溶液时，应注意哪些问题？

13. 氧化还原反应：$n_2 Ox_1 + n_1 Red_2 \rightleftharpoons n_2 Red_1 + n_1 Ox_2$，试推导：

(1) $\lg K' = \dfrac{n_1 \cdot n_2 (E_{Ox_1/Red_1}^{\ominus'} - E_{Ox_2/Red_2}^{\ominus'})}{0.0592} = \dfrac{n_1 \cdot n_2 \Delta E^{\ominus'}}{0.0592}$

(2) $E_{sp} = \dfrac{n_1 E_{Ox_1/Red_1}^{\ominus'} + n_2 E_{Ox_2/Red_2}^{\ominus'}}{n_1 + n_2}$

(3) 突跃范围：$(E_{Ox_2/Red_2}^{\ominus'} + \dfrac{3 \times 0.0592}{n_2}) \rightarrow (E_{Ox_1/Red_1}^{\ominus'} - \dfrac{3 \times 0.0592}{n_1})$（V）

14. 用溴量法定量测定样品时，为何只需已知 $Na_2S_2O_3$ 标准溶液的浓度并做空白试验，而不需要知道溴标准溶液的浓度？

15. 用重铬酸钾测定铁矿石中的铁含量时，样品酸化后，先用 $SnCl_2$ 将 Fe^{3+} 还原为 Fe^{2+}，再用重铬酸钾标准溶液滴定。请用标准电极电位说明此氧化还原反应成立，并判断反应进行的程度。

16. Fe^{3+}、Fe^{2+} 的混合溶液中加入 NaOH 时，有 $Fe(OH)_3$ 和 $Fe(OH)_2$ 沉淀生成（假设没有其他的反应发生）。当沉淀反应达到平衡时，保持 $c_{OH^-} = 1.0 mol/L$，试计算 $E_{Fe^{3+}/Fe^{2+}}$（25℃）。

17. 在 0.100mol/L NH_3 溶液中，$Zn(NH_3)_4^{2+}$ 的浓度为 $1.00 \times 10^{-4} mol/L$，计算此时 $Zn(NH_3)_4^{2+}/Zn$ 电对的电极电位，累计稳定常数($Zn(NH_3)_4^{2+}$ 的 $\lg\beta_4$ 为 9.06。

18. 维生素 C（$C_6H_8O_6$）是一种还原剂，能被 I_2 氧化，其氧化还原半反应为：$C_6H_6O_6 + 2H^+ + 2e \rightleftharpoons C_6H_8O_6$。如果 10.00ml 柠檬水果汁样品用醋酸酸化，并加 20.00ml 0.02500mol/L I_2 标准溶液，待反应完全后，剩余的 I_2 用 10.00ml 0.0100mol/L $Na_2S_2O_3$ 标准溶液滴定至终点，计算每毫升柠檬水果汁中维生素 C 的质量。

19. 一定量的 KHC_2O_4 基准物质，用待标定的 $KMnO_4$ 标准溶液在酸性条件下滴定至终点，用去 15.24ml；同样量的该 KHC_2O_4 基准物质，恰好被 0.1200mol/L 的 NaOH 标准溶液中和完全时，用去 15.95ml。求 $KMnO_4$ 标准溶液的浓度。

20. 以 KIO_3 基准物质用间接碘量法标定 0.1mol/L $Na_2S_2O_3$ 溶液的浓度。如滴定时欲将消耗的 Na_2S_2

O_3 溶液体积控制在 23ml 左右，问应当称取 KIO_3 多少克？（ M_{KIO_3} = 214.0g/mol）

21. 精密称取中药胆矾试样（主要成分 $CuSO_4 \cdot 5H_2O$）0.5261 克，用碘量法测定，滴定到终点消耗 $Na_2S_2O_3$ 标准溶液 19.25ml。试求中药胆矾中 $CuSO_4 \cdot 5H_2O$ 的含量。已知 42.11ml 该 $Na_2S_2O_3$ 溶液相当于 0.2104 克 $K_2Cr_2O_7$。（ $M_{K_2Cr_2O_7}$ = 294.2g/mol，$M_{CuSO_4 \cdot 5H_2O}$ = 249.7g/mol）

22. 精密量取含甲醇的试液 1.00ml，在硫酸溶液中，与 0.01577mol/L $K_2Cr_2O_7$ 标准溶液 25.00ml 反应（ $CH_3OH \rightarrow CO_2 + H_2O$）。作用完全后，剩余的 $K_2Cr_2O_7$ 需用 0.05236mol/L 的（NH_4）$_2$Fe（SO_4）$_2$标准溶液 19.83ml 滴定至终点，求该溶液中甲醇的量浓度。

23. 化学耗氧量（COD）的测定。取工业废水样 100.0ml，用硫酸酸化后，加入 0.01667mol/L $K_2Cr_2O_7$ 溶液 25.00ml，使水样中的还原性物质在一定条件下被完全氧化。然后用 0.1000mol/L $FeSO_4$ 标准溶液滴定剩余的 $Cr_2O_7^{2-}$，用去 15.00ml。试计算废水样的化学耗氧量，以 mg/L 表示。（ M_{O_2} = 32.00g/mol）

24. 定量移取含乙二醇的试液，用 $NaIO_4$ 溶液 50.00ml 处理，反应完全后将溶液体系调到 pH = 8.0，加入过量的 KI，生成的 I_2 用 0.1028mol/L 的 $Na_2S_2O_3$ 标准溶液滴定至终点，消耗 15.20ml，已知空白试验消耗的该 $Na_2S_2O_3$ 标准溶液为 38.10ml。计算试液中乙二醇的质量（mg）。（ $M_{乙二醇}$ = 62.07g/mol）

25. 盐酸普鲁卡因（［R – Ar – NH_2］· HCl）含量测定：精密量取规格为 40mg/2ml 的盐酸普鲁卡因注射液 5ml 于 200ml 烧杯中，加水使成 120ml。加盐酸（1→2）5ml，溴化钾 1g。在 15~25℃ 条件下，用 0.0500mol/L $NaNO_2$ 标准溶液迅速滴定，并随时振摇或搅拌。近终点时，边缓慢滴定边用细玻璃棒蘸出少许滴定试液与事先滴入点滴板中的 KI – 淀粉指示剂接触，至溶液呈稳定的纯蓝色即为终点，用去 $NaNO_2$ 标准溶液 7.63ml。试计算试样中［R – Ar – NH_2］· HCl 的含量。（1ml 0.05000mol/L $NaNO_2$ 约相当于 13.64mg 的 $C_{13}H_{20}O_2N_2$ · HCl）本品含盐酸普鲁卡因应为标示量的 95.0%~105.0%。

26. 中药矿物药漳丹的主要成分（Pb_3O_4），今需测定漳丹中 Pb_3O_4 的百分含量。称取漳丹试样 0.1000g，加入 HCl 处理成 Pb^{2+} 溶液后，加入过量的 K_2CrO_4 溶液使析出 $PbCrO_4$ 沉淀，将沉淀过滤、洗净溶于稀酸后，与过量的 KI 反应析出 I_2，用 $Na_2S_2O_3$ 标准溶液（已知每 1ml 相当于重铬酸钾 0.004903g）滴定至终点，消耗 12.00ml，计算漳丹中 Pb_3O_4 的百分含量。（ $M_{Pb_3O_4}$ = 685.6g/mol，$M_{K_2Cr_2O_7}$ = 294.18g/mol）

书网融合……

| 思政导航 | 本章小结 | 微课1 | 微课2 | 微课3 | 题库 |

（朱　栋　陈美玲）

第十章 电位分析法及永停滴定法

◎ **学习目标**

知识目标

1. 掌握 电化学分析的基本原理和基本概念；电极电位及有关离子浓度的计算；pH 玻璃电极的构造、原理及测定方法；电位滴定法和永停滴定法的原理、特点；滴定终点的确定方法。

2. 熟悉 电位法中各类电极的组成、构造和测量仪器的基本性能、测定原理和方法。

3. 了解 离子选择电极的类型及应用。

能力目标 通过学习本章的基本原理及相关知识，能在药物定量分析中正确应用直接电位法、电位滴定法和永停滴定法等分析方法。

◎ 第一节 概 述

电化学分析（electrochemical analysis）是依据电化学原理和物质电化学性质建立的一类分析方法，是仪器分析的重要组成部分。具有仪器设备简单、便携，准确度、灵敏度高，选择性好，易于微型化、自动化和分析速度快等优点。电化学分析法广泛用于医药、生物、环境、材料等领域的分析和研究，特别是近年来出现的微电极和生物传感技术，在自然科学、生命科学等许多领域的研究十分活跃，有着广阔的应用前景。

电化学分析法是将试样溶液与适当的电极组成化学电池，通过测量化学电池的电信号，如电位、电流、电导和电量等的强度和变化进行分析。根据所测电信号的不同，电化学分析法可分为电位分析法、电解分析法、伏安法、电导分析法等。

1. 电位分析法（potentiometric analysis method） 是基于测定原电池电动势或电极电位与待测离子活（浓）度之间的函数关系，确定待测物质浓度或含量的分析方法。电位分析法包括直接电位法和电位滴定法。

2. 电解分析法（electrolytic analysis method） 是基于电解原理建立的分析方法，包括电重量法、库仑分析法及库仑滴定法。

3. 伏安法（voltammetry） 是基于测定电解过程中电流－电位曲线为基础的一类电化学分析法，分为极谱法、溶出法和电流滴定法。其中电流滴定法包括单指示电极电流滴定法和双指示电极电流滴定法。

4. 电导分析法（conductometry analysis method） 是基于试样溶液的电导性质进行分析的方法，包括直接电导法和电导滴定法。

本章重点介绍电化学分析法中目前在药品生产和研究领域最常用的电位分析法和永停滴定法。

⊳ 第二节　基本原理

PPT

一、化学电池

在各种电化学分析法中都要用到化学电池。化学电池是实现化学反应与电能相互转化的装置，由两支电极（相同或不相同）、电解质溶液和外电路构成。一支电极和电解质溶液构成一个半电池，两个半电池构成一个化学电池。

根据电极反应是否自发进行，可将化学电池分为原电池和电解池。原电池的电极反应自发进行，将化学能转化成电能；电解池的电极反应不能自发的进行，必须外加电压才能将电能转化成化学能。有时，同一结构、组成相同的化学电池，实验条件不同，原电池和电解池可以相互转化，既可作为原电池有时也可作为电解池。

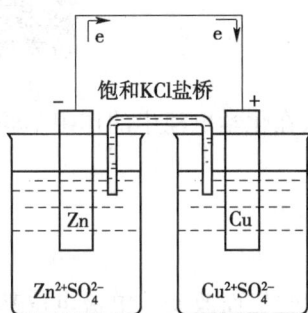

图10-1 铜-锌原电池示意图

图10-1所示的铜-锌原电池，锌电极和铜电极发生的反应如下。

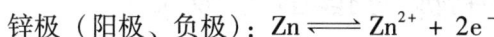

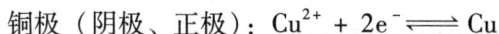

锌极（阳极、负极）：$Zn \rightleftharpoons Zn^{2+} + 2e^-$

铜极（阴极、正极）：$Cu^{2+} + 2e^- \rightleftharpoons Cu$

在化学电池中，发生氧化反应的电极是阳极，发生还原反应的电极是阴极。电子的传递或转移通过连接两电极的外电路导线完成。因为电子由锌极流向铜极，故铜极为正极，锌极为负极。电池反应为

$$Cu^{2+} + Zn \rightleftharpoons Cu + Zn^{2+}$$

铜-锌原电池的符号可表示为

$$(-)\ Zn\ |\ ZnSO_4\ (1mol/L)\ \|\ CuSO_4\ (1mol/L)\ |\ Cu\ (+)$$

以上原电池的电动势 *EMF* 可表示为

$$EMF = E_{(+)} - E_{(-)}$$

若外加一大于原电池电动势的电压，铜锌原电池的电极反应逆向进行，则铜-锌原电池转变成电解池。在电解池中

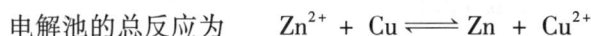

铜极（阳极、正极）　　$Cu \rightleftharpoons Cu^{2+} + 2e^-$

锌极（阴极、负极）　　$Zn^{2+} + 2e^- \rightleftharpoons Zn$

电解池的总反应为　　$Zn^{2+} + Cu \rightleftharpoons Zn + Cu^{2+}$

在电化学分析法中，电位分析法使用的测量电池是原电池，电流滴定法使用的测量电池是电解池。

二、液接电位

液体接界电位（liquid junction potential）简称液接电位，又称扩散电位，是指两种组成不同或组成相同浓度不同的电解质溶液接触形成界面时，在界面两侧产生的电位差，记为 E_j。液接电位由于离子在通过界面时扩散速率不同而形成。

例如，0.01mol/L HCl（Ⅰ）与0.1mol/L HCl（Ⅱ）相接触时，由于扩散作用，如图10-2A所示，产生的 E_j 大约为40mV。E_j 的大小与界面两侧溶液中离子的种类和浓度有关。在常见的电解质溶液中，凡是与KCl或 KNO_3 浓溶液接触的溶液界面，其 E_j 都较小。例如，将图10-2A中左边的溶液更换为3.5mol/L KCl 溶液时，平衡时的 E_j 仅有3mV。

由于 E_j 很难准确测量，而进行电位法测量的电化学电池多为有液接的电池，因此在实验中应尽量减

小液接电位，通常采用的方法是用盐桥将两溶液相连。盐桥内充高浓度 KCl 溶液或其他适宜电解质溶液。用盐桥连接两个浓度不同的溶液时扩散作用以高浓度的 K^+ 和 Cl^- 为主，由于 K^+ 和 Cl^- 的扩散速率几乎相等，如图 10-2B 所示，盐桥（Ⅲ）中 K^+ 和 Cl^- 将以绝对优势扩散，几乎同时进入Ⅰ相和Ⅱ相，所以形成的液接电位极小（1~2mV），一般可以忽略不计。

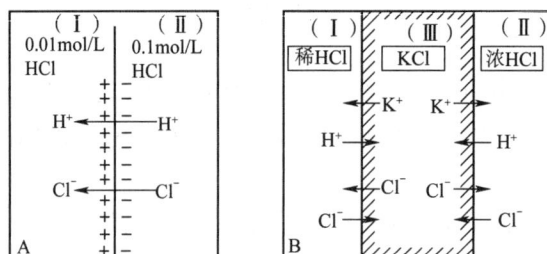

图 10-2　液接电位的形成及消除示意图

⟫ 第三节　参比电极与指示电极 　微课1

PPT

在电化学分析法中均需将两种不同类型的电极浸入待测溶液中，根据其在化学电池中的作用不同可分为参比电极和指示电极。

一、参比电极

参比电极（reference electrode）是指电极电位不随待测组分活（浓）度改变而改变，电极电位基本恒定的电极。作为参比电极应具备以下基本要求：①电极电位恒定；②重现性好；③装置简单，方便耐用；④可逆性好。目前在电位法和其他电化学分析中，最常用的参比电极有饱和甘汞电极和银-氯化银电极。

（一）饱和甘汞电极

饱和甘汞电极（saturated calomel electrode，SCE）的构造如图 10-3 所示，电极由金属汞、甘汞（Hg_2Cl_2）与一定浓度的 KCl 溶液构成。

电极组成　　　　　　　　　　$Hg \mid Hg_2Cl_2 \mid KCl\ (a)$

电极反应　　　　　　　　　　$Hg_2Cl_2 + 2e^- \rightleftharpoons 2Hg + 2Cl^-$

电极电位（25℃）　　　　　　$E = E^\ominus_{Hg_2Cl_2/Hg} - 0.0592 \lg a_{Cl^-}$　　　　　　　　（10-1）

式（10-1）显示，甘汞电极的电极电位随 Cl^- 浓度而变化，当 Cl^- 浓度和温度一定时，其电极电位为一定值（表 10-1）。其中饱和甘汞电极最为常用。

表 10-1　甘汞电极的电极电位

KCl 溶液浓度（mol/L）	≥3.5（饱和）	1	0.1
电极电位（V）/25℃	0.2412	0.2801	0.3337
电极电位（E）与温度（T）的关系	$E = 0.2412 - 6.61 \times 10^{-4}\ (T-25) - 1.75 \times 10^{-6}\ (T-25)^2$		

（二）双盐桥饱和甘汞电极

双盐桥饱和甘汞电极（bis-salt bridge SCE），亦称双液接 SCE，结构如图 10-4 所示。是在 SCE 下端接一玻璃管，内充适当的电解质溶液（常为 KNO_3）。

当使用 SCE 遇到下列情况时，应采用双盐桥饱和甘汞电极。

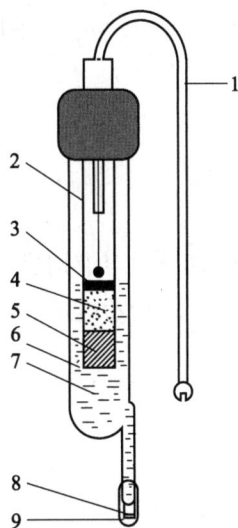

图 10 - 3　饱和甘汞电极示意图

1. 电极引线；2. 玻璃管；3. 汞；4. 甘汞糊（Hg_2Cl_2

和 Hg 研成的糊）；5. 石棉或纸浆；6. 玻璃管外套；

7. 饱和 KCl 溶液；8. 素烧瓷片；9. 小橡皮塞

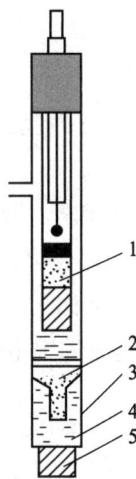

图 10 - 4　双盐桥饱和甘汞电极示意图

1. 饱和甘汞电极；2. 磨砂接口；3. 玻璃套管；

4. 硝酸钾溶液；5. 素烧瓷片

（1）SCE 中 KCl 与试样中的离子发生化学反应。如测 Ag^+ 时，SCE 中 Cl^- 与 Ag^+ 反应生成 AgCl 沉淀。其结果是降低了测量的准确度，也会因为沉淀堵塞盐桥通道使测量无法进行。

（2）被测离子为 Cl^- 或 K^+，SCE 中 KCl 渗透到试液中将引起干扰。

（3）试液中含有 I^-、CN^-、Hg^{2+} 和 S^{2-} 等离子时，会使 SCE 的电位随时间缓慢有序地改变（漂移），严重时甚至破坏 SCE 电极功能。

（4）SCE 与试液间的残余液接电位大且不稳定时。

（三）银-氯化银电极

银-氯化银电极（silver - silver chloride electrode，SSE），是将涂镀有一层 AgCl 的银丝浸入到一定浓度的 KCl 溶液中构成。Ag - AgCl 电极结构简单、体积小，常作为各种离子选择电极的内参比电极。

电极组成　　　　　　　　　　$Ag \mid AgCl \mid KCl \ (a)$

电极反应　　　　　　　　　　$AgCl + e^- \rightleftharpoons Ag + Cl^-$

电极电位（25℃）　　　　　　$E = E^{\ominus}_{AgCl/Ag} - 0.0592 \lg a_{Cl^-}$ 　　　　　　（10 - 2）

当 Cl^- 活度和温度一定时，SSE 的电极电位恒定不变，不同浓度 KCl 溶液时电极电位值如表 10 - 2 所示。

表 10 - 2　SSE 的电极电位

KCl 溶液浓度（mol/L）	≥3.5（饱和）	1	0.1
电极电位（V）/25℃	0.1990	0.2223	0.2880

二、指示电极

指示电极（indicator electrode）是指电极电位随待测组分活（浓）度变化而改变，其大小可以指示待测组分活（浓）度变化的电极。指示电极应符合以下基本要求：①电极电位与待测组分活（浓）度间符合 Nernst 方程式的关系；②响应快、线性范围宽、重现性好；③对待测组分具有选择性；④结构简单，便于使用。

电位法中常用的指示电极有两大类：金属基电极（metallic electrode）和离子选择性电极（ion selective electrode，ISE）。

（一）金属基电极

金属基电极是以金属为基体，基于电子转移反应的一类电极。按其组成和作用的不同分为以下几种。

1. 金属 – 金属离子电极　该类电极是由金属插入含有该金属离子的溶液构成。电极电位能反映相应金属离子的活（浓）度变化，可作为测定该金属离子活（浓）度的指示电极。用 $M|M^+$ 表示，这类电极只有一个相界面，又称第一类电极。

例如，$Ag – Ag^+$ 组成的银电极：$Ag|Ag^+(a)$，

电极反应为
$$Ag^+ + e \Longrightarrow Ag$$

电极电位（25℃）
$$E = E^{\ominus}_{Ag^+/Ag} + 0.0592\lg a_{Ag^+} \tag{10 – 3}$$

能作为第一类金属电极的有 Ag、Cu、Hg、Zn 等。

2. 金属 – 金属难溶盐电极　该类电极是将表面覆盖同一种金属难溶盐的金属，插入该难溶盐的阴离子溶液中组成的电极。其电极电位能反映该金属难溶盐阴离子的活（浓）度，可作为测定难溶盐阴离子浓度的指示电极。用 $M|M_mX_n|X^{m-}$ 表示，这类电极只有两个相界面，又称第二类电极。

如 $Ag – AgCl$ 电极，电极组成为：$Ag|AgCl|KCl(a)$。

电极反应为
$$AgCl + e^- \Longrightarrow Ag + Cl^-$$

电极电位（25℃）
$$E = E^{\ominus}_{AgCl/Ag} - 0.0592\lg a_{Cl^-} \tag{10 – 4}$$

3. 金属 – 金属难溶氧化物电极　该类电极由金属和金属难溶氧化物组成。有两个相界面，属第二类电极。

例如，锑电极，由高纯金属锑涂镀一层 Sb_2O_3 插入 H^+ 溶液中，电极组成为：$Sb|Sb_2O_3|H^+(a)$。

电极反应为
$$Sb_2O_3 + 6H^+ + 6e^- \Longrightarrow 2Sb + 3H_2O$$

电极电位（25℃）
$$E = E^{\ominus}_{Sb_2O_3/Sb} + 0.0592\lg a_{H^+} = E^{\ominus}_{Sb_2O_3/Sb} - 0.0592pH \tag{10 – 5}$$

由式（10 –5）可知，锑电极是 pH 指示电极。因氧化锑能溶于强酸性或强碱性溶液，所以锑电极只适宜在 pH 3 ~ 12 的溶液中使用。

4. 金属 – 金属配合物电极　由金属汞和汞 EDTA 配合物（$Hg/Hg – EDTA$）组成的电极体系，同时存在另一能与 EDTA 形成配合物的金属离子 M，且 M 与 EDTA 配合物的稳定常数 K_{MY} 小于 K_{HgY}，则该电极体系就成为该金属离子的指示电极。

例如，测定 Ca^{2+}，$Hg|HgY^{2-}(a_1)$，$CaY^{2-}(a_2)$，$Ca^{2+}(a_3)$

反应为
$$Hg^{2+} + 2e^- \Longrightarrow Hg$$
$$Hg^{2+} + Y^{4-} \Longrightarrow HgY^{2-}$$
$$Ca^{2+} + Y^{4-} \Longrightarrow CaY^{2-}$$

电极电位（25℃）
$$E = E^{\ominus}_{Hg^{2+}/Hg} + \frac{0.0592}{2}\lg a_{Hg^{2+}} \tag{10 – 6}$$

根据配位平衡，可得
$$E = E^{\ominus}_{Hg^{2+}/Hg} + \frac{0.0592}{2}\lg\frac{K_{CaY^{2-}} \cdot a_{HgY^{2-}}}{K_{HgY^{2-}} \cdot a_{CaY^{2-}}} + \frac{0.0592}{2}\lg a_{Ca^{2+}} \tag{10 – 7}$$

在实际工作中该电极用于 EDTA 滴定 Ca^{2+} 的指示电极，在试样溶液中加入少量 HgY^{2-}（使其浓度约在 10^{-4} mol/L），以饱和甘汞电极为参比电极。用 EDTA 标准溶液滴定 Ca^{2+}，近计量点时 $a_{CaY^{2-}}$ 可视为定值，$K_{CaY^{2-}}$ 和 $K_{HgY^{2-}}$ 即为常数。HgY^{2-} 非常稳定，在整个滴定过程中浓度保持不变，则上式可改写为

$$E = 常数 + \frac{0.0592}{2}\lg a_{Ca^{2+}} \tag{10-8}$$

此类电极涉及三个化学平衡，被称为第三类电极。由于适合这一条件能与 EDTA 形成配合物的金属离子较多，该类电极可测定三十多种金属离子。

5. 惰性金属电极　该类电极是由惰性金属（Pt 或 Au）插入含有不同氧化态还原态电对的溶液中构成。

例如　　　　　　　　　　　　　$Pt\,|\,Fe^{3+},Fe^{2+},$

电极反应为　　　　　　　　　　$Fe^{3+} + e^- \rightleftharpoons Fe^{2+}$

电极电位（25℃）为　　　　$E = E^{\ominus}_{Fe^{3+}/Fe^{2+}} + 0.0592\lg\dfrac{a_{Fe^{3+}}}{a_{Fe^{2+}}} \tag{10-9}$

惰性金属在此仅起传递电子的作用，本身不参加电极反应。该类电极作为指示电极应用于氧化还原反应类的测定中。该电极的电极反应是在均相中进行，无相界面，故又称为零类电极。

（二）离子选择性电极

离子选择性电极（ion selective electrode，ISE）亦称为膜电极，是以固体膜或液体膜为传感器，选择性地对溶液中某特定离子产生响应。在膜电极上无电子转移、无半电池反应。其响应机制是基于响应离子在膜表面上交换和扩散等作用，其电极电位与试液中待测离子活度的关系符合 Nernst 方程。

$$E_{ISE} = K \pm \frac{2.303RT}{nF}\lg a_i \tag{10-10}$$

式（10-10）中，K 为电极常数，a_i 为待测溶液中离子的活度。响应离子为阳离子时取"＋"号，为阴离子时取"－"号。

ISE 具有选择性好、灵敏度高等特点，是电位分析法中发展最快、应用最广的一类电极。目前商品电极已有很多种类，如 pH 玻璃电极、钾电极、钠电极、钙电极、氟电极和在药学研究领域中使用的多种药物电极等。

三、复合电极

复合电极（combination electrode）是一种将指示电极和参比电极在制作时组合在一起的电极，具有结构简单、使用方便的特点。例如在 pH 测量中广泛使用的 pH 复合电极，通常由 pH 玻璃电极和 Ag-AgCl 或 Hg-Hg$_2$Cl$_2$ 电极构成。

第四节　直接电位法 微课2

选择合适的指示电极和参比电极浸入待测溶液中组成原电池，测量原电池的电动势。根据 Nernst 方程电极电位与待测离子活（浓）度的函数关系，求出待测组分活（浓）度的方法称为直接电位法。直接电位法可用于测量溶液 pH 和其他阴、阳离子活度。具有选择性好、灵敏度高，适用于微量组分测定等特点。

一、氢离子活度的测定

直接电位法测量溶液 pH，常以 SCE 为参比电极，氢电极、醌-氢醌电极、锑电极和玻璃电极等为指示电极，其中最常用的指示电极是玻璃电极。

（一）pH 玻璃电极

1. 构造 pH 玻璃电极是最早研制的膜电极，其构造如图 10 - 5 所示。对溶液中 H^+ 产生选择性响应的是电极管下端厚度约 0.1mm 的球形玻璃膜，球内含有 0.1mol/L HCl 或含 KCl 的 pH 缓冲液作为内参比溶液，内插入 Ag - AgCl 为内参比电极。电极上端是高度绝缘的导线及引出线，线外需套有金属屏蔽层，以避免因玻璃电极很高的内阻（>100MΩ）产生漏电和静电干扰。复合 pH 电极，外套管还将球泡包裹在内，以防敏感膜破碎。

2. pH 玻璃电极的响应机制 玻璃膜对溶液中 H^+ 产生的选择性响应主要与玻璃膜组成有关。pH 玻璃电极膜由 72.2% SiO_2、21.4% Na_2O 和 6.4% CaO 组成。一般认为 pH 玻璃膜的水化、离子交换和扩散是产生膜电位的三个主要过程。

图 10 - 5　pH 玻璃电极示意图

1. 玻璃球膜；2. 缓冲溶液；3. Ag - AgCl 内参比电极；4. 电极引线；5. 玻璃管；6. 静电隔离层；7. 电极导线；8. 塑料绝缘；9. 金属隔离罩；10. 塑料高绝缘；11. 电极接头

pH 玻璃电极使用前必须在纯水中浸泡一段时间，这一过程称为玻璃膜的水化。水化的目的是使玻璃膜表面形成厚度为 $10^{-5} \sim 10^{-4}$ mm 的溶胀水合凝胶层（水化层）。水化层中的 Na^+ 与溶液中 H^+ 进行下列交换反应。

H^+（溶液）$+ Na^+Gl^-$（玻璃膜）$\rightleftharpoons Na^+$（溶液）$+ H^+Gl^-$（玻璃膜）

该反应平衡常数很大，使玻璃膜表面 Na^+ 的点位几乎全被 H^+ 占据。越进入凝胶层内部交换越少，即 H^+ 数目越少，Na^+ 数目越多；在玻璃膜中间干玻璃层部分，因无交换反应，点位全部被 Na^+ 占据，几乎全无 H^+（图 10 - 6）。

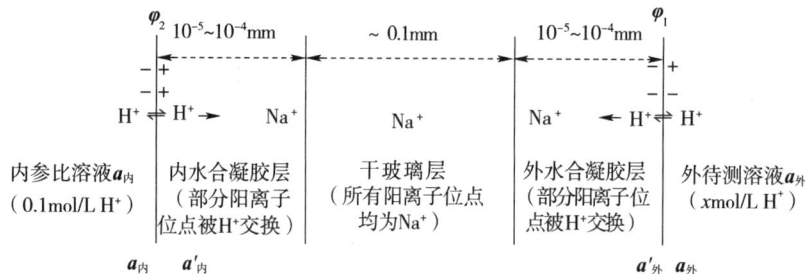

图 10 - 6　水化玻璃膜的组成示意图

将充分水化的玻璃电极浸入待测溶液中，由于其中的 H^+ 浓度与水化层中 H^+ 浓度不同，则会发生浓差扩散，H^+ 由浓度高的向浓度低的扩散。H^+ 的扩散改变了膜外表面与试液两相界面的电荷分布，形成双电层产生电位差。当扩散达到动态平衡时，电位差达一定值，此电位差称为外相界电位（$E_\text{外}$）；同理，膜内表面与内参比溶液两相界面也产生电位差称为内相界电位（$E_\text{内}$）。显然，相界电位的大小与两相间 H^+ 活（浓）度有关，其关系为

$$E_\text{外} = K_1 + \frac{2.303RT}{F}\lg\frac{a_\text{外}}{a'_\text{外}} \qquad (10-11)$$

$$E_\text{内} = K_2 + \frac{2.303RT}{F}\lg\frac{a_\text{内}}{a'_\text{内}} \qquad (10-12)$$

式中，$a_\text{外}$、$a_\text{内}$ 分别为膜外和膜内溶液中 H^+ 活度，$a'_\text{外}$、$a'_\text{内}$ 分别为膜外表面和膜内表面水化凝胶层中 H^+ 活度，K_1、K_2 为与玻璃膜外、内表面物理性能有关的常数。

玻璃膜内、外侧之间的电位差称为膜电位（$E_\text{膜}$），即

$$E_\text{膜} = E_\text{外} - E_\text{内} = \left(K_1 + \frac{2.303RT}{F}\lg\frac{a_\text{外}}{a'_\text{外}}\right) - \left(K_2 + \frac{2.303RT}{F}\lg\frac{a_\text{内}}{a'_\text{内}}\right) \qquad (10-13)$$

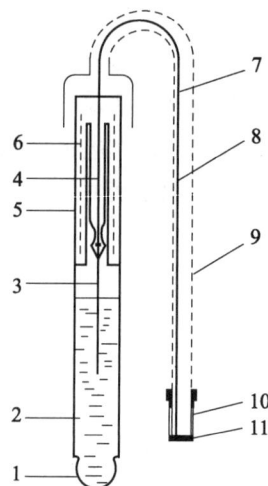

对于同一支玻璃电极，膜内外表面性质基本相同，即 $K_1 = K_2$、$a'_\text{外} = a'_\text{内}$

则

$$E_\text{膜} = \frac{2.303RT}{F} \lg \frac{a_\text{外}}{a_\text{内}} \qquad (10-14)$$

由于玻璃电极内参比溶液 pH 是定值，因而 $a_\text{内}$ 亦为一定值，所以

$$E_\text{膜} = K' + \frac{2.303RT}{F} \lg a_\text{外} \qquad (10-15)$$

作为玻璃电极整体，其电极电位（$E_\text{玻}$）应为玻璃膜电位和内参比电极电位之和。由此得到 pH 玻璃电极电位与试液中 H^+ 活度的关系。

$$E_\text{玻} = E_\text{内参比} + E_\text{膜} = K + \frac{2.303RT}{F} \lg a_\text{外} = K - \frac{2.303RT}{F} \text{pH} \qquad (10-16)$$

式（10-16）中，$K = E_\text{内参比} - \frac{2.303RT}{F} \lg a_\text{内}$ 称为电极常数。式（10-16）表明，玻璃电极的电位与膜外试液的 pH 之间呈线性关系，符合 Nernst 方程式，故可用于溶液 pH 的测量。

3. pH 玻璃电极性能

（1）转换系数　溶液 pH 变化一个单位引起玻璃电极电位的变化值称为转换系数（或电极斜率），用 S 表示。

$$S = -\Delta E / \Delta \text{pH} \qquad (10-17)$$

S 为 $E - \text{pH}$ 曲线的斜率，理论值为 $2.303RT/F$，25℃时为 0.0592。即溶液的 pH 改变一个单位，电极电位改变 59.2mV。玻璃电极经长期使用会老化，实际转换系数变小。当 S 低于 52mV/pH 该电极就不宜再使用。

（2）碱差和酸差　一般玻璃电极的电极电位与溶液 pH 之间，只有在 pH 为 1~9 时呈线性关系，否则会产生碱差或酸差。

碱差也称为钠差，是指在较强的碱性溶液中，测定的 pH 低于真实值产生负误差。其原因是 pH > 9 时，溶液中 H^+ 浓度较低，玻璃膜水化层点位没有全部被 H^+ 占据，Na^+ 也进入玻璃膜水化层占据某些点位，这样玻璃电极对 Na^+ 等碱金属离子也有响应，电极电位反映出来的 H^+ 活度高丁真实值。

酸差是指在 pH < 1 的较强酸性溶液中，pH 的测定值高于真实值产生正误差。产生酸差的原因是由于在强酸溶液中水分子活度减小，而 H^+ 是通过 H_3O^+ 传递，达到玻璃膜水化层的 H^+ 减少，使得测定的 pH 高于真实值。

（3）不对称电位　由式（10-14）可知当玻璃膜内外两侧 H^+ 活度相等时，则膜电位应等于零。但实际上并不为零，而是有几毫伏的电位差存在，该电位差称为不对称电位。产生不对称电位的主要原因是膜内外表面的结构和性能不完全相同。干玻璃电极的不对称电位很大，因此，在使用前必须将玻璃电极敏感膜置纯水中浸泡 24 小时以上充分活化，减小并稳定不对称电位。注意复合玻璃电极的水化需在 3mol/L KCl 溶液中进行。

（4）电极内阻　玻璃电极内阻很大，一般在 50~500MΩ。测定由它所组成的电池电动势时，只允许有微小的电流通过，否则会造成较大的误差。电极内阻随着使用时间的增长而加大（俗称电极老化）。内阻增加将使测定灵敏度下降，所以当玻璃电极老化至一定程度时应予以更换。

（5）使用温度　玻璃电极使用温度通常在 5~60℃。如果温度过低，会使玻璃电极的内阻增大；如果温度过高，降低电极使用寿命。

（二）pH 测量原理和方法

1. 测量原理　直接电位法测定溶液中 pH 通常是以 pH 玻璃电极作为指示电极，SCE 作为参比电极在待测溶液中组成原电池，可表示为

（-）Ag│AgCl，HCl(*a*)│玻璃膜│试液（a_{H^+}）‖KCl（饱和），Hg_2Cl_2│Hg（+）

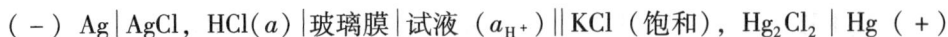

其电池电动势为

$$E = E_{SCE} - E_{玻} = E_{SCE} - \left(K - \frac{2.303RT}{F}pH \right) = K' + \frac{2.303RT}{F}pH \tag{10-18}$$

25℃时

$$E = K' + 0.0592pH \tag{10-19}$$

由式（10-19）可知，电池电动势与试液 pH 之间呈线性关系，只要测得电池电动势 *E* 就可以求出溶液的 pH。

2. 测量方法 由于式（10-19）中 *K'* 包括多项电位值，且受到玻璃电极常数、试液组成、电极使用时间等诸多因素影响，既不能准确测定，又难以由理论计算出。因此，在实际测量中通常采用两次测量法，即在相同条件下分别测定 pH 准确已知的标准缓冲溶液 pH_S 和未知试液的 pH_X（pH_S 与试样溶液 pH_X 应尽量接近）。根据式（10-19）可得

$$E_S = K' + 0.0592pH_S \tag{10-20}$$
$$E_X = K' + 0.0592pH_X \tag{10-21}$$

由式（10-21）减去式（10-20）将 *K'* 值抵消可得

$$pH_X = pH_S + \frac{E_X - E_S}{0.0592} \tag{10-22}$$

根据式（10-22），只要测出 E_X 和 E_S，即可得到试液的 pH_X。

3. 测量 pH 注意事项 ①注意玻璃电极的使用 pH 范围。②选择标准缓冲液 pH_S 应尽可能与待测 pH_X 相接近，通常控制 pH_S 和 pH_X 之差在 3 个 pH 单位之内，以减少残余液接电位所造成的测量误差。《中国药典》（2020 年版）收载了五种 pH 标准缓冲液的0~60℃温度的 pH 基准值。③玻璃电极需在蒸馏水中浸泡 24 小时以上方可使用；复合玻璃电极一般在 3mol/L KCl 溶液中浸泡 8 小时以上。④标准缓冲溶液与待测液的温度必须相同。⑤标准缓冲溶液需按规定方法配制，保存于密塞玻璃瓶中（硼砂应保存在聚乙烯塑料瓶中）；一般可保存 2~3 个月，若发现有浑浊、发霉或沉淀等现象时，则不能继续使用。

二、其他阴、阳离子活（浓）度的测定

电位法测定其他离子活（浓）度，常用的指示电极是离子选择电极，是一类对溶液中特定的离子有选择性响应的膜电极。

（一）离子选择电极的基本构造与电极电位

离子选择电极结构一般都包括电极膜、电极管（支持体）、内参比电极和内参比溶液四个基本部分（图10-7）。电极膜是离子选择性电极最重要的组成部分，膜材料和内参比溶液中均含有与待测离子相同的离子。当把电极膜浸入溶液时，膜内、外有选择性响应的离子通过离子交换或扩散作用在膜两侧建立双电层的电位差，平衡后形成膜电位。如同 pH 玻璃电极一样，内参比溶液组成恒定，离子选择电极电位只与试液中响应离子的活（浓）度有关，并符合 Nernst 方程式，即

$$E_{ISF} = K \pm \frac{2.303RT}{nF}lg\,a_i \tag{10-23}$$

应指出的是离子选择电极电位不仅只是通过离子交换和扩散作用建立的，有些还与离子缔合、配位等作用有关，另有一些离子选择电极的作用机制目前还不十分清楚。

（二）离子选择电极分类及常见电极

1. 离子选择电极的分类 根据 IUPAC 关于离子选择电极命名和分类建议，其名称和分类如下。

（1）基本电极（primary electrode） 又称原电极，是电极膜直接响应待测离子的离子选择电极。根据电极膜材料的不同分为晶体电极和非晶体电极。

晶体电极（crystalline electrode）是指电极膜由电活性物质的难溶盐晶体构成。根据电极膜的制备方法不同，晶体电极又分为均相膜电极（homogeneous membrane electrode）和非均相膜电极（heterogeneous membrane electrode）。均相膜电极的膜材料由难溶盐的单晶、多晶或混晶制成；在电极膜中加入某种惰性材料（如硅橡胶、聚氯乙烯或石蜡等）制成电极膜的晶体电极称为非均相膜电极。氟离子选择电极是晶体电极的代表。

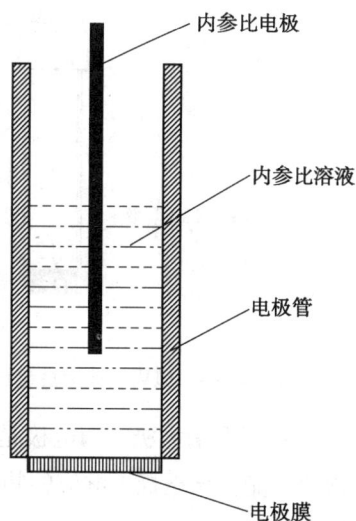

图 10 - 7　离子选择电极

非晶体电极（non - crystalline electrode）是指电极膜由非晶体材料或化合物均匀分散在惰性支持物中制成。其中，电极膜由特定玻璃制成的玻璃电极为刚性基质电极（rigid matrix electrode），除了 pH 玻璃电极，还有钠电极、钾电极、锂电极等；电极膜用浸有某种液体离子交换剂或中性载体的惰性多孔膜制成称为流动载体电极（electrode with a mobile carrier），是离子选择电极用作药物电极种类较多的一类，如目前商品化的流动载体电极有 NO_3^-、X^-、Ca^{2+}、Mg^{2+} 等离子选择电极。

（2）敏化电极（sensitized ion - selective electrode） 是利用界面反应，将有关离子活（浓）度转化为可供基本电极测定的离子，间接测定有关离子活（浓）度的离子选择性电极。根据界面反应的性质不同，可分为气敏电极和酶电极。典型的敏化电极有氨气敏电极和尿素酶电极。

2. 常见离子选择性电极

（1）氟离子选择电极 简称氟电极，是 F^- 的指示电极，结构如图 10 - 8 所示，由氟化镧单晶制成电极膜封在塑料管的一端，管内装 0.1mol/L NaF - 0.1mol/L NaCl 内参比溶液，以 Ag - AgCl 电极作内参比电极。可以在氟化镧单晶中迁移的带电质点是 F^- 离子，所以电极电位反映试液中 F^- 离子的活度。

溶液中的 F^- 能扩散进出氟化镧单晶膜，因此在相界面两侧建立双电层，产生膜电位，其电极电位为

$$E = K - \frac{2.303RT}{F}\lg a_{F^-} \qquad (10 - 24)$$

以氟电极为指示电极，SCE 为参比电极与待测 F^- 离子溶液组成化学电池。

$$(-)\,Ag\,|\,AgCl_{(s)}\,|\,NaCl_{(0.1mol/L)},\ NaF_{(0.1mol/L)}\,|\,LaF_3\,|\,F^-_{(未知)}\,\|\,KCl_{饱和},\ Hg_2Cl_2\,|\,Hg\,(+)$$

若将 LaF_3 晶体膜改为 AgCl、AgBr、AgI、CuS、PbS 或 Ag_2S 等，就可以制成测定 Ag^+、X^-、Cu^{2+}、Pb^{2+}、S^{2-} 等离子选择电极。

（2）氨气敏电极 以 pH 玻璃电极为基本电极，Ag - AgCl 为参比电极，0.1mol/L NH_4Cl 溶液为内电解液，以聚四氟乙烯微孔薄片为透气膜组合而成，结构如图 10 - 9 所示。用来测定溶液中的 NH_4^+ 离子浓度。测定时将待测溶液中加入一定量的 NaOH 溶液，使 NH_4^+ 转变为氨气并通过透气膜进入 0.1mol/L NH_4Cl 溶液使其 pH 发生改变，通过玻璃电极进行测定。

另外还有 CO_2、SO_2、H_2S、NO_2、HCN 和 Cl_2 等气敏电极被研究和应用。

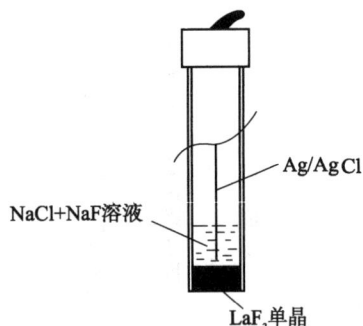

图 10-8 氟离子选择性电极结构示意图

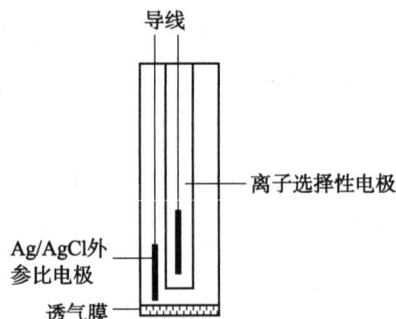

图 10-9 气敏电极结构示意图

（3）尿素酶电极　酶电极是由原电极和生物膜组成的复膜电极，利用高选择性酶催化反应，使待测物产生能在该电极上响应的物质。将尿素酶涂布在铵离子电极敏感膜上，构成尿素酶电极。尿素在尿素酶催化下发生以下反应。

$$NH_2CONH_2 + 2H_2O \xrightarrow{尿素酶} 2NH_4^+ + CO_3^{2-}$$

测定时试液中的尿素进入酶膜，在尿素酶催化下生成的 NH_4^+，可用铵离子玻璃电极产生的电位来间接测定，以测定尿素的含量。

（三）定量分析的条件和方法

1. 定量条件　与测定溶液中 pH 的原理和方法相似，待测离子的选择电极为指示电极，饱和甘汞电极为参比电极，在待测溶液中组成原电池，通过测定原电池的电动势可求出待测离子的活（浓）度。

$$E = E_{SCE} - E_{ISE} = E_{SCE} - (K' \pm Slgc) = K'' \mp Slgc \tag{10-25}$$

测量时，为了使电极在试液和标准溶液中 K'' 相等，一般都需要在标准溶液和试液中加入"总离子强度调节剂"（total ionic strength adjustment buffer，TISAB），使它们的离子强度都达到几乎同样的高水平，从而使活度系数基本相同。TISAB 一般常有三个方面的作用：①使试液与标准溶液有相同的总离子强度和活度系数；②缓冲剂控制溶液的 pH；③配位剂掩蔽共存的干扰离子。

2. 定量方法

（1）两次测量法　又称标准对照法或直接比较法。测定原理与溶液的 pH 测定相似，即分别测定标准溶液（S）和试液（X）的电位值。代入式（10-25），并相减得

$$lgc_x = lgc_x \pm \frac{E_x - E_s}{S} \tag{10-26}$$

注意，阳离子时取"-"号，为阴离子时取"+"号。

（2）标准曲线法　根据式（10-25）的 E 与 lgc 的线性关系，在线性范围内，制备从低到高浓度不同的标准溶液（基质应与试液相同），分别测量系列标准溶液的 E_S。以 E_S 对 lgc_S 作图，可得一条直线，称为标准曲线（或校正曲线）。在同样条件下测量试液的 E_X，由标准曲线即可确定试液中待测离子浓度 c_X。

标准曲线法要求标准溶液与试液有相近的组成和离子强度，因此适用于较简单的样品体系。其优点是即使 S 偏离理论值，也能得到较满意的结果（图 10-10）。

3. 标准加入法　将小体积（比试液体积小 10~100 倍）高浓度（比试液浓度大 10~100 倍）的标准溶液加入试样溶液中，通过测量加入前后的电池电动势得到待测离子浓度。由于加入前后溶液的性质（组成、活度系数、pH、干扰离子、温度等）基本不变，所以准确度较高。

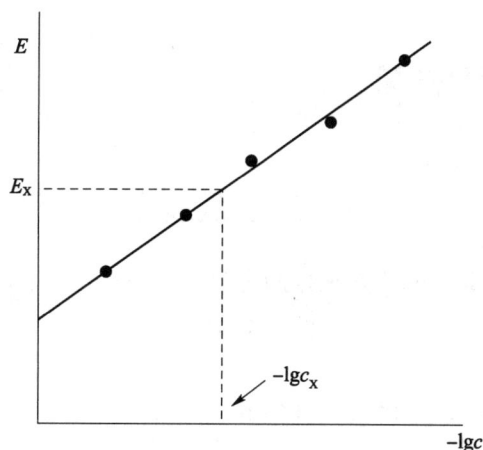

图 10 – 10　标准曲线图

例如，测定试液中离子，试样体积为 V_X，测定离子浓度为 c_X，测得电动势为 E_1，加入的标准溶液浓度 c_S，体积为 V_S，测得电动势为 E_2，则

$$E_1 = K' \mp \frac{2.303RT}{nF}\lg c_X$$

$$E_2 = K' \mp \frac{2.303RT}{nF}\lg \frac{c_X V_X + c_S V_S}{V_X + V_S}$$

由于加入的标准溶液体积小，对试液的组成和离子强度影响较小，可以认为 K' 相同。

则

$$10^{\Delta E/S} = \frac{c_X V_X + c_S V_S}{(V_X + V_S)\ c_X}$$

整理得

$$c_X = \frac{c_S V_S}{(V_X + V_S)\ 10^{\Delta E/S} - V_X} \tag{10 – 27}$$

式中，V_X、c_S 和 V_S 为已知值，S 值可计算，也可通过实验测得，将由电池电动势的测量值 E_1、E_2 得到的 ΔE 代入计算，便可求得试样溶液的浓度 c_X。

标准加入法可适用于较复杂的样品体系。将小体积的标准溶液加入到样品溶液中，可减免标准溶液和试液之间离子强度和组成不同所造成的测量误差，使用标准加入法一般不需要加入 TISAB，使操作简便、快速。

三、直接电位法的测量误差

由于电极稳定性、液接电位及温度波动等诸多因素的影响，使直接电位法在测量电池电动势上存在不低于 ±1mV 误差。电池电动势的测量误差（ΔE）导致试样浓度相对误差的大小可据式（10 – 25）微分求得

$$\Delta E = \frac{RT}{nF} \times \frac{\Delta c}{c} \tag{10 – 28}$$

整理并把有关参数带入计算（R，$T = 25℃$）得

$$\frac{\Delta c}{c}\% = \frac{nF\Delta E}{TR} \times 100 \approx 3900 \times n\Delta E \tag{10 – 29}$$

由式（10 – 29）可知，当电池电动势 ΔE 的测量误差为 1mV 时，一价离子浓度相对误差有 3.9%，二价离子可高达 7.8%。故直接电位法测高价离子有较大的测量误差。

第五节 电位滴定法 🄴 微课3

PPT

一、原理及装置

电位滴定法（potentiometric titration）是根据滴定过程中计量点附近电池电动势突变来确定滴定终点的一类滴定分析法。

电位滴定的仪器装置如图 10 – 11 所示。进行电位滴定分析时，将合适的指示电极和参比电极插入待测溶液中组成原电池与电位计相连。在不断搅拌下加入滴定剂（V），测定滴定过程中其相应电位（E）的大小。在到达滴定终点时，因被测离子浓度突变而引起指示电极的电位突变，从而确定终点，计算待测组分含量。电位滴定法与指示剂法确定终点相比具有客观性强，不受溶液有色、浑浊等限制，易于实现自动化等优点。对于使用指示剂难以

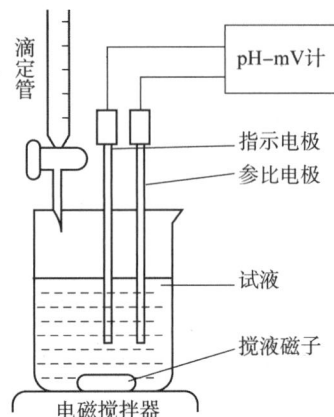

图 10 – 11　电位滴定用的基本仪器装置图

判断终点或没有合适的指示剂的滴定反应，电位滴定法更为有利。电位摘定法可以应用于酸碱、沉淀、配位、氧化还原及非水等各种滴定，并可用于确定一些热力学常数的测定。

二、终点确定方法

在进行电位滴定时，边滴定边记录滴定剂体积 V 和电动势 EMF 或 pH。一般在远离化学计量点时加入体积间隔（ΔV）稍大。在计量点附近时，应减小体积间隔（ΔV），最好每加入一小份（0.05~0.10ml）记录一次数据，且保持每次加入体积一致，这样可使数据处理方便、准确。表 10 – 3 是 0.1000mol/L $AgNO_3$ 滴定 NaCl 的电位滴定记录数据及数据处理表。

表 10 – 3　0.1000mol/L $AgNO_3$ 滴定 NaCl 的电位滴定数据

V (ml)	E	ΔE	ΔV	$\Delta E/\Delta V$	$\bar{V}$ (ml)	$\Delta(\Delta E/\Delta V)$	$\overline{\Delta V}$ (ml)	$\Delta^2 E/\Delta V^2$
22.00	0.123	0.015	1.00	0.015	22.50	0.021	1.00	0.021
23.00	0.138	0.036	1.00	0.036	23.50			
24.00	0.174	0.009	0.10	0.09	24.05	0.054	0.55	0.098
24.10	0.183	0.011	0.10	0.11	24.15	0.02	0.10	0.2
24.20	0.194	0.039	0.10	0.39	24.25	0.28	0.10	2.8
24.30	0.233	0.083	0.10	0.83	24.35	0.44	0.10	4.4
24.40	0.316	0.024	0.10	0.24	24.45	− 0.59	0.10	− 5.9
24.50	0.340	0.011	0.10	0.11	24.55	− 0.13	0.10	− 1.3
24.60	0.351	0.024	0.40	0.06	24.80	− 0.05	0.25	− 0.2
25.00	0.375							

电位滴定法终点确定方法如下。

1. $E-V$ 曲线法 以滴定剂体积 (V) 为横坐标，以电动势 (EMF) 为纵坐标作图得到一条 S 形 $E-V$ 曲线，如图 10-12 （a）所示。曲线的转折点（拐点）所对应的横坐标值即为滴定终点 V_{ep}。该法应用简便，但要求滴定突跃明显，否则须用下述方法。

2. $\Delta E/\Delta V - \overline{V}$ 曲线法 又称一级微商法、一阶导数法。用滴定剂平均体积 $\overline{V}$ 为横坐标，$\Delta E/\Delta V$ 为纵坐标作图，得到一条峰状曲线，如图 10-12 （b）所示。该曲线的最高点，即单位体积滴定剂所引起的电位变化最大时所对应体积即为滴定终点 V_{ep}。因为极值点较拐点容易准确判断，在化学计量点附近 $\Delta E/\Delta V$ 比 E 的变化率大很多，所以用 $\Delta E/\Delta V - \overline{V}$ 曲线法确定终点较为准确。

3. $\Delta^2 E/\Delta V^2 - V$ 曲线法 用滴定剂体积 V 为横坐标，$\Delta^2 E/\Delta V^2$ 为纵坐标作图，得到一条具有两个极值的曲线，如图 10-12 （c）所示。该曲线可以看作为 $E-V$ 曲线的近似二阶导数曲线，故又称为二阶导数法。该方法是根据 $E-V$ 曲线拐点的二阶导数为零，$\Delta^2 E/\Delta V^2 =0$。$\Delta^2 E/\Delta V^2 - V$ 曲线与纵坐标零的交点就是滴定终点 V_{ep}。

由于计量点附近的曲线近似于直线，所以可以用内插法通过简单的计算得到滴定终点。连接图 10-12 （c）中正（A）点、负（B）点极值两点，与横坐标相交的点即为终点，因三点在同一直线，故有

$$\frac{A-0}{V_A - V_{ep}} = \frac{A-B}{V_A - V_B} \quad 即 \quad V_{ep} = \frac{A}{A-B} \times (V_B - V_A) + V_A$$

例如，表 10-3 所示，加入滴定剂体积 24.30ml 时，$\Delta^2 E/\Delta V^2 =4.4$；加入滴定剂体积 24.40ml 时，$\Delta^2 E/\Delta V^2 = -5.9$；用内插法计算

$$V_{ep} = \frac{4.4}{4.4+5.9} \times (24.40 - 24.30) + 24.30 = 24.34ml$$

利用上述方法确定滴定终点，是根据化学计量点附近的测量数据来判断滴定终点。因此，除非是要研究滴定的全过程，在本方法中一般只需要准确测量化学计量点前、后 1~2ml 内的测量数据即可判断终点。

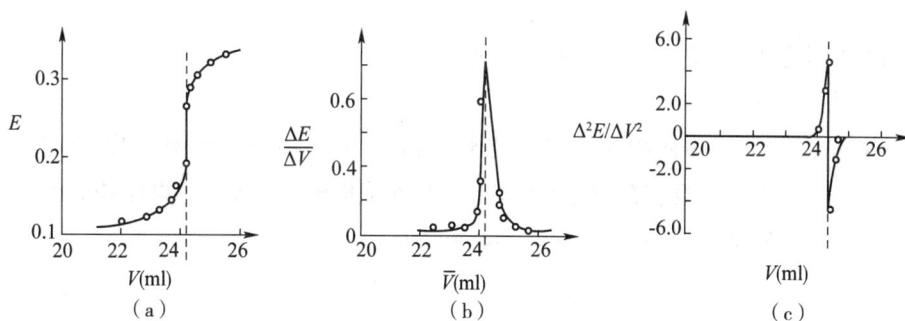

图 10-12 电位滴定法终点的确定

三、应用

电位滴定法在滴定分析中应用广泛，不仅应用于酸碱滴定、沉淀滴定、配位滴定、氧化还原滴定各类滴定分析，还可用于热力学常数的测定，如 $K_{a(b)}$、K_{sp}、$K_{稳}$、电极电位等。滴定反应类型不同选用的电极系统各异，各种电位滴定中常用的电极系统如表 10-4 所示。

表 10 – 4　各类电位滴定中常用的电极系统

方法	电极系统	使用说明
酸碱滴定	pH 玻璃电极 – 饱和甘汞电极 pH 复合电极	pH 玻璃电极用后立即清洗并浸在纯水中保存；pH 复合电极使用后立即清洗并保存于 3mol/L KCl 溶液中
非水滴定	pH 玻璃电极 – 饱和甘汞电极	SCE 套管内装氯化钾的饱和无水甲醇溶液而避免水渗出的干扰，或采用双盐桥 SCE；pH 玻璃电极处理同上
沉淀滴定	银电极 – 饱和甘汞电极	SCE 中的 Cl^- 对测定有干扰，需用双盐桥 SCE
	银电极 – 玻璃电极	pH 玻璃电极为参比电极，在试液中加入少量酸（HNO_3），可使玻璃电极的电位保持稳定
	离子选择电极 – 饱和甘汞电极	SCE 中的 Cl^- 对测定有干扰，需用双盐桥 SCE
氧化还原滴定	铂电极 – 饱和甘汞电极	铂电极用加少量 $FeCl_3$ 的 HNO_3 或铬酸清洁液浸洗
配位滴定	pM 汞电极 – 饱和甘汞电极 离子选择电极 – 饱和甘汞电极	预先在试液中滴加 3～5 滴 0.05mol/L HgY^{2-} 溶液。适用于和 EDTA 反应生成的配位化合物不如 HgY 稳定的金属离子。注意电极 pH 的范围

▷ 第六节　永停滴定法 ⓔ 微课 4

PPT

永停滴定法（dead – stop titration）又称双指示电极电流滴定法。在测量时，把两个相同的指示电极（通常为铂电极）插入待测溶液中，在两个电极间外加一个小电压（约几十毫伏），然后进行滴定。根据滴定过程中电流变化以确定滴定终点，属于电流滴定法。该方法具有装置简单、准确度高、终点确定方便，易实现自动化等优点。

一、原理及装置

当电对的氧化态和还原态在溶液中同时存在，如 Fe^{3+}/Fe^{2+} 溶液。将两支相同的铂电极插入其中，此时两极电位相同电池电动势为零，无电流通过。若在两极间外加一个小电压组成电解池时，则发生以下电解反应。

阳极（正极）发生氧化反应　　　　$Fe^{2+} \rightleftharpoons Fe^{3+} + e^-$

阴极（负极）发生还原反应　　　　$Fe^{3+} + e^- \rightleftharpoons Fe^{2+}$

由于在两极上同时发生氧化还原反应产生电解电流。与 Fe^{3+}/Fe^{2+} 电对一样，Ce^{4+}/Ce^{3+}、I_2/I^-、Br_2/Br^- 和 HNO_2/NO 等电对，均具有在溶液中与双铂电极组成电池，外加一小电压就能发生电解反应产生电解电流的性质，这类电对称为可逆电对（reversible system）。

某些氧化还原电对不具有上述性质，如 $S_4O_6^{2-}/S_2O_3^{2-}$，在外加一个小电压下，只能在阳极发生 $S_2O_3^{2-} \rightarrow S_4O_6^{2-} + 2e^-$，而在阴极不能发生反应 $S_4O_6^{2-} + 2e^- \rightarrow 2S_2O_3^{2-}$，所以电路中没有电流通过。这样的电对称为不可逆电对（irreversible system）。

永停滴定法就是依据电池在外加小电压下，溶液中可逆电对可发生电解反应产生电流，不可逆电对不发生电解反应，无电流产生的现象，通过观察滴定过程中电流随滴定体积变化的情况确定滴定终点。

永停滴定法仪器装置如图 10 – 13 所示：两个铂电极与试液组成电解池；外加小电压的电源电路；测量电解电流的灵敏

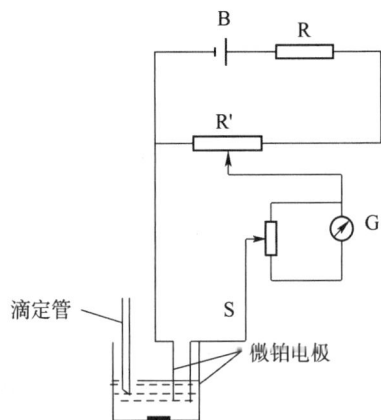

图 10 – 13　永停滴定法仪器装置示意图

检流计。图中 B 为 1.5 伏干电池；R 为 5000Ω 电阻；R′为 500Ω 的绕线电阻，通过调节 R′，则可得到适当的外加电压；S 为电流计的分流电阻，调节 S 可得到检流计 G 适当的灵敏度，同时起到保护电流计的作用。

通常在滴定中，可以通过观察电流计指针的变化确定滴定终点。也可每加一次滴定剂，测量一次电流，以滴定剂体积（V）为横坐标，电流强度（I）为纵坐标，绘制 $I-V$ 曲线，根据滴定过程中的电流变化确定终点。

二、终点确定方法

按照滴定过程电流的变化，终点确定一般分为三种情况。

（一）可逆电对滴定可逆电对

如 Ce^{4+} 滴定 Fe^{2+}，其反应式为

$$Ce^{4+} + Fe^{2+} \rightleftharpoons Ce^{3+} + Fe^{3+}$$

滴定前溶液中只有 Fe^{2+} 离子，因无 Fe^{3+} 离子存在，所以不发生电解反应无电流通过。滴定开始后，当 Ce^{4+} 离子不断滴入时，Fe^{3+} 离子不断增加。Fe^{3+}/Fe^{2+} 为可逆电对，故电流也不断增大，当 $c_{Fe^{3+}} = c_{Fe^{2+}}$ 时，电流达到最大值；继续滴入 Ce^{4+} 离子，Fe^{2+} 离子浓度逐渐下降，电流也逐渐变小，达到终点时电流降至最低点。终点过后，Ce^{4+} 离子过量，溶液中存在 Ce^{4+}/Ce^{3+} 可逆电对，随着 $c_{Ce^{4+}}$ 不断增加，电流又开始上升，滴定过程中的 $I-V$ 曲线如图 10-14 所示。

（二）不可逆电对滴定可逆电对

如 $Na_2S_2O_3$ 滴定含有过量 KI 的 I_2 溶液，其反应式为

$$I_2 + 2S_2O_3^{2-} = S_4O_6^{2-} + 2I^-$$

滴定开始至化学计量点前，溶液中存在 I_2/I^- 可逆电对，有电解电流通过两电极。随着滴定的进行，I_2 浓度逐渐变小，电解电流随之下降，滴定终点降至零电流。计量点后，溶液中只有 I^- 及不可逆电对 $S_4O_6^{2-}/S_2O_3^{2-}$，电解反应基本停止。电流计指针将停留在零电流附近并保持不动，永停滴定法由此得名。滴定过程中 $I-V$ 曲线如图 10-15 所示。

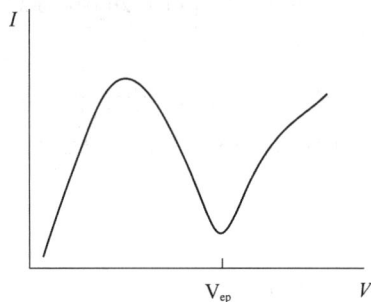
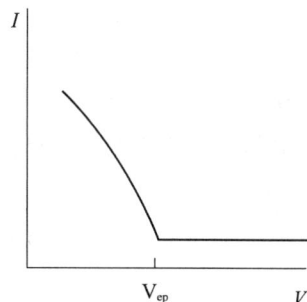

图 10-14 Ce^{4+} 滴定 Fe^{2+} 的 $I-V$ 曲线   图 10-15 $Na_2S_2O_3$ 滴定 I_2 的 $I-V$ 曲线

（三）可逆电对滴定不可逆电对

如 I_2 滴定 $Na_2S_2O_3$，其反应式为

$$I_2 + 2S_2O_3^{2-} = S_4O_6^{2-} + 2I^-$$

在计量点前，溶液中只有 $S_4O_6^{2-}/S_2O_3^{2-}$ 电对，是不可逆电对，没有电流流过。计量点后加入稍过量

的 I_2，溶液中存在 I_2/I^- 可逆电对，发生电解反应，产生的电解电流使指针偏转并不再返回零电流的位置。随着过量 I_2 的加入，电流增大，滴定过程中 $I-V$ 曲线如图 10-16 所示。

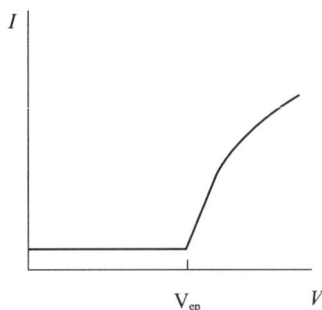

图 10-16　I_2 滴定 $Na_2S_2O_3$ $I-V$ 曲线

三、应用示例

永停滴定法具有装置简单、快速简便，终点判断直观、准确，且易于实现自动滴定等特点。《中国药典》（2020 年版）收载其为卡尔-费休（Karl-Fischer）法测定微量水分和亚硝酸钠滴定法测定芳伯胺类化合物终点确定方法。该法作为法定检测方法在药物分析中应用广泛。

1. Karl Fischer 法测量水分的终点确定　样品中的水与 Karl Fischer 滴定剂发生如下反应。

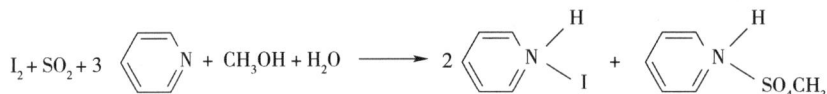

$$I_2 + SO_2 + 3\!\!\underset{}{\bigcirc}\!\!N + CH_3OH + H_2O \longrightarrow 2\!\!\underset{}{\bigcirc}\!\!\overset{H}{N}\!\!-\!\!I + \underset{}{\bigcirc}\!\!\overset{H}{N}\!\!-\!\!SO_4CH_3$$

终点前溶液中不存在可逆电对，故电流计指针停止在零位不动。计量点后加入稍过量的 I_2，溶液中存在 I_2/I^- 可逆电对，发生电解反应，电路中开始有电流产生通过，电流计指针发生偏转并不再回至 0 位为滴定终点。

2. 亚硝酸钠法的终点确定　亚硝酸钠法是在酸性条件下，用 $NaNO_2$ 滴定含芳伯胺类化合物的方法，属于可逆电对滴定不可逆电对。滴定反应为

$$R\!-\!\!\underset{}{\bigcirc}\!\!-\!NH_2 + NaNO_2 + 2HCl \rightleftharpoons \left[R\!-\!\!\underset{}{\bigcirc}\!\!-\!\overset{+}{N}\!\!\equiv\!\!N \right]Cl^- + 2H_2O + NaCl$$

终点前溶液中只存在不可逆电对，不发生电解反应，无电流产生，电流计指针停止在 0 位（或接近于 0 位）不动。达到终点或终点后，有稍过量的 HNO_2，溶液中便有由 HNO_2 及其分解产生的 NO 组成的可逆电对 HNO_2/NO 的存在。

阳极　　　　　　　　　　　$NO + H_2O \rightleftharpoons HNO_2 + H^+ + e^-$

阴极　　　　　　　　　　　$HNO_2 + H^+ + e^- \rightleftharpoons NO + H_2O$

电池将发生电解反应，电路中开始有电流通过，检流计指针突然偏转，并不再恢复，即为滴定终点。

>>> **知识链接** --

电化学生物传感器

电化学生物传感器（electrochemical biosensor）是生物传感器之一，开辟了电化学与分子生物学的新领域，为生命科学的研究提供了一种全新的方法，其应用广泛，已经渗透到医药领域、食品卫生、环

境检测等生活实践中，如细菌及病毒感染类疾病诊断、基因诊断、药物分析、DNA 损伤研究等。根据敏感元件所用生物材料的不同，电化学生物传感器分为酶电极传感器、微生物电极传感器、电化学免疫传感器、组织电极与细胞电极传感器、电化学 DNA 传感器等。1967 年世界上第一支以生物体成分为敏感膜的电化学电极——葡萄糖酶电极，用于测定血清中葡萄糖的含量。

微电极

微电极（microelectrode）是指工作面积为微米级或者更小的电极，用于测定微小体积中物质的浓度，也可以用作液相色谱仪的检测器。随着纳米技术、微系统及机械加工技术、微电子技术的发展，使制造微小电极成为可能。当电极的尺寸从毫米降低到微米级时，表现出优良的电化学特性。在实际应用中最为广泛的是离子选择性微电极（ion – selective microelectrode，ISM）。目前，比较成熟的离子选择性微电极主要有玻璃微电极和液膜微电极两类。

主要公式

1. 各类电极电位的计算

电极类型	电极名称	计算公式
参比电极	饱和甘汞电极	$E = E_{Hg_2Cl_2/Hg}^{\ominus} - \dfrac{2.303RT}{F}\lg a_{Cl^-}$
	银 – 氯化银电极	$E = E_{AgCl/Ag}^{\ominus} - \dfrac{2.303RT}{F}\lg a_{Cl^-}$
指示电极	金属 – 金属离子电极	$E = E_{Ag^+/Ag}^{\ominus} + 0.0592\lg a_{Ag^+}$
	金属 – 金属难溶盐电极	$E = E_{AgCl/Ag}^{\ominus} + 0.0592\lg a_{Cl^-}$
	金属 – 金属难溶氧化物电极	$E = E_{Sb_2O_3/Sb}^{\ominus} + 0.0592\lg a_{H^+} = E = E_{Sb_2O_3/Sb}^{\ominus} - 0.0592pH$
	金属 – 金属配合物电极	$E = E_{Hg^{2+}/Hg}^{\ominus} + \dfrac{0.0592}{2}\lg\dfrac{K_{CaY^{2-}} \cdot a_{HgY^{2-}}}{K_{HgY^{2-}} \cdot a_{CaY^{2-}}} + \dfrac{0.0592}{2}\lg a_{Ca^{2+}}$
	惰性电极	$E = E_{Fe^{3+}/Fe^{2+}}^{\ominus} + 0.0592\lg\dfrac{a_{Fe^{3+}}}{a_{Fe^{2+}}}$
	pH 玻璃电极	$E_{玻} = K + \dfrac{2.303RT}{F}\lg a_{外} = K - \dfrac{2.303RT}{F}pH$ 25℃为：$E_{玻} = K - 0.0592pH$
	离子选择电极	$E_{ISE} = K \pm \dfrac{2.303RT}{nF}\lg a_i$

2. 直接电位法测定溶液 pH 的计算公式

$$①E = K' + 0.0592pH;\qquad ②pH_X = pH_S + \dfrac{E_X - E_S}{0.0592}$$

目标检测

答案解析

1. 何谓指示电极和参比电极，并举例说明？
2. 简述 pH 玻璃电极构造及膜电位形成机制。
3. 什么是酸差和碱差？
4. 电位滴定法的基本原理是什么？图例说明确定终点的方法有哪些？

5. 永停滴定法的基本原理是什么？$I - V$ 曲线各有什么特点？

6. 在下列各电位滴定中，应选择何种指示电极和参比电极？

(1) NaOH 滴定 HA（$K_a c = 10^{-8}$）；(2) K$_2$Cr$_2$O$_7$ 滴定 Fe^{2+}；(3) EDTA 滴定 Ca^{2+}；(4) AgNO$_3$ 滴定 NaCl。

7. 计算下列电池的电动势（25℃）

$$\text{Hg} \mid \text{Hg}_2\text{Cl}_2 \mid \text{KCl (1.0mol/L)} \parallel \text{盐酸 (0.10mol/L)} \mid \text{H}_2, \text{(101kPa)} \mid \text{pt}$$

8. 用 pH 玻璃电极和 SCE 组成如下测量电池。

$$(-) \text{ pH 玻璃电极} \mid \text{标准缓冲溶液或未知溶液} \parallel \text{SCE } (+)$$

在 25℃ 时，测得 pH 为 4.00 的标准缓冲溶液的电动势为 0.208V，若用未知 pH 溶液代替标准缓冲溶液，测得电动势为 0.313V。计算未知溶液的 pH。

9. 某酸碱指示剂酸式色呈黄色，碱式色呈红色。为测定其 pH 变色范围，将 pH 复合电极插入含该指示剂的 HCl 溶液中，然后逐滴加入稀碱溶液，在恰发生颜色变化时立即测量电池电动势为 82mV；继续滴入 NaOH 溶液，至溶液刚显红色，此时测量电池电动势为 177mV。已知玻璃电极常数 K 为 692mV，$E_{\text{SCE}} = 0.2412\text{V}$。试计算该指示剂 pH 变色范围（设测量温度为 25℃）。

10. 用钙离子选择电极测量溶液中 Ca^{2+} 浓度，将其插入 100ml 试液中，与 SCE 组成原电池。25℃ 时测得电动势为 0.3680V，加入浓度为 1.00mol/L 的 Ca^{2+} 标准溶液 1.00ml 后，电动势为 0.3266V，计算试液中 Ca^{2+} 浓度。

书网融合……

| 思政导航 | 本章小结 | 微课1 | 微课2 |

| 微课3 | 微课4 | 题库 |

（廖夫生　宋成武）

附 录

附表 1　元素的相对原子质量（按照原子序数排列，以 Ar（^{12}C）=12 为基准）

元素			原子序	相对原子质量	元素			原子序	相对原子质量
符号	名称	英文名			符号	名称	英文名		
H	氢	Hydrogen	1	1.0080（2）	Zn	锌	Zinc	30	65.38（2）
He	氦	Helium	2	4.0026（1）	Ga	镓	Gallium	31	69.723（1）
Li	锂	Lithium	3	6.94（6）	Ge	锗	Germanium	32	72.630（8）
Be	铍	Beryllium	4	9.0122（1）	As	砷	Arsenic	33	74.922（1）
B	硼	Boron	5	10.81（2）	Se	硒	Selenium	34	78.971（8）
C	碳	Carbon	6	12.011（2）	Br	溴	Bromine	35	79.904（3）
N	氮	Nitrogen	7	14.007（1）	Kr	氪	Krypton	36	83.798（2）
O	氧	Oxygen	8	15.999（1）	Rb	铷	Rubidium	37	85.468（1）
F	氟	Fluorine	9	18.998（1）	Sr	锶	Strontium	38	87.62（1）
Ne	氖	Neon	10	20.180（1）	Y	钇	Yttrium	39	88.906（1）
Na	钠	Sodium	11	22.990（1）	Zr	锆	Zirconium	40	91.224（2）
Mg	镁	Magnesium	12	24.305（2）	Nb	铌	Niobium	41	92.906（1）
Al	铝	Aluminum	13	26.982（1）	Mo	钼	Molybdenium	42	95.95（1）
Si	硅	Silicon	14	28.085（1）	Tc	锝	Technetium	43	[97]
P	磷	Phosphorus	15	30.974（1）	Ru	钌	Ruthenium	44	101.07（2）
S	硫	Sulphur	16	32.06（2）	Rh	铑	Rhodium	45	102.91（1）
Cl	氯	Chlorine	17	35.45（1）	Pd	钯	Palladium	46	106.42（1）
Ar	氩	Argon	18	39.95（16）	Ag	银	Silver	47	107.87（1）
K	钾	Potassium	19	39.098（1）	Cd	镉	Cadmium	48	112.41（1）
Ca	钙	Calcium	20	40.078（4）	In	铟	Indium	49	114.82（1）
Sc	钪	Scandium	21	44.956（1）	Sn	锡	Tin	50	118.71（1）
Ti	钛	Titanium	22	47.867（1）	Sb	锑	Antimony	51	121.76（1）
V	钒	Vanadium	23	50.942（1）	Te	碲	Tellurium	52	127.60（3）
Cr	铬	Chromium	24	51.996（1）	I	碘	Iodine	53	126.90（1）
Mn	锰	Manganese	25	54.938（1）	Xe	氙	Xenon	54	131.29（1）
Fe	铁	Iron	26	55.845（2）	Cs	铯	Cesium	55	132.91（1）
Co	钴	Cobalt	27	58.933（1）	Ba	钡	Barium	56	137.33（1）
Ni	镍	Nickel	28	58.693（1）	La	镧	Lanthanum	57	138.91（1）
Cu	铜	Copper	29	63.546（3）	Ce	铈	Cerium	58	140.12（1）

元素			原子序	相对原子质量	元素			原子序	相对原子质量
符号	名称	英文名			符号	名称	英文名		
Pr	镨	Praseodymium	59	140.91 (1)	Ac	锕	Actinium	89	[227]
Nd	钕	Neodymium	60	144.24 (1)	Th	钍	Thorium	90	232.04 (1)
Pm	钷	Promethium	61	[145]	Pa	镤	Protactinium	91	231.04 (1)
Sm	钐	Samarium	62	150.36 (2)	U	铀	Uranium	92	238.03 (1)
Eu	铕	Europium	63	151.96 (1)	Np	镎	Neptunium	93	[237]
Gd	钆	Gadolinium	64	157.25 (3)	Pu	钚	Plutonium	94	[244]
Tb	铽	Terbium	65	158.93 (1)	Am	镅	Americium	95	[243]
Dy	镝	Dysprosium	66	162.50 (1)	Cm	锔	Curium	96	[247]
Ho	钬	Holmium	67	164.93 (1)	Bk	锫	Berkelium	97	[247]
Er	铒	Erbium	68	167.26 (1)	Cf	锎	Californium	98	[251]
Tm	铥	Thulium	69	168.93 (1)	Es	锿	Einsteinium	99	[252]
Yb	镱	Ytterbium	70	173.05 (2)	Fm	镄	Fermium	100	[257]
Lu	镥	Lutetium	71	174.97 (1)	Md	钔	Mendelevium	101	[258]
Hf	铪	Hafnium	72	178.49 (1)	No	锘	Nobelium	102	[259]
Ta	钽	Tantalum	73	180.95 (1)	Lr	铹	Lawrencium	103	[262]
W	钨	Tungsten	74	183.84 (1)	Rf	𬬻	Rutherfordium	104	[261]
Re	铼	Rhenium	75	186.21 (1)	Db	𬭊	Dubnium	105	[262]
Os	锇	Osmium	76	190.23 (3)	Sg	𬭳	Seaborgium	106	[263]
Ir	铱	Iridium	77	192.22 (1)	Bh	𬭛	Bohrium	107	[264]
Pt	铂	Platinum	78	195.08 (2)	Hs	𬭶	Hassium	108	[265]
Au	金	Gold	79	196.97 (1)	Mt	鿏	Meitnerium	109	[268]
Hg	汞	Mercury	80	200.59 (1)	Ds	𫟼	Darmstadtium	110	[269]
Tl	铊	Thallium	81	204.38 (1)	Rg	𬬭	Roentgenium	111	[272]
Pb	铅	Lead	82	207.2 (1.1)	Cn	鿔	Copernicium	112	[277]
Bi	铋	Bismuth	83	208.98 (1)	Nh	鉨	Ununtrium	113	[284]
Po	钋	Polonium	84	[209]	Fl	铁	Flerovium	114	[289]
At	砹	Astatine	85	[210]	Mc	镆	Ununpentium	115	[288]
Rn	氡	Radon	86	[222]	Lv	铊	Livermorium	116	[293]
Fr	钫	Francium	87	[223]	Ts	础	Ununseptium	117	[294]
Ra	镭	Radium	88	[226]	Og	氮	Ununoctium	118	[294]

注：录自 2021 年国际原子量表 [IUPAC Commission of Atomic Weights and Isotopic Abundances. Atomic Weights of the Elements 2021. Pure Appl. Chem., 2022, 94 (5): 573 – 600]。( ) 表示最后一位的不确定性。

附表 2　常用化合物相对分子质量

分子式	相对分子质量	分子式	相对分子质量
AgBr	187.77	KOH	56.105
AgCl	143.32	K_2PtCl_6	485.98
AgI	234.77	KSCN	97.176
$Ag NO_3$	169.87	$MgCO_3$	84.313
Al_2O_3	101.96	$MgCl_2$	95.205
As_2O_3	197.84	$MgSO_4 \cdot 7H_2O$	246.47
$BaCl_2 \cdot 2H_2O$	244.26	$MgNH_4PO_4 \cdot 6H_2O$	245.40
BaO	153.33	MgO	40.304
$Ba(OH)_2 \cdot 8H_2O$	315.46	$Mg(OH)_2$	58.319
$BaSO_4$	233.38	$Mg_2P_2O_7$	222.55
$CaCO_3$	100.09	$Na_2B_4O_7 \cdot 10H_2O$	381.36
CaO	56.077	NaBr	102.89
$Ca(OH)_2$	74.092	NaCl	58.440
CO_2	44.009	Na_2CO_3	105.99
CuO	79.545	$NaHCO_3$	84.006
Cu_2O	143.09	$Na_2HPO_4 \cdot 12H_2O$	358.14
$CuSO_4 \cdot 5H_2O$	249.68	$NaNO_2$	68.995
FeO	71.844	Na_2O	61.979
Fe_2O_3	159.69	NaOH	39.997
$FeSO_4 \cdot 7H_2O$	278.01	$Na_2S_2O_3$	158.10
$FeSO_4 \cdot (NH_4)_2SO_4 \cdot 6H_2O$	392.12	$Na_2S_2O_3 \cdot 5H_2O$	248.17
H_3BO_3	61.831	NH_3	17.031
HCl	36.458	NH_4Cl	53.489
$HClO_4$	100.45	NH_4OH	35.046
HNO_3	63.012	$(NH_4)_3PO_4 \cdot 12MoO_3$	1876.6
H_2O	18.015	$(NH_4)_2SO_4$	132.13
H_2O_2	34.014	$PbCrO_4$	323.19
H_3PO_4	97.994	PbO_2	239.20
H_2SO_4	98.072	$PbSO_4$	303.26
I_2	253.81	P_2O_5	141.94
$KAl(SO_4)_2 \cdot 12H_2O$	474.37	SiO_2	60.083
KBr	119.00	SO_2	64.058
$KBrO_3$	167.00	SO_3	80.057
KCl	74.548	ZnO	81.379
$KClO_4$	138.54	$HC_2H_3O_2$（醋酸）	60.052
K_2CO_3	138.20	$H_2C_2O_4 \cdot 2H_2O$	126.06
K_2CrO_4	194.19	$KHC_4H_4O_6$（酒石酸氢钾）	188.18
K_2CrO_7	294.18	$KHC_8H_4O_4$（邻苯二甲酸氢钾）	204.22

续表

分子式	相对分子质量	分子式	相对分子质量
KH_2PO_4	136.08	$K(SbO)C_4H_4O_6 \cdot 1/2H_2O$（酒石酸锑钾）	333.93
$KHSO_4$	136.16	$Na_2C_2O_4$（草酸钠）	134.00
KI	166.00	$NaC_7H_5O_2$（苯甲酸钠）	144.10
KIO_3	214.00	$Na_3C_6H_5O_7 \cdot 2H_2O$（枸橼酸钠）	294.10
$KIO_3 \cdot HIO_3$	389.91	$Na_2H_2C_{10}H_{12}O_8N_2 \cdot 2H_2O$	372.24
$KMnO_4$	158.03		
KNO_2	85.103		

注：根据 2021 年公布的相对原子质量计算。

附表3 一些难溶化合物的溶度积（18~25℃）

化合物	pK_{sp}	K_{sp}	化合物	pK_{sp}	K_{sp}
Ag_3AsO_4	22.0	1.0×10^{-22}	$CdC_2O_4 \cdot 3H_2O$	7.04	9.1×10^{-8}
$AgBr$	12.30	5.0×10^{-13}	$Cd_2[Fe(CN)_6]$	16.49	3.2×10^{-17}
$AgBrO_3$	4.26	5.3×10^{-5}	$Cd(OH)_2$（新析出）	13.6	2.5×10^{-14}
$AgCN$	15.92	1.2×10^{-16}	$Cd_3(PO_4)_2$	32.6	2.5×10^{-33}
Ag_2CO_3	11.09	8.1×10^{-12}	CdS	26.1	8.0×10^{-27}
$Ag_2C_2O_4$	10.46	3.5×10^{-11}	$CoCO_3$	12.84	1.4×10^{-13}
$AgCl$	9.75	1.8×10^{-10}	$CoHPO_4$	6.7	2×10^{-7}
Ag_2CrO_4	11.71	2.0×10^{-12}	$Co[Hg(SCN)_4]$	5.82	1.5×10^{-8}
AgI	16.03	9.3×10^{-17}	$Co(OH)_2$（新析出）	14.7	2×10^{-15}
$AgOH$	7.71	2.0×10^{-8}	$Co(OH)_3$	43.7	2×10^{-44}
Ag_3PO_4	15.84	1.4×10^{-16}	$Co_3(PO_4)_2$	34.7	2×10^{-35}
Ag_2S	48.7	2×10^{-49}	$\alpha-CoS$	20.4	4.0×10^{-21}
$AgSCN$	12.00	1.0×10^{-12}	$\beta-CoS$	24.7	2.0×10^{-25}
Ag_2SO_3	13.82	1.5×10^{-14}	CrF_3	10.18	6.6×10^{-11}
Ag_2SO_4	4.84	1.4×10^{-5}	$Cr(OH)_2$	15.7	2×10^{-16}
$Al(OH)_3$（无定形）	32.9	1.3×10^{-33}	$Cr(OH)_3$	30.2	6×10^{-31}
$BaCO_3$	8.29	5.1×10^{-9}	$CrPO_4 \cdot 4H_2O$（绿色）	22.62	2.4×10^{-23}
$BaC_2O_4 \cdot H_2O$	7.64	2.3×10^{-8}	$CrPO_4 \cdot 4H_2O$（紫色）	17	1.0×10^{-17}
$BaCrO_4$	9.93	1.2×10^{-10}	$CuCN$	19.49	3.2×10^{-20}
BaF_2	6.0	1×10^{-5}	$CuCO_3$	9.86	1.4×10^{-10}
$BaSO_4$	9.96	1.1×10^{-10}	CuC_2O_4	7.64	2.3×10^{-8}
$BeCO_3 \cdot 4H_2O$	3.0	1×10^{-3}	$CuCl$	5.92	1.2×10^{-3}
$Be(OH)_2$（无定形）	21.0	1×10^{-21}	$CuCrO_4$	5.44	3.6×10^{-6}
$BiOCl$	30.75	1.8×10^{-31}	CuI	11.96	1.1×10^{-12}
$Bi(OH)_3$	30.4	4×10^{-31}	$Cu(IO_3)_2$	7.13	7.4×10^{-8}
$BiONO_3$	2.55	2.82×10^{-3}	$CuOH$	14.0	1×10^{-14}
Bi_2S_3	97.0	1×10^{-97}	$Cu(OH)_2$	19.66	2.2×10^{-20}

续表

化合物	pK_{sp}	K_{sp}	化合物	pK_{sp}	K_{sp}
$CaCO_3$	8.54	2.9×10^{-9}	$Cu_3(PO_4)_2$	36.85	1.40×10^{-37}
$CaC_2O_4 \cdot H_2O$	8.7	2.0×10^{-9}	CuS	35.2	6×10^{-36}
CaF_2	10.57	2.7×10^{-11}	Cu_2S	47.7	2×10^{-48}
$Ca(OH)_2$	5.30	5.02×10^{-6}	$CuBr$	8.28	5.2×10^{-9}
$Ca_3(PO_4)_2$	28.70	2×10^{-29}	$CuSCN$	14.32	4.8×10^{-15}
$CaSO_3$	6.5	3.2×10^{-7}	$FeCO_3$	10.5	3.2×10^{-11}
$CaSO_4$	5.04	9.1×10^{-6}	$FeC_2O_4 \cdot H_2O$	6.5	3.3×10^{-7}
$CdCO_3$	11.28	5.2×10^{-12}	$Fe_4[Fe(CN)_6]_3$	40.52	3.3×10^{-41}
$Fe(OH)_2$	15.1	8.0×10^{-16}	$MgSO_3$	2.5	3.2×10^{-3}
$Fe(OH)_3$	37.4	4×10^{-38}	$MnCO_3$	10.74	1.8×10^{-11}
$FePO_4$	21.89	1.3×10^{-22}	$MnC_2O_4 \cdot H_2O$	14.96	1.1×10^{-15}
FeS	17.2	6×10^{-18}	$Mn(OH)_2$	12.72	1.9×10^{-13}
Hg_2Br_2	22.24	5.8×10^{-23}	$MnS(无定形)$	9.7	2×10^{-10}
Hg_2CO_3	16.05	8.9×10^{-17}	$MnS(晶态)$	12.7	2×10^{-13}
$Hg_2C_2O_4$	12.7	2.0×10^{-13}	Na_3AlF_6	9.39	4.0×10^{-10}
Hg_2Cl_2	17.88	1.3×10^{-18}	$NaK_2[Co(NO_2)_6]$	10.66	2.2×10^{-11}
Hg_2CrO_4	8.7	2.0×10^{-9}	$Na(NH_4)_2[Co(NO_2)_6]$	11.4	4×10^{-12}
Hg_2HPO_4	12.4	4.0×10^{-13}	$Na[Sb(OH)_6]$	7.4	4.0×10^{-8}
Hg_2I_2	28.35	4.5×10^{-29}	$NiCO_3$	8.18	6.6×10^{-9}
$Hg(IO_3)_2$	12.5	3.2×10^{-13}	NiC_2O_4	9.4	4×10^{-10}
$Hg(OH)_2$	25.52	3.0×10^{-25}	$Ni[Fe(CN)_6]$	14.89	1.3×10^{-15}
$Hg_2(OH)_2$	23.7	2.0×10^{-24}	$Ni(OH)_2(新析出)$	14.7	2.0×10^{-15}
$HgS(红)$	52.4	4×10^{-53}	$Ni_3(PO_4)_2$	30.3	5×10^{-31}
$HgS(黑)$	51.7	2×10^{-52}	$\alpha - NiS$	18.5	3×10^{-19}
Hg_2S	47	1.0×10^{-47}	$\beta - NiS$	24.0	1×10^{-24}
Hg_2SO_4	6.13	7.4×10^{-7}	$\gamma - NiS$	25.7	2×10^{-26}
Hg_2SO_3	27	1.0×10^{-27}	$PbBr_2$	4.41	4.0×10^{-5}
$K[B(C_6H_5)_4]$	7.65	2.2×10^{-8}	$PbCO_3$	13.13	7.4×10^{-14}
KIO_4	3.08	8.3×10^{-4}	PbC_2O_4	9.32	4.8×10^{-10}
$K_2Na[Co(NO_2)_6] \cdot 4H_2O$	10.66	2.2×10^{-11}	$PbCl_2$	4.79	1.6×10^{-5}
$K_2(PtBr_6)$	4.2	6.2×10^{-5}	$PbCrO_4$	12.55	2.8×10^{-13}
$K_2(PtCl_6)$	4.96	1.1×10^{-5}	PbF_2	7.57	2.7×10^{-8}
$K_2(PtF_6)$	4.54	2.9×10^{-5}	$PbHPO_4$	9.9	1.3×10^{-10}
K_2SiF_6	6.06	8.7×10^{-7}	PbI_2	8.15	7.1×10^{-9}
Li_2CO_3	1.6	2.5×10^{-2}	$Pb(IO_3)_2$	12.49	3.2×10^{-13}
LiF	2.42	3.8×10^{-3}	$Pb(OH)_2$	14.93	1.2×10^{-15}

化合物	pK_{sp}	K_{sp}	化合物	pK_{sp}	K_{sp}
Li_3PO_4	8.5	3.2×10^{-9}	$Pb(OH)_4$	65.5	3.3×10^{-66}
$MgCO_3$	7.46	3.5×10^{-3}	$PbOHCl$	13.7	2×10^{-14}
$MgCO_3 \cdot H_2O$	4.67	2.1×10^{-5}	$Pb_3(PO_4)_2$	42.1	8×10^{-43}
MgF_2	8.19	6.4×10^{-9}	PbS	27.9	8×10^{-28}
$MgNH_4PO_4$	12.7	2×10^{-13}	$Pb(SCN)_2$	4.7	2.0×10^{-5}
$Mg(OH)_2$	10.74	1.8×10^{-11}	$PbSO_4$	7.79	1.6×10^{-8}
$Mg_3(PO_4)_2$	23.98	1.04×10^{-24}	PbS_2O_3	6.4	4.0×10^{-7}
SnS	25.0	1×10^{-25}	$Sn(OH)_2$	27.85	1.4×10^{-28}
$SrCO_3$	9.96	1.1×10^{-10}	$Zn_3(PO_4)_2$	32.04	9.1×10^{-33}
$SrC_2O_4 \cdot H_2O$	6.8	1.6×10^{-7}	$\alpha - ZnS$	23.8	1.6×10^{-24}
$SrCrO_4$	4.65	2.2×10^{-5}	$\beta - ZnS$	21.6	2.5×10^{-22}
SrF_2	8.61	2.4×10^{-9}			
$Sr_3(PO_4)_2$	27.39	4.1×10^{-28}			
$SrSO_4$	6.49	3.2×10^{-7}			
$Ti(OH)_3$	40.0	1×10^{-40}			
$TiO(OH)_2$	29.0	1×10^{-29}			
$VO(OH)_2$	22.13	5.9×10^{-23}			
$ZnCO_3$	10.84	1.4×10^{-11}			
ZnC_2O_4	7.56	2.7×10^{-8}			
$Zn[Hg(SCN)_4]$	6.66	2.2×10^{-7}			
$Zn(IO_3)_2$	7.7	2.0×10^{-8}			
$Zn(OH)_2$	16.92	1.2×10^{-17}			

数据参考：W. M. Hanneys. CRC Handbook of Chemistry and Physics. 97thed. Boca Raton：The Chemical Rubber Company Press，2016.

附表 4　弱酸、弱碱在水溶液中的电离常数（25℃，$I=0$）

化合物	英文名称	化学式	分布	K_a	pK_a
无机酸					
砷酸	Arsenic acid	H_3AsO_4	1	5.5×10^{-3}	2.26
			2	1.7×10^{-7}	6.76
			3	3.2×10^{-12}	11.50
亚砷酸	Arsenious acid	H_2AsO_3		5.1×10^{-10}	9.29
硼酸	Boric acid	H_3BO_3	1	5.4×10^{-10}	9.27 (20℃)
			2		>14 (20℃)
碳酸	Carbonic acid	H_2CO_3	1	4.5×10^{-7}	6.35
			2	4.7×10^{-11}	10.33
铬酸	Chromic acid	H_2CrO_4	1	1.8×10^{-1}	0.74
			2	3.2×10^{-7}	6.49
氢氟酸	Hydrofluoric acid	HF		6.3×10^{-4}	3.20
氢氰酸	Hydrocyanic acid	HCN		6.2×10^{-10}	9.21
氢硫酸	Hydrogen sulfide	H_2S	1	8.9×10^{-8}	7.05
			2	1.0×10^{-19}	19
过氧化氢	Hydrogen peroxide	H_2O_2		2.4×10^{-12}	11.62
次溴酸	Hypobromous acid	HBrO		2.8×10^{-9}	8.55
次氯酸	Hypochlorous acid	HClO		4.0×10^{-8}	7.40
次碘酸	Hypoiodous acid	HIO		3.2×10^{-11}	10.50
碘酸	Iodic acid	HIO_3		0.17	0.78
亚硝酸	Nitrous acid	HNO_2		5.6×10^{-4}	3.25
高氯酸	Perchloric acid	$HClO_4$			−1.6 (20℃)
高碘酸	Periodic acid	HIO_4		2.3×10^{-2}	1.64
磷酸	Phosphoric acid	H_3PO_4	1	6.9×10^{-3}	2.16
			2	6.2×10^{-8}	7.21
			3	4.8×10^{-13}	12.32
亚磷酸	Phosphorous acid	H_3PO_3	1	5.0×10^{-2}	1.30 (20℃)
			2	2.0×10^{-7}	6.70 (20℃)
焦磷酸	Pyrophosphoric acid	$H_4P_2O_7$	1	0.12	0.91
			2	7.9×10^{-3}	2.10
			3	2.0×10^{-7}	6.70
			4	4.8×10^{-10}	9.32
硅酸	Silicic acid	H_4SiO_4	1	1.6×10^{-10}	9.9 (30℃)
			2	1.6×10^{-12}	11.8 (30℃)
			3	1.0×10^{-12}	12.0 (30℃)
			4	1.0×10^{-12}	12.0 (30℃)
硫酸	Sulfuric acid	H_2SO_4	2	1.0×10^{-2}	1.99

化合物	英文名称	化学式	分布	K_a	pK_a
亚硫酸	Sulfurous acid	H_2SO_3	1	1.4×10^{-2}	1.85
				6.3×10^{-8}	7.20
水	Water	H_2O		1.01×10^{-14}	13.995
无机碱					
氨水	Ammonia	$NH_3 \cdot H_2O$		5.6×10^{-10}	9.25
羟胺	Hydroxylamine	NH_2OH		1.1×10^{-6}	5.96
钙	Calcium（Ⅱ）ion	Ca^{2+}		2.5×10^{-13}	12.6
铝	Aluminum（Ⅲ）ion	Al^{3+}		1.0×10^{-5}	5.0
钡	Barium（Ⅱ）ion	Ba^{2+}		4.0×10^{-14}	13.4
钠	Sodium ion	Na^+		1.6×10^{-15}	14.8
镁	Magnesium（Ⅱ）ion	Mg^{2+}		4.0×10^{-12}	11.4
有机酸					
甲酸	Formic acid	$HCOOH$		1.8×10^{-4}	3.74
醋酸	Acetic acid	CH_3COOH		1.7×10^{-5}	4.76
丙烯酸	Acrylic acid	$H_2CCHCOOH$		5.6×10^{-5}	4.25
苯甲酸	Benzoic acid	C_6H_5COOH		6.3×10^{-5}	4.20
一氯醋酸	Chloroacetic acid	$CH_2ClCOOH$		1.3×10^{-3}	2.87
二氯醋酸	Dichloroacetic acid	$CHCl_2COOH$		4.5×10^{-2}	1.35
三氯醋酸	Trichloroacetic acid	CCl_3COOH	1	0.22	0.66
草酸 （乙二酸）	Oxalic acid	$H_2C_2O_4$	1	5.6×10^{-2}	1.25
			2	1.5×10^{-4}	3.81
己二酸	Adipic acid	$(CH_2CH_2COOH)_2$	1	3.9×10^{-5}	4.41（18℃）
			2	3.9×10^{-6}	5.41（18℃）
丙二酸	Malonic acid	$CH_2(COOH)_2$	1	1.4×10^{-3}	2.85
			2	2.0×10^{-6}	5.70
丁二酸 （琥珀酸）	Succinic acid	$(CH_2COOH)_2$	1	6.2×10^{-5}	4.21
			2	2.3×10^{-6}	5.64
马来酸 （顺式丁烯二酸）	Maleic acid	$C_2H_2(COOH)_2$	1	1.2×10^{-2}	1.92
			2	5.9×10^{-7}	6.23
富马酸 （反式丁烯二酸）	Fumaric acid	$C_2H_2(COOH)_2$	1	9.5×10^{-4}	3.02
			2	4.2×10^{-5}	4.38
邻苯二甲酸	Phthalic acid	$C_6H_4(COOH)_2$	1	1.1×10^{-3}	2.94
			2	3.7×10^{-6}	5.43
酒石酸	meso-Tartaric acid	$(CHOHCOOH)_2$	1	6.8×10^{-4}	3.17
			2	1.2×10^{-5}	4.91
水杨酸 （邻羟基苯甲酸）	Salicylic acid 2-Hydroxybenzoic acid	$C_6H_4OHCOOH$	1	1.0×10^{-3}	2.98（20℃）
			2	2.5×10^{-14}	13.6（20℃）
苹果酸 （羟基丁二酸）	Malic acid	$HOCHCH_2(COOH)_2$	1	4.0×10^{-4}	3.40
			2	7.8×10^{-6}	5.11

续表

化合物	英文名称	化学式	分布	K_a	pK_a
柠檬酸	Citric acid	$C_3H_4OH(COOH)_3$	1	7.4×10^{-4}	3.13
			2	1.7×10^{-5}	4.76
			3	4.0×10^{-7}	6.40
抗坏血酸	L – Ascorbic acid	$C_6H_8O_6$	1	9.1×10^{-5}	4.04
			2	2.0×10^{-12}	11.7（16℃）
苯酚	Phenol	C_6H_5OH		1.0×10^{-10}	9.99
羟基乙酸	Glycolic acid	$HOCH_2COOH$		1.5×10^{-4}	3.83
对羟基苯甲酸	p – Hydroxy – benzoic acid	HOC_6H_5COOH	1	3.3×0^{-5}	4.48（19℃）
			2	4.8×10^{-10}	9.32（19℃）
甘氨酸 （乙氨酸）	Glycine	H_2NCH_2COOH	1	4.5×10^{-3}	2.35
			2	1.7×10^{-10}	9.78
丙氨酸	L – Alanine	H_3CCHNH_2COOH	1	4.6×10^{-3}	2.34
			2	1.3×10^{-10}	9.87
丝氨酸	L – Serine	$HOCH_2CHNH_2COOH$	1	6.5×10^{-3}	2.19
			2	6.2×10^{-10}	9.21
苏氨酸	L – Threonine	$H_3CCHOHCHNH_2COOH$	1	8.1×10^{-3}	2.09
			2	7.9×10^{-10}	9.10
蛋氨酸	L – Methionine	$H_3CSC_3H_5NH_2COOH$	1	7.4×10^{-3}	2.13
			2	5.4×10^{-10}	9.27
谷氨酸	L – Glutamic acid	$C_3H_5NH_2(COOH)_2$	1	7.4×10^{-3}	2.13
			2	4.9×10^{-5}	4.31
			3	2.1×10^{-10}	9.67
苦味酸 （2,4,6 – 三硝基酚）	Picric acid 2,4,6 – Trinitrophenol	$C_6H_2OH(NO_2)_3$		0.38	0.42
乙二胺四乙酸*	Ethylenediamine – tetraacetic acid	$H_6 – EDTA^{2+}$	1	0.13	0.9
		$H_5 – EDTA^+$	2	2.5×10^{-2}	1.6
		$H_4 – EDTA$	3	1.0×10^{-2}	2.0
		$H_3 – EDTA^-$	4	2.1×10^{-3}	2.67
		$H_2 – EDTA^{2-}$	5	6.9×10^{-7}	6.16
		$H – EDTA^{3-}$	6	5.5×10^{-11}	10.3
有机碱					
甲胺	Methylamine	CH_3NH_2		2.0×10^{-11}	10.7
正丁胺	Butylamine	$CH_3(CH_2)_3NH_2$		2.5×10^{-11}	10.6
二乙胺	Diethylamine	$(C_2H_5)_2NH$		1.6×10^{-11}	10.8
二甲胺	Dimethylamine	$(CH_3)_2NH$		2.0×10^{-11}	10.7
乙胺	Ethylamine	$C_2H_5NH_2$		2.5×10^{-11}	10.6
乙二胺	1,2 – Ethanediamine	$H_2NCH_2CH_2NH_2$	1	1.2×10^{-10}	9.92
			2	1.4×10^{-7}	6.86
三乙胺	Triethylamine	$(C_2H_5)_3N$		1.6×10^{-11}	10.8
六次甲基四胺*	Hexamethylene – tetra	$(CH_2)_6N_4$		7.1×10^{-6}	5.15

化合物	英文名称	化学式	分布	K_a	pK_a
乙醇胺	mine	$HOCH_2CH_2NH_2$		3.2×10^{-10}	9.50
苯胺	Ethanolamine	$C_6H_5NH_2$		1.3×10^{-5}	4.87
联苯胺	Aniline	$(C_6H_4NH_2)_2$	1	2.2×10^{-5}	4.65 (20℃)
	p – Benzidine		2	3.7×10^{-4}	3.43 (20℃)
α – 萘胺	1 – Naphthylamine	$C_{10}H_9N$		1.2×10^{-4}	3.92
β – 萘胺	2 – Naphthylamine	$C_{10}H_9N$		6.9×10^{-5}	4.16
对甲氧基苯胺	p – Anisidine	$CH_3OC_6H_4NH_2$		4.5×10^{-5}	4.35
尿素	Urea	NH_2CONH_2		0.79	0.10
吡啶	Pyridine	C_5H_5N		5.9×10^{-6}	5.23
马钱子碱	Brucine	$C_{23}H_{26}N_2O_4$	1	9.1×10^{-7}	6.04
			2	7.9×10^{-12}	11.1
可待因	Codeine	$C_{18}H_{21}NO_3$		6.2×10^{-9}	8.21
吗啡	Morphine	$C_{17}H_{19}NO_3$	1	6.2×10^{-9}	8.21
			2	1.4×10^{-10}	9.85 (20℃)
烟碱	L – Nicotine	$C_{10}H_{14}N_2$	1	9.5×10^{-9}	8.02
			2	7.6×10^{-4}	3.12
毛果云香碱	Pilocarpine	$C_{11}H_{16}N_2O_2$	1	2.5×10^{-2}	1.60
			2	1.3×10^{-7}	6.90
8 – 羟基喹啉	8 – Quinolinol	$C_9H_6N(OH)$	1	1.2×10^{-5}	4.91
			2	1.6×10^{-10}	9.81
奎宁	Quinine	$C_{20}H_{24}N_2O_2$	1	3.0×10^{-9}	8.52
			2	7.4×10^{-5}	4.13
番木鳖碱（士的宁）	Strychnine	$C_{21}H_{22}N_2O_2$		5.5×10^{-9}	8.26

数据参考：①：W. M. Hanneys. CRC Handbook of Chemistry and Physics. 97thed. Boca Raton：The Chemical Rubber Company Press，2016.

* 数据参考：②武汉大学. 分析化学 ［M］. 6 版. 北京：高等教育出版社，2016：393.

附表 5　金属配合物的稳定常数（18~25℃）

金属离子	离子强度（mol/L）	n	$\lg\beta_n$
氨配合物			
Ag^+	0.5	1, 2	3.24, 7.05
Cd^{2+}	2	1, …, 6	2.65, 4.75, 6.19, 7.12, 6.80, 5.14
Co^{2+}	2	1, …, 6	2.11, 3.74, 4.79, 5.55, 5.73, 5.11
Cu^{2+}	2	1, 2	5.93, 10.86
Ni^{2+}	2	1, …, 6	2.80, 5.04, 6.77, 7.96, 8.71, 8.74
Zn^{2+}	2	1, …, 4	2.37, 4.81, 7.31, 9.46
氟配合物			
Al^{3+}	0.5	1, …, 6	6.13, 11.15, 15.00, 17.75, 19.37, 19.84
Fe^{3+}	0.5	1, …, 6	5.28, 9.30, 12.06, -15.77, —
Th^{4+}	0.5	1, 2, 3	7.65, 13.46, 17.97
TiO_2^{2+}	3	1, …, 4	5.4, 9.8, 13.7, 18.0
Sn^{4+}	*	6	25
ZrO_2^{2+}	2	1, …, 3	8.80, 16.12, 21.94
氯配合物			
Ag^+	0	1, …, 4	3.04, 5.04, 5.04, 5.30
Hg^{2+}	0.5	1, …, 4	6.74, 13.22, 14.07, 15.07
碘配合物			
Cd^{2+}	0	1, …, 4	2.10, 3.43, 4.49, 5.41
Hg^{2+}	0.5	1, …, 4	12.87, 23.82, 27.60, 29.83
氰配合物			
Ag^+	0	1, …, 4	—, 21.1, 21.7, 20.6
Hg^{2+}	0	4	41.4
Cu^{2+}	0	1, …, 4	—, 24.0, 28.59, 30.3
Fe^{2+}	0	6	35
Fe^{3+}	0	6	42
Ni^{2+}	0.1	4	31.3
Zn^{2+}	0.1	4	16.7
硫氰酸配合物			
Fe^{2+}	0.5	1, 2	2.95, 3.36
Hg^{2+}	1	1, …, 4	—, 17.47, —, 21.23
硫代硫酸配合物			
Ag^+	0	1, …, 3	8.82, 13.46, 14.15
Hg^{2+}	0	1, …, 4	—, 29.86, 32.26, 33.61
枸橼酸配合物			
Al^{3+}	0.5	1	20.0
Cu^{2+}	0.5	1	14.2
Fe^{3+}	0.5	1	25

续表

金属离子	离子强度（mol/L）	n	$\lg\beta_n$
枸橼酸配合物			
Ni^{2+}	0.5	1	14.3
Pb^{2+}	0.5	1	12.3
Zn^{2+}	0.5	1	11.4
磺基水杨酸配合物			
Al^{3+}	0.1	1, 2, 3	13.20, 22.83, 28.89
Fe^{3+}	0.25	1, 2, 3	14.64, 25.18, 32.12
乙酰丙酮配合物			
Al^{3+}	0	1, 2, 3	8.60, 15.5, 21.30
Cu^{2+}	0	1, 2	8.27, 16.34
Fe^{3+}	0	1, 2, 3	11.4, 22.1, 26.7
邻二氮菲配合物			
Ag^+	0.1	1, 2	5.02, 12.07
Cd^{2+}	0.1	1, 2, 3	6.4, 11.6, 15.8
Co^{2+}	0.1	1, 2, 3	7.0, 13.7, 20.1
Cu^{2+}	0.1	1, 2, 3	9.1, 15.8, 21.0
Fe^{3+}	0.1	1, 2, 3	5.9, 11.1, 21.3
Hg^{2+}	0.1	1, 2, 3	—, 19.65, 23.35
Ni^{2+}	0.1	1, 2, 3	8.8, 17.1, 24.8
Zn^{2+}	0.1	1, 2, 3	6.4, 12.15, 17.0
乙二胺配合物			
Ag^+	0.1	1, 2	4.70, 7.70
Cd^{2+}	0.5	1, 2, 3	5.47, 10.09, 12.09
Cu^{2+}	1	1, 2, 3	10.67, 20.00, 21.0
Co^{2+}	1	1, 2, 3	5.91, 10.64, 13.94
Hg^{2+}	0.1	1, 2	14.30, 23.3
Ni^{2+}	1	1, 2, 3	7.52, 13.80, 18.06
Zn^{2+}	1	1, 2, 3	5.77, 10.83, 14.11

附表6　一些金属离子的 $\lg\alpha_{M(OH)}$

金属离子	离子强度	pH													
		1	2	3	4	5	6	7	8	9	10	11	12	13	14
Al^{3+}	2					0.4	1.3	5.3	9.3	13.3	17.3	21.3	25.3	29.3	33.3
Bi^{3+}	3	0.1	0.5	1.4	2.4	3.4	4.4	5.4							
Ca^{2+}	0.1													0.3	1.0
Cd^{2+}	3								0.1	0.5	2.0	4.5	8.1	12.0	
Co^{2+}	0.1								0.1	0.4	1.1	2.2	4.2	7.2	10.2
Cu^{2+}	0.1								0.2	0.8	1.7	2.7	3.7	4.7	5.7
Fe^{2+}	1									0.1	0.6	1.5	2.5	3.5	4.5
Fe^{3+}	3			0.4	1.8	3.7	5.7	7.7	9.7	11.7	13.7	15.7	17.7	19.7	21.7
Hg^{2+}	0.1			0.5	1.9	3.9	5.9	7.9	9.9	11.9	13.9	15.9	17.9	19.9	21.9
La^{3+}	3									0.3	1.0	1.9	2.9	3.9	
Mg^{2+}	0.1											0.1	0.5	1.3	2.3
Mn^{2+}	0.1										0.1	0.5	1.4	2.4	3.4
Ni^{2+}	0.1									0.1	0.7	1.6			
Pb^{2+}	0.1							0.1	0.5	1.4	2.7	4.7	7.4	10.4	13.4
Th^{4+}	1			0.2	0.8	1.7	2.7	3.7	4.7	5.7	6.7	7.7	8.7	9.7	
Zn^{2+}	0.1									0.2	2.4	5.4	8.5	11.8	15.5

附表7　金属指示剂的 $\lg\alpha_{In(H)}$ 与 pM_t

1. 铬黑T

pH	6.0	7.0	8.0	9.0	10.0	11.0	12.0	13.0	稳定常数
$\lg\alpha_{In(H)}$	6.0	4.6	3.6	2.6	1.6	0.7	0.1		$\lg K_{HIn}^{H}11.6$ $\lg K_{H_2In}^{H}6.3$
pCa_t（至红）			1.8	2.8	3.8	4.7	5.3	5.4	$\lg K_{CaIn}5.4$
pMg_t（至红）	1.0	2.4	3.4	4.4	5.4	6.3			$\lg K_{MgIn}7.0$
pZn_t（至红）	6.9	8.3	9.3	10.5	12.2	13.9			$\lg K_{ZnIn}12.9$

2. 紫脲酸胺

pH	6.0	7.0	8.0	9.0	10.0	11.0	12.0	稳定常数
$\lg\alpha_{In(H)}$	7.7	5.7	3.7	1.9	0.7	0.1		$\lg K_{HIn}^{H}10.5$
$\lg\alpha_{HIn(H)}$	3.2	2.2	1.2	0.4	0.2	0.6	1.5	$\lg K_{H_2In}^{H}9.2$
pCa_t（至红）		2.6	2.8	3.4	4.0	4.6	5.0	$\lg K_{CaIn}5.0$
pCu_t（至红）	6.4	8.2	10.2	12.2	13.6	15.8	17.9	
pNi_t（至红）	4.6	5.2	6.2	7.8	9.3	10.3	11.3	

3. 二甲酚橙

pH	1.0	2.0	3.0	4.0	4.5	5.0	5.5	6.0	6.5	7.0
pBi_t（至红）	4.0	5.4	6.8							
pCd_t（至红）					4.0	4.5	5.0	5.5	6.3	6.8
pHg_t（至红）						7.4	8.2	9.0		
pLa_t（至红）					4.0	4.5	5.0	5.6	6.7	
pPb_t（至红）			4.2	4.8	6.2	7.0	7.6	8.2		
pTh_t（至红）	3.6	4.9	6.3							
pZn_t（至红）					4.1	4.8	5.7	6.5	7.3	8.0
pZr_t（至红）	7.5									

4. PAN

pH	4.0	5.0	6.0	7.0	8.0	9.0	10.0	11.0	稳定常数（20%二氧六环）
$\lg\alpha_{In(H)}$	8.2	7.2	6.2	5.2	4.2	3.2	2.2	1.2	$\lg K^H_{HIn}12.2$ $\lg K^H_{H_2In}1.9$
pCu_t（至红）	7.8	8.8	9.8	10.8	11.8	12.8	13.8	14.8	$\lg K_{CuI}16.0$

数据参考：武汉大学．分析化学［M］．6版．北京：高等教育出版社，2016：406．

附表 8　部分金属指示剂与金属离子配合物的 $\lg K'_{MIn}$ 值

In	M	0	1.0	2.0	3.0	4.0	5.0	6.0	7.0	8.0	9.0	10.0	11.0	12.0
铬黑 T （EBT）	Ca^{2+}								0.85	1.85	2.85	3.84	4.74	5.40
	Mg^{2+}								2.45	3.45	4.95	5.44	6.34	6.87
	Zn^{2+}								8.40	9.40	10.4	11.4	12.3	—
紫脲酸 铵（X）	Ca^{2+}								2.60	2.80	3.40	4.00	4.60	5.00
	Ni^{2+}								5.20	6.20	7.80	9.30	10.3	11.3
	Cu^{2+}								8.20	10.2	12.2	13.6	15.8	17.9
二甲酚 橙（XO）	Bi^{3+}		4.0	5.4	6.8									
	Ca^{2+}						4.5	5.5	6.8					
	Hg^{2+}						7.4	9.0						
	La^{3+}						4.5	5.6						
	Pb^{2+}				4.2	4.8	7.0	8.2						
	Th^{4+}			3.6	4.9	6.3								
	Zn^{2+}						4.8	6.5	8.0					
	Zr^{4+}	7.5												

附表 9 标准电极电位 (18～25℃)

电对	$E^{\ominus}$ (V)	电对半反应
Li$^+$/Li	-3.0401	Li$^+$ + e$^-$ $\rightleftharpoons$ Li
K$^+$/K	-2.931	K$^+$ + e$^-$ $\rightleftharpoons$ K
Ba^{2+}/Ba	-2.912	Ba^{2+} + 2e$^-$ $\rightleftharpoons$ Ba
Sr^{2+}/Sr	-2.899	Sr^{2+} + 2e$^-$ $\rightleftharpoons$ Sr
Ca^{2+}/Ca	-2.868	Ca^{2+} + 2e$^-$ $\rightleftharpoons$ Ca
Na$^+$/Na	-2.71	Na$^+$ + e$^-$ $\rightleftharpoons$ Na
Mg^{2+}/Mg	-2.372	Mg^{2+} + 2e$^-$ $\rightleftharpoons$ Mg
Al^{3+}/Al	-1.676	Al^{3+} + 3e$^-$ $\rightleftharpoons$ Al
ZnO$_2^{2-}$/Zn	-1.215	ZnO$_2^{2-}$ + 2H$_2$O + 2e$^-$ $\rightleftharpoons$ Zn + 4OH$^-$
Mn^{2+}/Mn	-1.185	Mn^{2+} + 2e$^-$ $\rightleftharpoons$ Mn
Zn^{2+}/Zn	-0.7618	Zn^{2+} + 2e$^-$ $\rightleftharpoons$ Zn
Ga^{3+}/Ga	-0.549	Ga^{3+} + 3e$^-$ $\rightleftharpoons$ Ga
CO$_2$/H$_2$C$_2$O$_4$	-0.49	2CO$_2$ + 2H$^+$ + 2e$^-$ $\rightleftharpoons$ H$_2$C$_2$O$_4$
Fe^{2+}/Fe	-0.447	Fe^{2+} + 2e$^-$ $\rightleftharpoons$ Fe
Cr^{3+}/Cr^{2+}	-0.407	Cr^{3+} + e$^-$ $\rightleftharpoons$ Cr^{2+}
Cd^{2+}/Cd	-0.403	Cd^{2+} + 2e$^-$ $\rightleftharpoons$ Cd
PbSO$_4$/Pb	-0.3505	PbSO$_4$ + 2e$^-$ $\rightleftharpoons$ Pb + SO$_4^{2-}$
In^{3+}/In	-0.3382	In^{3+} + 3e$^-$ $\rightleftharpoons$ In
Tl$^+$/Tl	-0.336	Tl$^+$ + e$^-$ $\rightleftharpoons$ Tl
Co^{2+}/Co	-0.280	Co^{2+} + 2e$^-$ $\rightleftharpoons$ Co
H$_3$PO$_4$/H$_3$PO$_3$	-0.276	H$_3$PO$_4$ + 2H$^+$ + 2e$^-$ $\rightleftharpoons$ H$_3$PO$_3$ + H$_2$O
Ni^{2+}/Ni	-0.257	Ni^{2+} + 2e$^-$ $\rightleftharpoons$ Ni
AgI/Ag	-0.15224	AgI + e$^-$ $\rightleftharpoons$ Ag + I$^-$
Sn^{2+}/Sn	-0.1375	Sn^{2+} + 2e$^-$ $\rightleftharpoons$ Sn
Pb^{2+}/Pb	-0.1262	Pb^{2+} + 2e$^-$ $\rightleftharpoons$ Pb
H$^+$/H$_2$	0.00	2H$^+$ + 2e$^-$ $\rightleftharpoons$ H$_2$
AgBr/Ag	0.07133	AgBr + e$^-$ $\rightleftharpoons$ Ag + Br$^-$
S/H$_2$S	0.142	S + 2H$^+$ + 2e$^-$ $\rightleftharpoons$ H$_2$S
Sn^{4+}/Sn^{2+}	0.151	Sn^{4+} + 2e$^-$ $\rightleftharpoons$ Sn^{2+}
SO$_4^{2-}$/H$_2$SO$_3$	0.172	SO$_4^{2-}$ + 4H$^+$ + 2e$^-$ $\rightleftharpoons$ SO$_2$ (水) + H$_2$O
SbO$^+$/Sb	0.212	SbO$^+$ + 2H$^+$ + 3e$^-$ $\rightleftharpoons$ Sb + H$_2$O
AgCl/Ag	0.22233	AgCl + e$^-$ $\rightleftharpoons$ Ag + Cl$^-$
Hg$_2$Cl$_2$/Hg	0.26808	Hg$_2$Cl$_2$ + 2e$^-$ $\rightleftharpoons$ 2Hg + 2Cl$^-$
BiO$^+$/Bi	0.320	BiO$^+$ + 2H$^+$ + 3e$^-$ $\rightleftharpoons$ Bi + H$_2$O
Cu^{2+}/Cu	0.419	Cu^{2+} + 2e$^-$ $\rightleftharpoons$ Cu
VO^{2+}/V^{3+}	0.337	VO^{2+} + 2H$^+$ + e$^-$ $\rightleftharpoons$ V^{3+} + H$_2$O
Cu$^+$/Cu	0.521	Cu$^+$ + e$^-$ $\rightleftharpoons$ Cu
I$_2$/I$^-$	0.5355	I$_2$ + 2e$^-$ $\rightleftharpoons$ 2I$^-$

续表

电对	$E^\ominus/V$	电对半反应
$H_3AsO_4/HAsO_2$	0.560	$H_3AsO_4 + 2H^+ + 2e^- \rightleftharpoons HAsO_2 + 2H_2O + 2H_2O$
MnO_4^-/MnO_2	0.558	$MnO_4^- + 2H_2O + 3e^- \rightleftharpoons MnO_2 + 4OH^-$
O_2/H_2O_2	0.695	$O_2 + 2H^+ + 2e^- \rightleftharpoons H_2O_2$
Fe^{3+}/Fe^{2+}	0.771	$Fe^{3+} + e^- \rightleftharpoons Fe^{2+}$
Hg_2^{2+}/Hg	0.7973	$Hg_2^{2+} + 2e^- \rightleftharpoons 2Hg$
Ag^+/Ag	0.7996	$Ag^+ + e^- \rightleftharpoons Ag$
NO_3^-/N_2O_4	0.80	$2NO_3^- + 4H^+ + 2e^- \rightleftharpoons N_2O_4 + 2H_2O$
Cu^{2+}/CuI	0.86	$Cu^{2+} + I^- + e^- \rightleftharpoons CuI$
Hg^{2+}/Hg_2^{2+}	0.920	$2Hg^{2+} + 2e^- \rightleftharpoons Hg_2^{2+}$
NO_3^-/HNO_2	0.934	$NO_3^- + 3H^+ + 2e^- \rightleftharpoons HNO_2 + H_2O$
HNO_2/NO	0.983	$HNO_2 + H^+ + e^- \rightleftharpoons NO + H_2O$
N_2O_4/NO	1.03	$N_2O_4 + 4H^+ + 4e^- \rightleftharpoons 2NO + 2H_2O$
Br_2/Br^-	1.0873	$Br_2 + 2e^- \rightleftharpoons 2Br^-$
ClO_4^-/ClO_3^-	1.189	$ClO_4^- + 2H^+ + 2e^- \rightleftharpoons ClO_3^- + H_2O$
IO_3^-/I_2	1.195	$2IO_3^- + 12H^+ + 10e^- \rightleftharpoons I_2 + 6H_2O$
O_2/H_2O	1.229	$O_2 + 4H^+ + 4e^- \rightleftharpoons 2H_2O$
MnO_2/Mn^{2+}	1.224	$MnO_2 + 4H^+ + 2e^- \rightleftharpoons Mn^{2+} + 2H_2O$
Tl^{3+}/Tl^+	1.25	$Tl^{3+} + 2e^- \rightleftharpoons Tl^+$
$Cr_2O_7^{2-}/Cr^{3+}$	1.36	$CrO_7^{2-} + 14H^+ + 6e^- \rightleftharpoons 2Cr^{3+} + 7H_2O$
Cl_2/Cl^-	1.35827	$Cl_2 + 2e^- \rightleftharpoons 2Cl^-$
HIO/I_2	1.39	$2HIO + 2H^+ + 2e^- \rightleftharpoons I_2 + 2H_2O$
PbO_2/Pb^{2+}	1.455	$PbO_2 + 4H^+ + 2e^- \rightleftharpoons Pb^{2+} + 2H_2O$
Au^{3+}/Au	1.498	$Au^{3+} + 3e^- \rightleftharpoons Au$
MnO_4^-/Mn^{2+}	1.507	$MnO_4^- + 8H^+ + 5e^- \rightleftharpoons Mn^{2+} + 4H_2O$
BrO_3^-/Br_2	1.482	$2BrO_3^- + 12H^+ + 10e^- \rightleftharpoons Br_2 + 6H_2O$
$HBrO/Br_2$	1.574	$2HBrO + 2H^+ + 2e^- \rightleftharpoons Br_2 + 2H_2O$
H_5IO_6/IO_3^-	1.601	$H_5IO_6 + H^+ + 2e^- \rightleftharpoons IO_3^- + 3H_2O$
Bi_2O_5/Bi^{3+}	1.52	$Bi_2O_5 + 10H^+ + 4e^- \rightleftharpoons 2Bi^{3+} + 5H_2O$
Ce^{4+}/Ce^{3+}	1.72	$Ce^{4+} + e^- \rightleftharpoons Ce^{3+}$
$HClO/Cl_2$	1.611	$2HClO + 2H^+ + 2e^- \rightleftharpoons Cl_2 + 2H_2O$
$HClO_2/HClO$	1.645	$HClO_2 + 2H^+ + 2e^- \rightleftharpoons HClO + H_2O$
Au^+/Au	1.68	$Au^+ + e^- \rightleftharpoons Au$
$PbO_2/PbSO_4$	1.6913	$PbO_2 + 4H^+ + SO_4^{2-} + 2e^- \rightleftharpoons PbSO_4 + 2H_2O$
H_2O_2/H_2O	1.776	$H_2O_2 + 2H^+ + 2e^- \rightleftharpoons 2H_2O$
$S_2O_8^{2-}/SO_4^{2-}$	2.01	$S_2O_8^{2-} + 2e^- \rightleftharpoons 2SO_4^{2-}$
O_3/H_2O	2.076	$O_3 + 2H^+ + 2e^- \rightleftharpoons O_2 + H_2O$
O/H_2O	2.42	$O + 2H^+ + 2e^- \rightleftharpoons H_2O$
F_2（气）$/HF$	3.053	$F_2 + 2H^+ + 2e^- \rightleftharpoons 2HF$

数据参考：W. M. Hanneys. CRC Handbook of Chemistry and Physics. 97thed. Boca Raton：The Chemical Rubber Company Press，2016.

附表 10　部分氧化还原电对的条件电极电位

电极反应	$E^{\ominus}$（V）	介质
$Ag（\text{II}）+e^- === Ag（\text{I}）$	1.927	4mol/L HNO_3
$Ce（\text{IV}）+e^- === Ce（\text{III}）$	1.74	1mol/L $HClO_4$
	1.44	0.5mol/L H_2SO_4
	1.28	1mol/L HCl
$Co^{3+}+e^- === Co^{2+}$	1.84	3mol/L HNO_3
$Co（乙二胺）_3^{3+}+e^- === Co（乙二胺）_3^{2+}$	-0.2	0.1mol/L KNO_3 + 0.1mol/L 乙二胺
$Cr（\text{III}）+e^- === Cr（\text{II}）$	-0.40	5mol/L HCl
$Cr_2O_7^{2-}+14H^++6e^- === 2Cr^{3+}+7H_2O$	1.08	3mol/L HCl
	1.15	4mol/L H_2SO_4
	1.025	1mol/L $HClO_4$
$CrO_4^{2-}+2H_2O+3e^- === CrO_2^-+4OH^-$	-0.12	1mol/L NaOH
$Fe（\text{III}）+e^- === Fe（\text{II}）$	0.767	1mol/L $HClO_4$
	0.71	0.5mol/L HCl
	0.68	1mol/L HCl
	0.68	1mol/L H_2SO_4
	0.46	2mol/L H_3PO_4
	0.51	1mol/L HCl - 0.25mol/L H_3PO_4
$Fe（EDTA）^{3+}+e^- === Fe（EDTA）^{2+}$	0.12	0.1mol/L EDTA pH 4~6
$Fe（CN）_6^{3-}+e^- === Fe（CN）_6^{4-}$	0.56	0.1mol/L HCl
$FeO_4^{2-}+2H_2O+3e^- === FeO_2^-+4OH^-$	0.55	10mol/L NaOH
$I_3^- -+2e^- === 3I^-$	0.5446	0.5mol/L H_2SO_4
$I_2（水）+2e^- === 2I^-$	0.6276	0.5mol/L H_2SO_4
$MnO_4^-+8H^++5e^- === Mn^{2+}+4H_2O$	1.45	1mol/L $HClO_4$
$SnCl_6^{2-}+2e^- === SnCl_4^{2-}+2Cl^-$	0.14	1mol/L HCl
$Sb（V）+2e^- === Sb（\text{III}）$	0.75	3.5mol/L HCl
$Sb（OH）_6^-+2e^- === SbO_2^-+2OH^-+2H_2O$	-0.428	3mol/L NaOH
$SbO_2^-+2H_2O+3e^- === Sb+4OH^-$	-0.675	10mol/L KOH
$Ti（\text{IV}）+e^- === Ti（\text{III}）$	-0.01	0.2mol/L H_2SO_4
	0.12	2mol/L H_2SO_4
	-0.04	1mol/L HCl
	-0.05	1mol/L H_3PO_4
$Pb（\text{II}）+2e^- === Pb$	-0.32	1mol/L NaAc

数据参考：W. M. Hanneys. CRC Handbook of Chemistry and Physics. 97thed. Boca Raton：The Chemical Rubber Company Press, 2016.

附表 11　国际单位制（SI）的基本单位

量的名称	单位名称	单位符号
中华人民共和国法定计量单位		
长度	米	m
质量	千克（公斤）	kg
时间	秒	s
电流强度	安〔培〕	A
热力学温度	开〔尔文〕	K
物质的量	摩〔尔〕	mol
发光强度	坎〔德拉〕	cd
国际单位制（SI）的辅助单位		
平面角	弧度	rad
立体角	球面度	sr

部分我国非国际单位制单位

量	单位名称	单位符号	换算
时间	分	min	$1\,min = 60\,s$
	〔小〕时	h	$1\,h = 60\,min = 3600\,s$
	天〔日〕	d	$1\,d = 24\,h = 86400\,s$
平面角	〔角〕秒	(″)	$1'' = (\pi/64800)\,rad$（π 为圆周率）
	〔角〕分	(′)	$1' = 60''\,(\pi/10800)\,rad$
	度	(°)	$1° = 60'\,(\pi/180)\,rad$
旋转速度	转每分	r/min	$1\,r/min = (1/60)\,s^{-1}$
质量	吨	t	$1\,t = 10^3\,kg$
	原子质量单位	u	$1\,u \approx 1.660538921\,(73) \times 10^{-27}\,kg$
体积	升	L	$1\,L = 1\,dm^3 = 10^{-3}\,m^3$
能	电子伏	eV	$1\,eV \approx 1.602176565\,(35) \times 10^{-19}\,J$
级差	分贝	dB	
线密度	特〔克斯〕	tex	$1\,tex = 1\,g/km$

附表 12　国际制（SI）单位与 cgs 单位换算表

物理量	cgs 单位		SI 单位		由 cgs 换算成 SI
	名　称	符　号	名　称	符　号	
长度	厘米	cm	米	m	$10^{-2}\,m$
	埃	Å			$10^{-1}\,nm$
	微米	μm			$10^{-6}\,m$
	纳米	nm			$10^{-9}\,m$
质量	克	g	千克	kg	$10^{-3}\,kg$
	吨	t			$10^3\,kg$
	磅	lb			$0.45359237\,kg$
	原子质量单位	u			$1.660538921\,(73) \times 10^{-27}\,kg$

续表

物理量	cgs 单位		SI 单位		由 cgs 换算成 SI
	名 称	符 号	名 称	符 号	
时间	秒	s	秒	s	
电流	安培	A	安培	A	
面积	平方厘米	cm^2	平方米	m^2	$10^{-4}m^2$
体积	升	l	立方米	m^3	$10^{-3}m^3$
	立方厘米	cm^3			$10^{-6}m^3$
能量	尔格	erg	焦耳	J	$10^{-7}J$
功率	瓦特	W	瓦特	W	
密度		g/cm^3		kg/m^3	$10^3 kg/m^3$
浓度	摩尔浓度	M（mol/L）	摩尔每立方米	mol/m^3	$10^3 mol/m^3$

附表 13　常用物理和化学常数

常数名称	换算关系
电子的电荷	$e = 1.602176565（35）\times 10^{-19}C$
Plank 常数	$h = 6.62606957（29）\times 10^{-34}J \cdot s$
光速（真空）	$c = 2.99792458 \times 10^8 m/s$
摩尔气体常数	$R = 8.3144621（75）J/mol \cdot K$
Avogadro 常数	$N_A = 6.02214129（27）\times 10^{23}/mol$
Fraday 常数	$F = 96485.3365（21）\times 10^4 C/mol$
电子静止质量	$m_c = 9.10938291（40）\times 10^{-31}kg$
Bohr 半径	$a_o = 0.52917721092（17）\times 10^{-10}m$
元素的相对原子质量	$lu = 1.660538921（73）\times 10^{-27}kg$

注：常数值括号中的数字代表该数值的误差（最末 1～2 位），例如：$h = 6.62606957（29）\times 10^{-34}J \cdot s$，即 $h =（6.62606957 \pm 0.00000029）\times 10^{-34}J \cdot s$，其他类推。

参考文献

[1] 武汉大学．分析化学 [M].6 版．北京：高等教育出版社，2016.

[2] 彭崇慧，冯建章，张锡瑜．分析化学：定量化学分析简明教程 [M].4 版．北京：北京大学出版社，2020.

[3] 胡育筑．分析化学 [M].4 版．北京：科学出版社，2020.

[4] 华东理工大学，四川大学．分析化学 [M].7 版．北京：高等教育出版社，2018.

[5] 柴逸峰，邸欣．分析化学 [M].8 版．北京：人民卫生出版社，2016.

[6] 张凌．分析化学（上）[M]．北京：中国中医药出版社，2021.

[7] 白玲，崔凤娟，郭明，等．分析化学 [M]．北京：化学工业出版社，2022.

[8] 许晓文，杨万龙，李一峻，等．定量化学分析 [M].3 版．天津：南开大学出版社，2016.

[9] 庄乾坤，刘虎威，陈洪渊．分析化学学科前沿与展望 [M]．北京：科学出版社，2012.

[10] 钱政，王中宇．误差理论与数据处理 [M]．北京：科学出版社，2020.

[11] 王敏．分析化学手册 [M].3 版．北京：化学工业出版社，2016.

[12] 黄凌凌，陈鑫．样品的滴定分析 [M]．北京：化学工业出版社，2021.

[13] 刘崇华，冼燕萍．化学分析方法确认与验证 [M]．北京：化学工业出版社，2023.